岩 土 力 学

主　编　侯献语　殷雨时　袁金秀
副主编　李　晶　李玉良　白　洋
主　审　王万德

中国水利水电出版社
www.waterpub.com.cn
·北京·

内 容 提 要

本教材结合国家现行规范、规程和标准组织教材内容，同时努力结合工程实践编写而成。全书共分两部分：土力学和岩体力学。土力学部分包括 5 章，主要介绍土的物理性质及工程分类、地基中的应力及沉降计算、土的抗剪强度与地基承载力、土压力的计算；岩体力学包括 6 章，主要介绍了岩体力学、岩体的物理性质及工程分类、岩体的基本力学性质、岩体初始应力及其测量、地下洞室围岩稳定性分析和岩体边坡稳定性分析。各章后附有思考题与习题，供学生复习使用。

本教材适合作为高等职业院校相关专业的教材，同时可以作为相关行业从业人员的参考用书。

图书在版编目（CIP）数据

岩土力学 / 侯献语，殷雨时，袁金秀主编. -- 北京：
中国水利水电出版社，2017.1（2023.8重印）
ISBN 978-7-5170-4842-8

Ⅰ．①岩… Ⅱ．①侯… ②殷… ③袁… Ⅲ．①岩土力
学－高等学校－教材 Ⅳ．①TU4

中国版本图书馆CIP数据核字(2016)第276957号

书　　名	**岩土力学** YANTU LIXUE	
作　　者	主编　侯献语　殷雨时　袁金秀　副主编　李晶　李玉良　白洋 主审　王万德	
出版发行	中国水利水电出版社 （北京市海淀区玉渊潭南路 1 号 D 座　100038） 网址：www. waterpub. com. cn E - mail：sales@mwr. gov. cn 电话：(010) 68545888（营销中心）	
经　　售	北京科水图书销售有限公司 电话：(010) 68545874、63202643 全国各地新华书店和相关出版物销售网点	
排　　版	中国水利水电出版社微机排版中心	
印　　刷	北京市密东印刷有限公司	
规　　格	184mm×260mm　16 开本　13 印张　308 千字	
版　　次	2017 年 1 月第 1 版　2023 年 8 月第 3 次印刷	
印　　数	4001—5000 册	
定　　价	**42.00 元**	

凡购买我社图书，如有缺页、倒页、脱页的，本社营销中心负责调换

前　言

本教材包括土力学和岩体力学两部分内容，目前多数职业院校使用的教材版本比较陈旧，其中部分内容已经不符合实际，加上很多本科学校仅有少部分《岩土力学》教材可供使用，这些教材普遍理论知识点叙述较深且实操性不强，不适合当下高职院校学生学习。由于现今地下工程行业的加速发展，迫切需要一本适合高职学生应用的教材，以满足教学和行业要求。

本教材结合国家现行规范、规程和标准组织教材内容，同时努力结合工程实践编写而成。共分两部分：土力学和岩体力学。土力学部分包括 5 章，主要介绍土的物理性质及工程分类、地基中的应力及沉降计算、土的抗剪强度与地基承载力、土压力的计算；岩体力学包括 6 章，主要介绍了岩体力学、岩体的物理性质及工程分类、岩体的基本力学性质、岩体初始应力及其测量、地下洞室围岩稳定性分析和岩体边坡稳定性分析。各章后附有思考题与习题，供学生复习使用。通过本课程的学习，要求学生掌握土的基本物理力学特性和计算方法，培养学生应用土力学原理解决土工问题的能力，掌握岩块、结构面、岩体等基本概念、性质指标及其测试方法，掌握工程岩体重分布应力特征及工程岩体稳定性分析方法；培养学生分析问题的能力，初步具备解决岩体力学实际问题的能力，为今后从事生产实际工作和科学研究打好基础。

本教材由辽宁省交通高等专科学校王万德担任主审；辽宁省交通高等专科学校侯献语、殷雨时，河北交通职业技术学院袁金秀担任主编；辽宁省交通高等专科学校李晶，浙江同济科技职业学院李玉良，江苏建筑职业技术学院白洋担任副主编。其中，侯献语负责编写第 3 章～第 5 章，殷雨时负责编写第 1 章、第 2 章和第 6 章，袁金秀负责编写第 8 章，李晶负责编写第 7 章和第 9 章，李玉良负责编写第 10 章，白洋负责编写第 11 章，河北交通职业技术学院王道远负责本书的大量绘图和制图工作。对以上各位老师做的辛勤工作一并表示感谢！

由于编者水平有限，书中难免存在疏误之处，恳切希望广大读者批评指正。

编者

2016 年 9 月

目　录

岩 体 力 学

土 力 学

第1章 土的物理性质及工程分类

土的物理性质是土最基本的性质，土的组成不同和三项比例指标不同，土表现出不同的物理性质，如土的干湿、轻重、松密和软硬等。而土的这些物理性质在某种程度上又确定了土的工程性质。例如，松散、湿软地层，土的强度低、压缩性大；反之，强度大、地基承载力高、压缩性小；土颗粒大（无黏性土），地层的渗透性大，地基稳定性好、承载力大；土颗粒细（黏性土），则地层的渗透性小，地基稳定性差；土颗粒大小不均匀（级配好），则土在动荷载作用下易于压实。

本章详细介绍了土的形成与组成，定性、定量地描述了土的物质组成以及密实性对工程性质的影响。其中主要包括土的三相组成分析、土的三相比例指标的定义、黏性土的界限含水量、砂土的密实度、地基土的工程分类方法和土的压实特性等。这些内容是学习土力学所必需的基本知识，是评价土的工程性质、分析与解决土的工程技术问题的基础。

1.1 土的形成与组成

1.1.1 土的形成

土是由岩石经过长期风化、搬运、沉积作用而形成的。地球表面的岩石在大气中经受长期的风化、剥蚀后形成形状不同、大小不一的颗粒，这些颗粒在不同的自然环境下堆积，或经搬运和沉积而形成沉积物，当沉积年代不长，即沉积颗粒在压紧硬结成岩石之前形成的一种松散物质，即为土。土是一种集合体。土粒之间的孔隙中包含着水和气体，因此，土是一种三相体。岩石和土在不同的风化作用下形成不同性质的土。风化作用主要有物理风化、化学风化和生物风化。

1. 物理风化

岩石经受风、霜、雨、雪的侵蚀，温度、湿度的变化，不均匀的膨胀与收缩破碎，或者运动过程中因碰撞和摩擦破碎，只改变颗粒的大小和形状，不改变矿物颗粒成分的过程称为物理风化。物理风化后的产物称为原生矿物，如石英、长石、云母等。

2. 化学风化

母岩表面破碎的颗粒受环境因素的作用而产生一系列的化学变化，改变了原来矿物的化学成分，形成新的矿物——次生矿物，这一过程称为化学风化。经化学风化生成的土为细粒土，具有黏结力，成分最主要是黏土颗粒以及大量的可溶性盐类，如黏土矿物、铝铁氧化物和氢氧化物等。

3. 生物风化

由植物、动物和人类活动对岩体的破坏称生物风化。土经生物风化后，其矿物成分没有发生变化。如植物的根对岩石的破坏、人类开山等，其矿物成分未发生变化。

1.1.2 土的三相组成

在天然状态下，自然界中的土是由固体颗粒、水、气体组成的三相体系。固体颗粒构成土的骨架。骨架间有许多孔隙，可由水和气所填充。这三个组成部分本身的性质以及它们之间的比例关系和相互作用决定土的物理性质。土的三相组成比例并不是恒定的，它随着环境的变化而变化。土的状态和工程性质随土的三相组成比例的不同而不同。例如，固体＋气体（液体＝0）为干土，此时黏土呈坚硬状态，砂土呈松散状态；固体＋气体＋液体为湿土，是一种非饱和土，此时黏土多为可塑状态；固体＋液体（气体＝0）为饱和土，此时粉细砂或粉土遇强烈地震，可能产生液化，而使工程遭受破坏；黏土地基受建筑荷载作用发生沉降需十几年才能稳定。

1. 土的固体颗粒

土的固体颗粒是土的三相组成中的主体，是决定土的工程性质的主要成分。固体颗粒的矿物成分、大小、形状和组成情况是决定土的物理力学性质的主要因素。

自然界中的土都是由大小不同的土颗粒组成。土颗粒的大小与土的性质密切相关。如土颗粒由粗变细，土的性质可由无黏性变为有黏性。粒径大小在一定范围内的土，其矿物成分及性质都比较相近。因此，可将土中各种不同粒径的土粒按适当的粒径范围分为若干粒组，各个粒组的性质随分界尺寸的不同而呈现出一定质变。划分粒组的分界尺寸称为界限粒径。我国习惯采用的粒组划分标准见表 1.1。表 1.1 中根据界限粒径 200mm、20mm、2mm、0.075mm、0.005mm 把土粒分为六大粒组，即漂石（块石）、卵石（碎石）、砾石、砂粒、粉粒和黏粒。

表 1.1　　　　　　　　　　粒 组 划 分 标 准

粒组名称	粒组范围/mm	一 般 特 征
漂石（块石）	＞200	透水性很大，无黏性，无毛细水
卵石（碎石）	20～200	
砾石	2～20	透水性大，无黏性，毛细水上升高度不超过粒径
砂粒	0.075～2	易透水，当混入云母等杂质时透水性减小，而压缩性增加；无黏性，遇水不膨胀，干燥时松散；毛细水上升高度不大，随粒径变小而增大
粉粒	0.005～0.075	透水性小，湿时稍有黏性，遇水膨胀小，干燥时有收缩；毛细水上升高度较大较快，极易出现冻胀现象
黏粒	＜0.005	透水性很小，湿时有黏性、可塑性，遇水膨胀大，干时收缩显著；毛细水上升高度大，但速度慢

天然土体中包含有大小不同的颗粒，通常把土中各个粒组的相对含量（各个粒组占土粒总量的百分数）称为颗粒级配。

确定各个粒组相对含量的颗粒分析试验方法分为筛分法和相对密度计法两种。筛分法适用于粗颗粒土，一般用于粒径小于等于 60mm、大于 0.075mm 的土。它是用一套孔径不同的筛子，按从上至下筛孔逐渐减小放置。将事先称过质量的烘干土样过筛，称出留在各筛上土的质量，然后计算占总土粒质量的百分数。相对密度计法适用于细颗粒土，一般用于粒径小于 0.075mm 的土粒质量占试样总质量的 10% 以上的土。此法根据球状的细颗粒在水中下沉速度与颗粒直径的平方成正比的原理，把颗粒按其在水中的下沉速度进行分组。在实验室内具体操作时，利用密度计测定不同时间土粒和水混合悬液的密度，据此计算出某一粒径土粒占总土粒质量的百分数。

根据颗粒大小分析试验结果，可以绘制颗粒级配曲线，如图 1.1 所示。颗粒级配曲线横坐标表示土粒粒径，由于土粒粒径相差悬殊，常在百倍、千倍以上，所以采用对数坐标表示；纵坐标表示小于某粒径土的质量含量（或累计质量分数）。根据曲线的坡度和曲率可以大致判断土的级配情况。

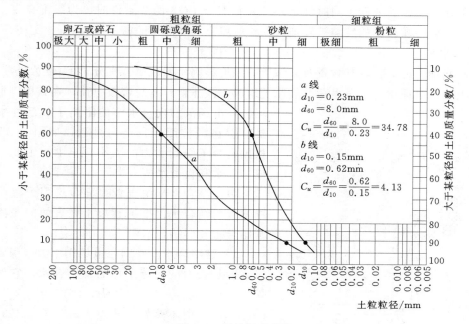

图 1.1　颗粒级配曲线

如图 1.1 中曲线 a 平缓，则表示粒径大小相差较大，土粒不均匀，即级配良好；反之，曲线 b 较陡，则表示粒径的大小相差不大，土粒较均匀，即为级配不良。

工程中为了定量反映土的不均匀性，常用不均匀系数 C_u 来表示颗粒级配的不均匀程度，即

$$C_u = \frac{d_{60}}{d_{10}} \tag{1.1}$$

式中　C_u——土的不均匀系数；

d_{60}——限定粒径，在粒径分配曲线上小于等于该粒径的土的质量含量占总土质量的 60% 的粒径；

d_{10}——有效粒径，在粒径分配曲线上小于等于该粒径的土的质量含量占总土质量的 10% 的粒径。

不均匀系数 C_u 能反映土颗粒组成的重要特征。C_u 越大表示土粒大小的分布范围越大，其级配越良好，作为填方工程的土料时，比较容易获得较大的密实度。工程上一般把

5

$C_u \leqslant 5$ 的土称为级配不良的土；$C_u > 10$ 的土称为级配良好的土。

实际上，单独只用一个指标 C_u 确定土的级配情况是不够的，要同时考虑级配曲线的整体形状。曲率系数 C_c 为表示土颗粒组成的又一特征，C_c 的计算式为

$$C_c = \frac{d_{30}^2}{d_{60} d_{10}} \tag{1.2}$$

式中　C_c——曲率系数；

　　　d_{30}——在粒径分配曲线上小于等于该粒径的土的质量含量占总土质量的 30% 的粒径。

一般认为，砂石或砂土同时满足 $C_u \geqslant 5$ 和 $C_c = 1 \sim 3$ 两个条件时，为级配良好。级配良好的土，较粗颗粒间的空隙被较细的颗粒所填充，因而土的密实度较好。

2. 土中水

土中水即土的液相，其含量及其性质明显地影响土的性质。水分子 H_2O 为极性分子，由带正电荷的氢原子与带负电荷的氧原子组成。固体颗粒本身带负电荷，在其周围形成电场。在电场范围内，水中的阳离子和极性水分子被吸引在颗粒四周，定向排列，如图 1.2 所示。根据水分子受到引力的大小，土中水主要可以分成结合水和自由水两大类。

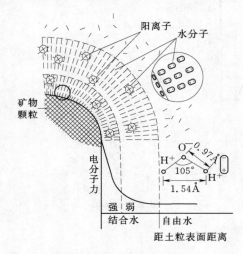

图 1.2　矿物颗粒对水分子的静电引力作用

（1）结合水。由土粒表面电场引力吸附的土中水称为结合水。根据其离土粒表面的距离分为强结合水和弱结合水两类。

1）强结合水。受颗粒电场作用力吸引紧紧包围在颗粒表面的水分子称为强结合水，它的性质接近固体，不传递静水压力，密度为 1.2～2.4g/cm³，100℃时不蒸发，冰点为 −78℃，具有极大的黏滞性。

2）弱结合水（也称薄膜水）。指紧靠于强结合水外围形成的一层水膜，其厚度小于 $0.5\mu m$，这层水膜里的水分子和水化离子仍在土颗粒电场作用范围以内。弱结合水也不传递静水压力，但水膜较厚的弱结合水能向邻近的较薄的水膜处缓慢转移。弱结合水的存在是黏性土在某一含水量范围内表现出可塑性的原因。弱结合水密度为 1.0～1.7g/cm³，冰点温度为 −20～−30℃。

（2）自由水。不受颗粒电场引力作用的水称为自由水。自由水又可分为重力水和毛细水。

1）重力水。这种水位于地下水位以下，是在本身重力或压力差作用下运动的自由水，对土粒有浮力作用。土中重力水传递水压力，与一般水的性质无异。

2）毛细水。这种水存在于地下水位以上，是受水与空气交界面处的表面张力作用而存在于细颗粒的孔隙中的自由水。由于表面张力作用，地下水沿着不规则的毛细孔上升，形成毛细上升带。其上升的高度取决于颗粒粗细与孔隙的大小。砂土、粉土及粉质黏土中

毛细水含量较大。毛细水的上升会使地基湿润、强度降低、变形增大。在干旱地区，地下水中的可溶盐随毛细水上升后不断蒸发，盐分便积聚于靠近地表处而使地表土盐渍化。在寒冷地区，要注意因毛细水上升产生土的冻胀现象，地下室要采取防潮措施。

　　3. 土中气体

　　土中的气体是指存在于土孔隙中未被水占据的部分。土中的气体存在的形式有两种：一种与大气相通，不封闭，对土的性质影响不大，称为自由气体；另一种则封闭在土的孔隙中与大气隔绝，封闭气体，不易逸出，增大了土体的弹性和压缩性，减小了透水性，称为封闭气泡。在淤泥和泥炭土中，由于微生物的分解作用，产生一些可燃气体（如硫化氢、甲烷等），使土层不易在自重作用下压密而形成具有高压缩性的软土层。

1.1.3　土的结构

　　土的结构是指土颗粒之间的相互排列和连接方式。它在某种程度上反映了土的成分和土的形成条件，因而它对土的特性有重要的影响。土的结构分为单粒结构、蜂窝结构和絮状结构三种基本类型。

　　1. 单粒结构

　　粗颗粒在重力的作用下单独下沉时与稳定的颗粒相接触，稳定下来，就形成单粒结构。单粒结构可以是疏松的，也可以是密实的，如图 1.3 所示。

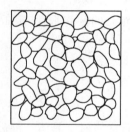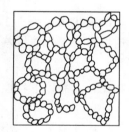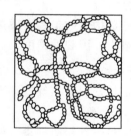

图 1.3　单粒结构的不同形态

　　2. 蜂窝结构

　　较细的颗粒在水中单独下沉时，碰到已沉积的土粒，因土粒间的分子引力大于土粒自重，则下沉的土粒被吸引不再下沉，依次一粒粒被吸引，最终形成具有很大孔隙的蜂窝状结构。

　　3. 絮状结构

　　粒径极细的黏土颗粒在水中长期悬浮，这种土粒在水中运动，相互碰撞而吸引逐渐形成小链环状的土集粒，质量增大而下沉，当一个小链环碰到另一个小链环时相互吸引，不断扩大形成大链环状的絮状结构。因小链环中已有孔隙，大链环中又有更大的孔隙，因此被形象地称为二级蜂窝结构，此种絮状结构在海积黏土中常见。

　　以上三种结构中，以密实的单粒结构工程性质最好，蜂窝结构与絮状结构如被扰动破坏天然结构，则强度低、压缩性高，不可用作天然地基。

1.1.4　土的构造

　　土的构造是指在土体中各结构单元之间的关系。一般可分为以下几种。

1. 层状构造

土粒在沉积过程中，由于不同阶段沉积的土的物质成分、粒径大小或颜色不同，沿竖向呈现层状特征。常见的有水平层理和交错层理。层状构造反映不同年代不同搬运条件形成的土层，为细粒土的一个重要特征。

2. 分散构造

在搬运和沉积过程中，土层中的土粒分布均匀，性质相近，呈现分散构造。分散构造的土可看作各向同性体。各种经过分选的砂、砾石、卵石等沉积厚度常较大，无明显的层理，呈分散构造。

3. 裂隙构造

裂隙构造的土体被许多不连续的小裂隙所分割，裂隙中往往充填着盐类沉淀物。不少坚硬和硬塑状态的黏性土具有裂隙构造。红黏土中网状裂隙发育，一般可延伸至地下 3～4m。黄土具有特殊的柱状裂隙。裂隙破坏了土的完整性，水容易沿裂隙渗漏，造成地基土的工程性质恶化。此外，土中的包裹物（如腐殖质、贝壳、结核体以及天然或人为洞穴等构造特征）都构成土的不均匀性。

4. 结核状构造

在细粒土中混有粗颗粒或各种结核的构造属结核状构造。如含礓石的粉质黏土、含砾石的冰渍黏土等。

通常分散构造的工程性质最好。结核状构造的土工程性质的好坏取决于细粒土部分。裂隙状构造中，因裂隙强度低、渗透性大，工程性质差。

1.1.5　土的特性

土与钢材、混凝土等连续介质相比，具有以下特性。

1. 高压缩性

由于土是一种松散的集合体，受压后孔隙显著减小，而钢筋属于晶体，混凝土属于胶结体，都不存在孔隙被压缩的条件，故土的压缩性远远大于钢筋和混凝土等。

2. 强渗透性

由于土中颗粒间存在孔隙，因此土的渗透性远比其他建筑材料大。特别是粗粒土具有很强的渗透性。

3. 低承载力

土颗粒之间孔隙具有较大的相对移动性，导致土的抗剪强度较低，而土体的承载力实质上取决于土的抗剪强度。

土的压缩性高低和渗透性强弱是影响地基变形的两个重要因素，前者决定地基最终变形量的大小，后者决定基础沉降速度的快慢程度（即沉降与时间的关系）。

1.2　土 的 物 理 性 质 指 标

描述土的三相物质在体积和质量上比例关系的有关指标称为土的三相比例指标。三相比例指标反映土的干和湿、疏松和密实、软和硬等物理状态，是评价土的工程性质的最基本的物理指标，是工程地质报告中不可缺少的基本内容。三相比例指标可分为基本指标和换算指标两种。

1.2.1　土的三相图

为了便于说明和计算，可以用土的三相图（图1.4）来表示土各部分之间的数量关系。三相图的右侧表示三相组成的体积关系；三相图的左侧表示三相组成的质量关系。

$$V=V_s+V_v$$
$$V=V_s+V_w+V_a$$
$$m=m_s+m_w$$

1.2.2　基本指标

土的三相比例指标中有三个指标可用土样进行试验测定，称为基本指标，也称为试验指标。

1. 土的密度和重度

单位体积内土的质量称为土的密度 $\rho(g/cm^3)$；单位体积内土的重力称为土的重度 $\gamma(kN/m^3)$。

$$\rho=\frac{土的总质量}{土的总体积}=\frac{m}{V} \tag{1.3}$$

$$\gamma=\frac{土的总重量}{土的总体积}=\frac{W}{V}=\rho g \tag{1.4}$$

式中　W——土的重量，N；

　　　g——重力加速度，约等于 $9.807m/s^2$，在工程计算中常近似取 $g=10m/s^2$；

　　　m——土的质量，g；

　　　V——土的体积，cm^3。

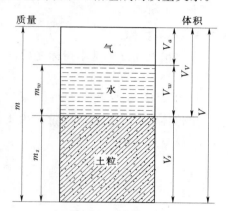

图1.4　土的三相图

V—土的总体积，cm^3；V_v—土的孔隙体积，cm^3；V_s—土粒体积，cm^3；V_w—水的体积，cm^3；V_a—气体体积，cm^3；m—土的总质量，g；m_s—固体颗粒质量，g；m_w—水的质量，g

天然状态下土的密度变化范围比较大，一般对于黏性土，$\rho=1.8\sim2.0g/cm^3$；对于砂土，$\rho=1.6\sim2.0g/cm^3$。黏性土的密度一般用"环刀法"测定。

2. 土粒相对密度 d_s

土中固体颗粒的质量与土粒同体积4℃纯水质量的比值称为土粒相对密度（无量纲）。

$$d_s=\frac{m_s}{V_s}\rho_w=\frac{\rho_s}{\rho_w} \tag{1.5}$$

式中　m_s——土粒的质量，g；

　　　V_s——土粒的体积，cm^3；

　　　ρ_w——4℃纯水的密度，g/cm^3；

　　　ρ_s——土粒的密度，g/cm^3。

d_s 的变化范围不大，其大小取决于土的矿物成分，常用密度瓶法测定。黏性土的 d_s 一般为 $2.72\sim2.75$；粉土一般为 $2.70\sim2.71$；砂土一般为 $2.65\sim2.69$。

3. 土的含水量 w

土中水的质量与土粒质量之比（用百分数表示）称为土的含水量。

$$w=\frac{m_w}{m_s}\times100\% \tag{1.6}$$

9

式中　m_w——土中水的质量，g；

　　　m_s——土粒的质量，g。

含水量是反映土的湿度的一个重要物理指标。天然土层的含水量变化范围很大，它与土的种类、埋藏条件及其所处的自然地理环境等有关。同一类土，含水量越高，土越湿，一般来说也就越软。

1.2.3　换算指标

在测出上述三个基本指标之后，可根据图 1.4 所示的三相图，经过换算可求得下列五个指标，称为换算指标。

1. 干密度 ρ_d 和干重度 γ_d

单位体积内土颗粒的质量称为土的干密度（g/cm³）；单位体积内土颗粒的重力称为土的重度（N/cm³）。

$$\rho_d = \frac{\text{固体颗粒质量}}{\text{土的体积}} = \frac{m_s}{V} \tag{1.7}$$

$$\gamma_d = \rho_d g \tag{1.8}$$

式中　m_s——土粒的质量，g；

　　　V——土的体积，cm³；

　　　g——重力加速度，约等于 9.807m/s²，在工程计算中常近似取 $g=10$m/s²。

2. 土的饱和密度 ρ_{sat} 和饱和重度 γ_{sat}

饱和密度是指土中孔隙完全充满水时，单位体积土的质量（g/cm³）；饱和重度是指土中孔隙完全充满水时，单位体积内土的重力（N/cm³）。

$$\rho_{sat} = \frac{\text{孔隙完全充满水时的质量}}{\text{土的体积}} = \frac{m_s + V_V \rho_w}{V} = \frac{m_s + m_w + V_a \rho_w}{V} \tag{1.9}$$

$$\gamma_{sat} = \rho_{sat} g \tag{1.10}$$

式中　m_s——土粒的质量，g；

　　　m_w——气体的质量，g；

　　　V_V——土中孔隙的体积，cm³；

　　　V_a——气体体积，cm³；

　　　g——重力加速度，约等于 9.807m/s²，在工程计算中常近似取 $g=10$m/s²；

　　　ρ_w——4℃纯水的密度，g/cm³；

　　　V——土的体积，cm³。

3. 土的有效密度 ρ' 和有效重度 γ'

土的有效密度 ρ'（g/cm³）是指在地下水位以下，单位土体积中土粒的质量扣除土体排开同体积水的质量；土的有效重度 γ'（N/cm³）是指在地下水位以下，单位土体积中土粒所受的重力扣除水的浮力。

$$\rho' = \frac{m_s - V_s \rho_w}{V} = \frac{m_s + V_V \rho_w}{V} - \frac{(V_s + V_V) \rho_w}{V} = \rho_{sat} - \rho_w \tag{1.11}$$

$$\gamma' = \rho' g = (\rho_{sat} - \rho_w) g = \gamma_{sat} - \gamma_w \tag{1.12}$$

式中　m_s——土粒的质量，g；

V_s——土粒的体积，cm^3；

g——重力加速度，约等于 $9.807m/s^2$，在工程计算中常近似取 $g=10m/s^2$；

ρ_w——4℃纯水的密度，g/cm^3；

V——土的体积，cm^3。

4. 土的孔隙比 e 和孔隙率 n

孔隙比 e 为土中孔隙体积与土粒体积之比，用小数表示；孔隙率为土中孔隙体积与土的总体积之比，以百分数表示。

$$e=\frac{V_V}{V_s}\qquad\qquad(1.13)$$

$$n=\frac{V_V}{V}\times100\%\qquad\qquad(1.14)$$

式中　V_V——土中空隙的体积，cm^3；

V_s——土粒的体积，cm^3。

孔隙比是评价土的密实程度的重要物理性质指标。一般孔隙比 $e<0.6$ 的土是低压缩性的土，孔隙比 $e>1.0$ 的土是高压缩性的土。土的孔隙率也可用来表示土的密实度。

5. 土的饱和度 S_r

土中水的体积与孔隙体积之比称为土的饱和度，以百分数表示。

$$S_r=\frac{V_w}{V_V}\times100\%\qquad\qquad(1.15)$$

式中　V_w——土中水的体积，cm^3；

V_V——土中孔隙的体积，cm^3。

饱和度用作描述土体中孔隙被水充满的程度。干土的饱和度 $S_r=0\%$，当土处于完全饱和状态时 $S_r=100\%$。根据饱和度，土可划分为稍湿、很湿和饱和三种湿润状态：当 $S_r\leqslant50\%$ 时，为稍湿状态；当 $50\%<S_r\leqslant80\%$ 时，为很湿状态；当 $S_r>80\%$ 时，为饱和状态。

土的三相比例指标常见数值范围及常用换算公式见表1.2。

表 1.2　　　　　　　土的三相比例指标常见数值范围及常用换算公式

名称	符号	表达式	单位	常见值	换算公式
密度	ρ	$\rho=\frac{m}{V}$	g/cm^3	1.6～2.2	$\rho=\rho_d(1+w)$
重度	γ	$\gamma\approx10\rho$	kN/cm^3	16～22	$\gamma=\gamma_d(1+w)$
比重	G_s	$G_s=\frac{m_s}{V_s}$		砂土 2.65～2.69 粉土 2.70～2.71 黏性土 2.72～2.75	
含水量	w	$w=\frac{m_w}{m_s}\times100$	%	砂土 0～40% 黏性土 20%～60%	$w=\left(\frac{\gamma}{\gamma_d}-1\right)\times100\%$
孔隙比	e	$e=\frac{V_V}{V_s}$		砂土 0.5～1.0 黏性土 0.5～1.2	$e=\frac{n}{1-n}$
孔隙率	n	$n=\frac{V_V}{V}\times100$	%	30%～50%	$n=\frac{e}{1+e}\times100\%$
饱和度	S_r	$S_r=\frac{V_w}{V_V}$		0～1	

名称	符号	表达式	单位	常见值	换算公式
干密度	ρ_d	$\rho_d = \dfrac{m_s}{V}$	g/cm³	1.3~2.0	$\rho_d = \dfrac{\rho}{1+\bar{\omega}}$
干重度	γ_d	$\gamma_d = \rho_d g$	kN/cm³	13~20	$\gamma_d = \dfrac{\gamma}{1+\bar{\omega}}$
饱和密度	ρ_{sat}	$\rho_{sat} = \dfrac{m_s + m_w + V_a \rho_w}{V}$	g/cm³	1.8~2.3	
饱和重度	γ_{sat}	$\gamma_{sat} = \rho_{sat} g$	kN/cm³	18~23	
有效密度	ρ'	$\rho' = \rho_{sat} - \rho_w$	g/cm³	0.8~1.3	
有效重度	γ'	$\gamma' = \gamma_{sat} - \gamma_w$	kN/cm³	8~13	

【例 1.1】　某土样经试验测得体积为 100cm³，湿土质量为 187g，烘干后，干土质量为 167g。若土粒相对密度 d_s 为 2.66，试求该土样的含水量 w、密度 ρ、重度 γ、干重度 γ_d、空隙比 e、饱和度 S_r、饱和重度 γ_{sat} 和有效重度 γ'。

解：

$$w = \frac{m_w}{m_s} \times 100\% = \frac{187-167}{167} \times 100\% = 11.98\%$$

$$\rho = \frac{m}{V} = \frac{187}{100}\text{g/cm}^3 = 1.87\text{g/cm}^3$$

$$\gamma = \rho g = (1.87 \times 10)\text{kN/m}^3 = 18.7\text{kN/m}^3$$

$$\gamma_d = \rho_d g = \frac{m_d g}{V} = (167 \times 10/100)\text{kN/m}^3 = 16.7\text{kN/m}^3$$

$$e = d_s \frac{(1+\omega)\rho_w}{\rho} - 1 = 2.66 \times \frac{1+0.1198}{1.87} - 1 = 0.593$$

$$S_r = \omega \frac{d_s}{e} = 0.1198 \times \frac{2.66}{0.593} = 0.537 = 53.7\%$$

$$\gamma_{sat} = \frac{(d_s+e)\gamma_w}{1+e} = \left[\frac{(2.66+0.593) \times 10}{1+0.593}\right]\text{kN/m}^3 = 20.4\text{kN/m}^3$$

$$\gamma' = \frac{(d_s-1)\gamma_w}{1+e} = \gamma_{sat} - \gamma_w = (20.4-10)\text{kN/m}^3 = 10.4\text{kN/m}^3$$

1.3　土 的 物 理 状 态 指 标

土的物理状态对无黏性土是指密实度；对黏性土是指土的软硬程度，也称为黏性土的稠度。

1.3.1　无黏性土的密实度

砂土、碎石土统称为无黏性土。无黏性土的密实度与其工程性质有着密切的关系，呈密实状态时，强度较高，压缩性较小，可作为良好的天然地基；呈松散状态时，则强度较低，可缩性较大，为不良地基。因此在工程中，常用密实度判断无黏性土的工程性质。

土的密实度通常是指单位体积中固体颗粒的含量。判别砂土密实状态的指标通常有下面三种。

1. 孔隙比 e

土的基本物理性质指标中，孔隙比 e 的定义就是表示土中孔隙的大小。e 大，表示土中孔隙大，则土疏松；反之，土为密实。因此，可以用孔隙比的大小来衡量无黏性土的密实度。砂土的密实度见表1.3。

表1.3 砂土的密实度

密实度 土的名称	密 实	中 密	稍 密	松 散
砾砂、粗砂、中砂	$e < 0.60$	$0.60 \leq e \leq 0.75$	$0.75 < e \leq 0.85$	$e > 0.85$
细砂、粉砂	$e < 0.70$	$0.70 \leq e \leq 0.85$	$0.85 < e \leq 0.95$	$e > 0.95$

采用天然孔隙比的大小来判断砂土的密实度，是一种较简便的方法。但这种方法也有不足之处，由于颗粒的形状和级配对孔隙比有极大的影响，而只用一个指标 e 无法反映土的粒径级配的因素。例如，对两种级配不同的砂，采用孔隙比 e 来评判其密实度，其结果是颗粒均匀的密砂的孔隙比大于级配良好的松砂的孔隙比，结果密砂的密实度小于松砂的密实度，与实际不符。

2. 相对密实度 D_r

为了考虑颗粒级配对判别密实度的影响，引入相对密实度的概念，即用天然孔隙比 e 与该土的最松散状态孔隙比 e_{max} 和最密实状态孔隙比 e_{min} 进行对比，比较 e 靠近 e_{max} 或靠近 e_{min}，来判别它的密实度。

$$D_r = \frac{e_{max} - e}{e_{max} - e_{min}}$$ (1.16)

当砂土的天然孔隙比接近于最大孔隙比时，其相对密实度接近于0，表明砂土处于最松散的状态；而当砂土的天然孔隙比接近于最小孔隙比时，其相对密实度接近于1，表明砂土处于最密实的状态。用相对密实度 D_r 判定砂土密实度的标准为：当 $0 < D_r \leq 0.33$ 时，为松散状态；当 $0.33 < D_r \leq 0.67$ 时，为中密状态；当 $0.67 < D_r \leq 1$ 时，为密实状态。

相对密实度法把土的级配因素考虑在内，理论上较为完善。但是要准确测量天然孔隙比、最大与最小孔隙比往往十分困难。

3. 根据现场标准贯入试验判定

在实际工程中，天然砂土的密实度可按原位标准贯入试验的锤击数 N 进行评定。天然碎石土的密实度可按原位重型圆锥动力触探的锤击数 $N_{63.5}$ 进行评定。标准贯入试验是一种原位测试方法。天然碎石土密实度的试验方法为：将质量为63.5kg的锤头提升到76cm的高度，让锤自由下落，打击标准贯入器，使贯入器入土深为30cm所需的锤击数记为 $N_{63.5}$，这是一种简便的测试方法。N 和 $N_{63.5}$ 的大小综合反映了土的贯入阻力的大小，亦即密实度的大小。《岩土工程勘查规范》（GB 50021—2001）规定砂土的密实度按表1.4标准贯入锤击数进行划分。

表1.4 砂土和碎石土密实度的评定

密 实 度	松散	稍密	中密	密实
按标准贯入锤击数 N 评定天然砂土密实度	$N \leq 10$	$10 < N \leq 15$	$15 < N \leq 30$	$N > 30$
按 $N_{63.5}$ 评定天然碎石土的密实度	$N_{63.5} \leq 5$	$5 < N_{63.5} \leq 10$	$10 < N_{63.5} \leq 20$	$N_{63.5} > 20$

1.3.2　黏性土的物理特征

黏性土随着含水量不断增加，土的状态变化过程为固态、半固态、可塑状态、液态，相应的地基土的承载力基本值会逐渐下降。因此，黏性土的物理特性可以用稠度表示。稠度是指黏性土含水量不同时所表现出的物理状态，它反映了土的软硬程度或土对外力引起的变化或破坏的抵抗能力的性质。土中含水量很少时，由于颗粒表面的电荷的作用，水紧紧吸附于颗粒表面，成为强结合水。按水膜厚薄的不同，土表现为固态或半固态。当含水量增加时，被吸附在颗粒周围的水膜加厚，土粒周围有强结合水和弱结合水，在这种含水量情况下，土体可以被捏成任意形状而不破裂，这种状态称为塑态。弱结合水的存在是土具有可塑状态的原因。当含水量再增加，土中除结合水外，土中出现了较多的自由水，黏性土变成了液体呈流动状态。黏性土随含水量的减少可从流动状态转变为可塑状态、半固态及固态。

黏性土从一种状态过渡到另外一种状态的分界含水量称为界限含水量。

黏性土呈液态与塑态之间的分界含水量称为液限 $w_L(\%)$；黏性土呈塑态与半固态之间的分界含水量称为塑限 $w_P(\%)$；黏性土呈半固态与固态之间的分界含水量称为缩限 $w_S(\%)$，如图 1.5 所示。

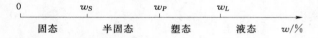

图 1.5　黏性土的状态与含水量关系示意图

我国一般用锥式液限仪测定液限，塑限一般用搓条法测定。液限、塑限的测定方法也可用光电式液、塑限仪联合测定。

1. 黏性土的塑性指数 I_P

黏性土的液限与塑限的差值称为塑性指数，即

$$I_P = w_L - w_P \tag{1.17}$$

式中　w_L——液限，%；

w_P——塑限，%。

w_L 和 w_P 用百分数表示，计算所得的 I_P 值也应是百分数表示，但习惯上用不带"%"的数值表示。

塑性指数表示土处于可塑状态的含水量的变化范围。其值的大小取决于土中黏粒的含量，黏粒含量越多，土的塑性指数就越高。由于 I_P 是描述土的物理状态的重要指标之一，工程上普遍根据其值的大小对黏性土进行分类，具体见表 1.5。

表 1.5　　　　　　　　　　黏 性 土 的 分 类

塑性指数 I_P	土的名称	塑性指数 I_P	土的名称
$I_P > 17$	黏土	$10 < I_P \leqslant 17$	粉质黏土

2. 黏性土的液性指数 I_L

黏性土的液性指数 I_L 又称相对稠度，是用土的天然含水量与塑限之差除以塑性指数。

$$I_L = \frac{w - w_P}{I_P} \tag{1.18}$$

式中　w——含水量；

　　　w_P——塑限；

　　　I_P——塑性指数。

液性指数是表示黏性土软硬程度（稠度）的物理指标。当 $I_L \leqslant 0$ 时，土处于坚硬状态；当 $I_L \geqslant 1$ 时，土处于流动状态。因此，根据 I_L 值可以直接判定土的软硬状态，《建筑地基处理技术规范》（JGJ 79—2012）按 I_L 将黏性土划分为坚硬、硬塑、可塑、软塑和流塑状态（表1.6）。

表 1.6　　　　　　　　　　　　黏性土稠度状态的划分

稠度状态	坚硬	硬塑	可塑	软塑	流塑
液性指数 I_L	$I_L \leqslant 0$	$0 < I_L \leqslant 0.25$	$0.25 < I_L \leqslant 0.75$	$0.75 < I_L \leqslant 1$	$I_L > 1$

【例 1.2】　某工程的土工试验成果见表1.7。表中给出了同一土层三个土样的各项物理指标，试分别求出三个土样的液性指数，以判别土所处的物理状态。

表 1.7　　　　　　　　　　　　土 工 试 验 成 果 表

土样编号	天然含水量 w（质量分数）/%	密度 ρ /(g/cm³)	液限 w_L /%	塑限 w_P /%
1-1	29.5	1.97	34.8	20.9
2-1	30.1	2.01	37.3	25.8
3-1	27.5	2.00	35.6	23.8

解：

（1）土样 1-1。

$$I_P = w_L - w_P = 34.8\% - 20.9\% = 13.9\%$$

$$I_L = \frac{w - w_P}{I_P} = \frac{29.5 - 20.9}{13.9} = 0.62$$

由表1.6可知，土处于可塑状态。

（2）土样 2-1。

$$I_P = w_L - w_P = 37.3\% - 25.8\% = 11.5\%$$

$$I_L = \frac{w - w_P}{I_P} = \frac{30.1 - 25.8}{11.5} = 0.37$$

由表1.6可知，土处于可塑状态。

（3）土样 3-1。

$$I_P = w_L - w_P = 35.6\% - 23.8\% = 11.8\%$$

$$I_L = \frac{w - w_P}{I_P} = \frac{27.5 - 23.8}{11.8} = 0.31$$

由表1.6可知，土处于可塑状态。

综上可知，该层土处于可塑状态。

1.4 地基土的工程分类

自然界中岩、土的种类繁多、性质各异，为了便于认识和评价土（岩）的工程特性，必须对土（岩）进行工程分类。在实际工作中，可以通过分类大致判断出土（岩）的工程特性。

岩石和土的分类方法很多，各部门根据其用途采用各自的分类方法。一般地，无黏性土根据颗粒级配分类，黏性土根据塑性指数分类。本节主要介绍 JGJ 79—2012 的分类方法，地基土（岩）可分为岩石、碎石土、砂土、粉土、黏性土、人工填土六大类。

1. 岩石

岩石是天然形成的，颗粒间牢固联结，呈整体或具有节理裂隙。岩石作为工程地基和环境可按下列原则分类：

（1）按坚硬程度划分，可分为坚硬岩、较硬岩、较软岩、软岩、极软岩五类，见表 1.8。

表 1.8　　　　　　　　　　　　　岩石坚硬程度的划分

坚硬程度类别	坚硬岩	较硬岩	较软岩	软岩	极软岩
饱和单轴抗压强度标准值 f_{rk}/MPa	$f_{rk}>60$	$60 \geqslant f_{rk}>30$	$30 \geqslant f_{rk}>15$	$15 \geqslant f_{rk}>5$	$f_{rk} \leqslant 5$

当缺乏单轴饱和抗压强度资料或不能进行该项试验时，可在现场通过观察定性划分，见表 1.9。

表 1.9　　　　　　　　　　　　　岩石坚硬程度的定性划分

名称		定性鉴定	代表性岩石
硬质岩石	坚硬岩	锤击声清脆，有回弹，震手，难击碎；基本无吸水反应	未风化-微风化的花岗岩、闪长岩、辉绿岩、玄武岩、安山岩、片麻岩、石英岩、硅质砾岩、石英砂岩、硅质石灰岩等
	较硬岩	锤击声较清脆，有轻微回弹，稍震手，较难击碎；有轻微吸水反应	（1）微风化的坚硬岩。 （2）未风化-微风化的大理岩、板岩、石灰岩、钙质砂岩等
软质岩石	较软岩	锤击声不清脆，无回弹，较易击碎；指甲可刻出印痕	（1）中风化的坚硬岩和较硬岩。 （2）未风化-微风化的凝灰岩、千枚岩、砂质泥岩、泥灰岩等
	软岩	锤击声哑，无回弹，有凹痕，易击碎；浸水后，可捏成团	（1）强风化的坚硬岩和较硬岩。 （2）中风化的较软岩。 （3）未风化-微风化的泥质砂岩、泥岩等
极软岩		锤击声哑，无回弹，有较深凹痕，手可捏碎；浸水后，可捏成团	（1）风化的软岩。 （2）全风化的各种岩石。 （3）各种半成岩

（2）按风化程度划分，可分为未风化、微风化、中风化、强风化和全风化，见表 1.10。

表 1.10   岩石风化程度的划分

风化程度	特　　　征
微风化	岩质新鲜，表面稍有风化迹象
中等风化	结构和构造层理清晰；岩体被节理、裂隙分割成块状，裂隙中填充少量风化物。锤击声脆，且不易击碎；用镐难挖掘，用岩心钻方可钻进
强风化	结构和构造层理不甚清晰，矿物成分已显著变化；岩体被节理、裂隙分割成碎石状，碎石用手可以折断；用镐可以挖掘，手摇钻不易钻进
全风化	

2. 碎石土

粒径大于 2mm 的颗粒含量超过总质量的 50% 的土称为碎石土。颗粒形状以圆形及亚圆形为主的土，由大至小分为漂石、卵石、圆砾三种；颗粒形状以棱角形为主的土，相应分为块石、碎石、角砾三种。碎石土的划分标准见表 1.11。碎石土按密实度可分为密实、中密、稍密三种类型见表 1.4。

表 1.11   碎 石 土 的 分 类

土的名称	颗 粒 形 状	粒 组 含 量
漂石	圆形及亚圆形为主	粒径大于 200mm 的颗粒超过全重的 50%
块石	棱角形为主	
卵石	圆形及亚圆形为主	粒径大于 20mm 的颗粒超过全重的 50%
碎石	棱角形为主	
圆砾	圆形及亚圆形为主	粒径大于 2mm 的颗粒超过全重的 50%
角砾	棱角形为主	

注　分类时应根据粒组含量栏从上到下以最先符合者确定。

常见的碎石土强度大、压缩性小、渗透性大，为优良地基。其中密实碎石土为优等地基；中密实碎石土为优良地基；稍密碎石土为良好地基。

3. 砂土

粒径大于 2mm 的颗粒含量不超过全重的 50%，且粒径大于 0.075mm 的颗粒超过全重的 50% 的土称为砂土。砂土的分类标准见表 1.12。

表 1.12   砂 土 的 分 类

土的名称	粒 组 含 量
砾砂	粒径大于 2mm 的颗粒占全重 25%～50%
粗砂	粒径大于 0.5mm 的颗粒超过全重 50%
中砂	粒径大于 0.25mm 的颗粒超过全重 50%
细砂	粒径大于 0.075mm 的颗粒超过全重 50%
粉砂	粒径大于 0.075mm 的颗粒超过全重 50%

注　分类时应根据粒径分组含量由大到小以最先符合者确定。

在工程中，密实状态与中密状态的砾砂、粗砂、中砂为优良地基；稍密状态的砾砂、粗砂、中砂为良好地基；粉砂与细砂要具体分析，密实状态时为良好地基，饱和疏松状态时为不良地基。

4. 粉土

粉土为粒径大于 0.075mm 的颗粒质量不超过全部质量的 50%，且塑性指数 $I_P \leqslant 10$ 的土。粉土的颗粒级配中 0.05～0.1mm 和 0.005～0.05mm 的粒组占绝大多数，水与土粒之间的作用明显不同于黏性土和砂土。

粉土的性质介于砂土与黏性土之间。它既不具有砂土透水性大、容易排水固结、抗剪强度较高的优点，又不具有黏性土防水性能好、不易被水冲蚀流失具有较大黏聚力的优点。在许多工程问题上，表现出较差的性质，如受振动容易液化、冻胀性大等。因此，在新的规范中，将其单列一类，以便于进一步研究。密实的粉土为良好地基；饱和稍密的粉土，地震时易产生液化，为不良地基。

5. 黏性土

塑性指数 $I_P > 10$ 的土为黏性土。黏性土根据塑性指数的大小可分为黏土、粉质黏土（表 1.5）。黏性土的状态可按表 1.6 划分为坚硬、硬塑、可塑、软塑和流塑状态。

黏性土的工程性质与其含水量大小密切相关。密实硬塑的黏性土为优良地基；疏松流塑状态的黏性土为软弱地基。

6. 人工填土

人工填土是指由于人类活动而形成的堆积物。其成分复杂，均匀性较差，作为地基应注意其不均匀性。人工填土按组成和成因分为素填土、杂填土、冲填土和压实填土四类，见表 1.13。

表 1.13　　　　　　　　　　　　　人工填土按组成物质分类

土的名称	组　成　物　质
素填土	素填土由碎石土、砂土、粉土、黏性土等组成的填土
杂填土	杂填土为含有建筑物垃圾、工业废料、生活垃圾等杂物的填土
冲填土	冲填土为由水力冲填泥砂形成的填土
压实填土	经过压实或夯实的素填土为压实填土

通常人工填土的工程性质不良，强度低，压缩性大且不均匀。其中，压实填土相对较好；杂填土因成分复杂，平面与立面分布很不均匀、无规律，工程性质较差。

1.5　土的击实机理及工程控制

在工程建设中，经常遇到填土击实的问题，如修筑道路、水库、堤坝、飞机厂、运动场、挡土墙、埋设管道，建筑物地基的回填等。为了提高填土的强度，增加土的密实度，降低其透水性和压缩性，通常用分层击实的办法来处理地基。

1.5.1　土的击实原理

土的击实性是指土在反复冲击荷载作用下能被压密的特性。土料击实的实质是将水包裹的土料挤压填充到土粒间的空隙里，排走空气占有的空间，使土料的空隙率减少，密实度提高。显然，土料击实过程就是在外力作用下土料的三相重新组合的过程。显然，同一种土，干密度越大，孔隙比越小，土越密实。

研究土的击实性是通过在实验室或现场进行击实试验，以获得土的最大干密度与对应的最优含水量的关系。击实试验方法为：将某一土样分成6～7份，每份和以不同的水量，得到不同含水量的土样；将每份土样装入击实仪内，用完全相同的方法加以击实；击实后，测出击实土的含水量和干密度。以含水量为横坐标，干密度为纵坐标，绘制一条含水量与干密度曲线，即击实曲线，如图1.6所示。

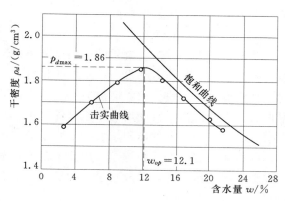

图 1.6 黏性土的状态与含水量关系示意图

从理论上说，在某一含水量下将土压到最密，就是将土中所有的气体都从孔隙中赶走，使土达到饱和。将不同含水量所对应的土体达到饱和状态时的干密度关系也绘制于击实曲线图1.6中，得到理论上所达到的最大击实曲线，即饱和度的击实曲线，称为饱和曲线。显然，击实曲线具有以下一些特点：

（1）峰值。土的干密度与含水量的关系（击实曲线）出现干密度峰值对应该峰值的含水量为最优含水量。

（2）饱和曲线是一条随含水量增大，干密度下降的曲线。实际的击实曲线在饱和曲线的左侧，两条曲线不会相交。

（3）击实曲线位于理论饱和曲线左侧。因为理论饱和曲线假定土中空气全部被排除，空隙完全被水占据，而实际上不可能做到。

（4）击实曲线的形态为：击实曲线在峰值以右逐渐接近于饱和曲线，且大致与饱和曲线平行；在峰值以左，击实曲线和饱和曲线差别很大，随着含水量的减小，干密度迅速减小。

1.5.2 影响击实效果的因素

影响击实的因素很多，但最重要的是含水量、击实功能和土的性质。

1. 土的性质

土是固相、液相和气相的三相体，即以土粒为骨架、以水和气体占据颗粒间的孔隙。当采用击实机械对土施加碾压时，土颗粒彼此挤紧，孔隙减小，顺序重新排列，形成新的密实体，粗粒土之间摩擦和咬合增强，细粒土之间的分子引力增大，从而土的强度和稳定性都得以提高。在同一击实功能作用下，含粗粒越多的土的最大干容重越大，最佳含水量越小，即随着粗粒土的增多，击实曲线的峰点越向左上方移动。

土的颗粒级配对击实效果也有影响。颗粒级配越均匀，击实曲线的峰值范围就越宽广而平缓；对于黏性土，击实效果与其中的黏土矿物成分含量有关；添加木质素和铁基材料可改善土的击实效果。

砂性土也可用类似黏性土的方法进行试验。干砂在压力与振动作用下，容易密实；稍湿的砂土，因有毛细压力作用使砂土互相靠紧，阻止颗粒移动，击实效果不好；饱和砂土毛细压力消失，击实效果良好。

2. 含水量

含水量的大小对击实效果的影响显著。即当含水量较小时，水处于强结合水状态，土粒之间摩擦力、黏结力都很大，土粒的相对移动有困难，因而不易被击实。当含水量增加时，水膜变厚，土块变软，摩擦力和黏结力也减弱，土粒之间彼此容易移动。故随着含水量增大，土的击实干密度增大，至最优含水量时，干密度达到最大值。当含水量超过最优含水量后，水所占据的体积增大，限制了颗粒的进一步接近，含水量越大水占据的体积越大，颗粒能够占据的体积越小，因而干密度逐渐变小。由此可见，含水量不同，则改变了土中颗粒间的作用力，并改变了土的结构与状态，从而在一定的击实功能下，改变着击实效果。

3. 击实功能的影响

夯击的击实功能与夯锤的重量、落高、夯击次数以及被夯击土的厚度等有关，碾压的击实功能则与碾压机具的重量、接触面积、碾压遍数以及土层的厚度等有关。

击实试验中的击实功能用下式表示

$$E=\frac{WdNn}{V} \tag{1.19}$$

式中　W——击锤质量，kg，在标准击实实验中，$W=2.5$kg；

　　　d——落距，m，在击实实验中，$d=0.30$m；

　　　N——每层土的击实次数，在标准试验中，$N=27$击；

　　　n——铺土层数，在击实试验中，$n=3$层；

　　　V——击实筒的体积，$V=1000$m³。

对于同一种土，用不同的功能击实，得到的击实曲线如图 1.7 所示。击实曲线表明，在不同的击实功能下，曲线的形状不变，但最大干密度的位置却随着击实功能的增大而增大，并向左上方移动。这就是说，当击实功能增大时，最优含水量减小，相应最大干密度增大。所以在工程实践中，若土的含水量较小时，则应选用功能较大的机具，才能把土击实至最大干密度；在碾压过程中，如未能将土击实至最密实的程度，则须增大击实功能（选用功能较大的机具或增加碾压遍数）；若土的含水量较大，则应选用击实功能较小的机具，否则会出现"橡皮土"现象。因此，若要把土击实到工程要求的干密度，必须合理控制击实时的含水量，选用适合的击实功能，才能获得预期的效果。

1.5.3　击实标准的确定与控制

由于黏性填土存在着最优含水量，当含水量控制在最优含水量的左侧时（即小于最优含水量），击实土的结构常具有凝聚结构的特征。这种土比较均匀，强

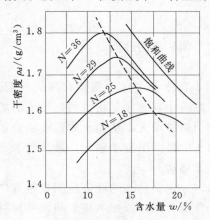

图 1.7　击实功能对击实曲线的影响

度较高，较脆硬，不易压密，但浸水时容易产生附加沉降；当含水量控制在最优含水量的右侧时（即大于最优含水量），土具有分散结构的特征。这种土的可塑性较大，适应变形的能力强，但强度较低，且具有不等向性。所以，含水量比最优含水量偏高或偏低，填土的性质各有优缺点，在设计土料时要根据对填土提出的要求和当地土料的天然含水量，选定合适的含水量。

工程上常采用密实度 D_c 作为衡量填土达到的压密标准，其计算式为

$$D_c = \frac{\text{填土实际干密度}}{\text{室内标准功能击实的最大干密度}} \times 100\% \tag{1.20}$$

一般击实度 $D_c = 0 \sim 100$，D_c 值越大击实质量越高，反之则差。但 $D_c > 100$ 时，表明实际击实功已超过标准击实功。工程等级越高，要求击实度越大，反之可以略小。大型或重点工程要求击实度都在 95% 以上，小型堤防工程通常要求 80% 以上。在填方碾压过程中，如果击实度 D_c 要求很高，当经过碾压机具多遍碾压后，击实度 D_c 的增长十分缓慢或达不到要求的击实度，这时切不可盲目增加碾压遍数，使得碾压成本增大、施工进度延长，而且很可能造成土体的剪切破坏，降低干密度，应该认真检查土的含水量是否符合设计要求，否则就是由于使用的碾压机是单遍击实功过小而达不到设计要求，只能更换击实功更大的碾压机械才能达到目的。《碾压式土石坝设计规范》（SL 274—2001）：Ⅰ级、Ⅱ级土石坝，填土的击实度应达到 95% ~ 98% 以上；Ⅲ ~ Ⅴ级土石坝，密实度应大于 92% ~ 95%。填土地基的击实标准也可参照这一规定。

1. 细粒土的击实

细粒土和粗粒土具有不同的压密性质，其击实的方法也不同，击实细粒土宜用夯实机具或压强较大的碾压机具，同时必须控制土的含水量。含水量太高或者太低都得不到好的压密效果。实践经验表明，对过湿的土进行夯实或碾压时会出现软弹现象（俗称"橡皮土"），此时土的密度不会增大。对很干的土进行夯实或碾压，显然也不能把土充分击实。所以，要使土的击实效果最好，其含水量一定要适当，即采用通过击实试验得到的最优含水量。

2. 粗粒土的击实

击实粗粒土时，宜采用振动机具，同时充分洒水。砂和砂砾等粗粒土的击实性也与含水量有关，不过不存在着一个最优含水量。一般在完全干燥或者充分洒水饱和的情况下容易击实到较大的干密度。在潮湿状态下，由于毛细压力增加了粒间阻力，击实干密度显著降低。粗砂在含水量为 4% ~ 5%，中砂在含水量为 7% 左右时，击实干密度最小，如图 1.8 所示。所以，在击实砂砾时要充分洒水使土料饱和。

粗粒土的击实标准一般用相对密度 D_r 来控制。以前要求相对密度达到 0.70 以上，近年来根据地震震害资料的分析结果，

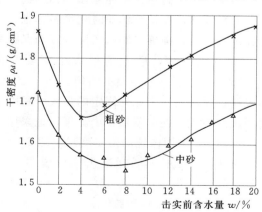

图 1.8　粗粒土的击实曲线

认为高烈度区相对密度还应提高。室内试验的结果也表明，对于饱和的粗粒土，在静力或动力的作用下，相对密度大于 0.70～0.75 时，土的强度明显增加，变形显著减小，可以认为相对密度 0.70～0.75 是力学性质的一个转折点。同时，由于大功率的振动碾压机具的发展，提高碾压密实度成为可能。所以，《水工建筑物抗震设计规范》（DL 5073—2000）规定：位于浸润线以上的粗粒土，要求相对密度达到 0.7 以上；而浸润线以下的饱和土，相对密度则应达到 0.75～0.85。这个标准对于有抗震要求的其他类型的填土，也可参照采用。

3. 黏性土的击实

目前，国内确定黏性土击实标准的方法主要是击实系数法。由于黏性土便于在室内进行标准击实、含水量、压缩、沉陷及液塑限等试验，很容易求出黏性土的最优含水量和与之相应的最大干密度，所以依据室内的标准击实试验，取最大干密度的平均值。击实度取值：对于高坝或大堤，为 0.97～0.99；对于中坝，可取 0.95～0.97。由于黏性土主要用于土堤或土坝的修筑工程中（如黄河、长江大堤修筑工程），对击实度标准要求较高，故黏性土击实标准确定非常重要。

4. 粉砂土击实标准确定

粉砂土主要用于公路路基填筑工程，通过大量的室内试验可知，粉砂土最大干密度的平均值为 1.75g/cm³，试验室最佳含水量平均值为 13.2%。粉砂土的颗粒非常细，具有水分散失比较快且水分不易下渗的特点。如果在路基填筑中，每一层填土太厚，经洒水后水分会分布不均，特别是高温季节，常常会出现经洒水路段的土层底部水分仍然是自然含水量，而上部填土基本上已处于风干状态。所以，为了保证路基的击实质量，其粉砂土的击实标准均比规范规定的击实度要求提高 1～2 个百分点，具体取值为：上路床的击实度标准为 98%，而下路堤的击实度标准也达到 92%。并使填土的含水量大于最佳含水量的2%～3%。同时为了确保粉砂土路基的击实质量，在提高击实标准的前提下，还应严格控制松铺厚度（不小于 20cm）和含水量。同时，还要控制碾压速度在 3.6～4.0km/h。击实度取值：$D_c = 98\% \sim 92\%$。

5. 砂土击实标准确定

砂土多用于高速公路路基填筑及工业与民用建筑的基础处理工程中。砂土由于黏结差、透水性强，在填筑作业时耗水多、难碾压、不易成型等特点，因此在施工中必须合理选择击实标准，准确控制击实度，以确保路基或基础的填筑击实质量。通过大量的室内标准击实试验发现，砂土的最大干密度相差很大，最小值为 1.566g/cm³，最大值为 1.945g/cm³，而且分布很不均匀。同一层土、同一车土，土质变化也很大，而且变化很不规律，无法用一个相对固定的最大干密度来进行击实度检测与控制，给施工检测造成很大困难。为此，在路基填筑中，平行地采用以下两种方法进行检测：

方法 1：采用传统的击实度法，即 $D_c = \rho_d / \rho_{d\max}$。

方法 2：采用现场标准击实湿密度法，即击实度 = 试坑湿密度/现场标准湿密度×100%。

6. 粗粒土击实标准确定

粗粒土的范围很广，凡是巨粒组质量少于 15%，而粗粒组质量多于总质量（以小于

60mm 颗粒质量为 100％计）的 50％的土均属于粗粒土。在路基的填筑击实中往往有一部分颗粒粒径超出标准试验所限定的最大颗粒粒径范围，这些大颗粒的存在，既可能影响击实效果，又影响检验和评定的方法。对粗粒土，土的级配和颗粒组成的差异对击实效果的影响很大，这些差异不仅反映在碾压遍数，对施加振动碾压时需要选用的不同的振幅和频率也有影响，并最终决定填土的物理状态。通过对粗粒土的大量试验修正计算发现，用扣除大颗粒后的平均干密度与标准干密度之比进行击实度的评定，从实用出发土粒比重可以取定值 2.70。

7. 砂砾填料击实标准确定

砂砾填料用于填筑路基具有透水性好、水稳定性好的特点，比其他土具有更大的优越性，特别适合于台背、涵侧的填筑击实。用以往的土工试验方法进行击实试验得到的砂砾最大干密度远小于施工中的实测值，出现"超密"现象，有的高达 108％，而目前还没有关于砂砾料最大干密度试验的最佳方法。

思 考 题 与 习 题

1. 思考题

（1）土由哪几部分组成？土中三相比例的变化对土的性质有什么影响？

（2）什么是土的颗粒级配？什么是级配良好？什么是级配不良？

（3）土体中的土中水包括哪几种？结合水有什么特性？土中固态水（冰）对工程有何影响？

（4）土的物理性质指标有哪些？其中哪几个可以直接测定？常用测定方法是什么？

（5）土的密度 ρ 与土的重度 γ 的物理意义和单位有什么区别？说明天然重度 γ、饱和重度 γ_{sat}、有效重度 γ' 和干重度 γ_d 之间的相互关系，并比较其数值的大小。

（6）无黏性土最主要的物理状态指标是什么？

（7）黏性土的物理状态指标是什么？什么是液限？什么是塑限？它们与天然含水量是否有关？

（8）何谓塑性指数？其大小与土颗粒粗细有什么关系？

（9）何谓液性指数？如何应用其大小来评价土的工程性质？

（10）地基土（岩）分哪几大类？各类土是如何划分的？

2. 习题

（1）某办公楼工程地质勘察中取原状土做试验，用体积为 100cm³ 的环刀取样试验，用天平测得环刀加湿土的质量为 245.00g，环刀质量为 55.00g，烘干后土样质量为 215.00g，土粒比重为 2.70。试计算此土样的天然密度、干密度、饱和密度、天然含水率、孔隙比、孔隙率以及饱和度，并比较各种密度的大小。

（2）某完全饱和黏性土的含水量为 45％，土粒相对密度为 2.68。试求土的孔隙比 e 和干重度 γ_d。

（3）某住宅地基土的试验中，已测得土的干密度 $\rho_d = 1.64\text{g/cm}^3$，含水量 $w =$

21.3%，土粒比重 $d_s=2.65$。试计算土的 e、n 和 S_r。此土样又测得 $w_L=29.7\%$，$w_P=17.6\%$。试计算 I_P 和 I_L，描述土的物理状态，并定出土的名称。

（4）有一砂土样的物理性试验结果，标准贯入试验锤击数 $N_{63.5}=34$，经筛分后各颗粒粒组含量见表 1.14。试确定该砂土的名称和状态。

表 1.14　各颗粒粒组含量

粒径/mm	<0.01	0.01~0.05	0.05~0.075	0.075~0.25	0.25~0.5	0.5~2.0
粒组含量/%	3.9	14.3	26.7	28.6	19.1	7.4

（5）某地基土的试验中，已测得土样的干密度 $r_d=1.54\text{g/cm}^3$，含水量 $w=19.3\%$，土粒比重 $G_s=2.71$。计算土的 e、n 和 S_r。若此土样又测得 $w_L=28.3\%$，$w_P=16.7\%$。试计算 I_P 和 I_L，描述土的物理状态，并定出土的名称。

（6）已知土样试验数据为：含水量 31%，液限 38%，塑限 20%。试求该土样的塑性指数、液性指数，并确定其状态和名称。

第 2 章 地基中的应力计算

建（构）筑物的建造使地基土中原有的应力状态发生了变化，如同其他材料一样，地基土受力后也要产生应力和变形。在地基土层上建造建（构）筑物，基础将建（构）筑物的荷载传递给地基，使地基中原有的应力状态发生变化，从而引起地基变形，其垂向变形即为沉降。如果地基应力变化引起的变形量在建（构）筑物容许范围以内，则不致对建（构）筑物的使用和安全造成危害；但是，当外荷载在地基土中引起过大的应力时，过大的地基变形会使建（构）筑物产生过量的沉降，影响建（构）筑物的正常使用，甚至可以使土体发生整体破坏而失去稳定。因此，研究地基土中应力的分布规律是研究地基和土工建（构）筑物变形和稳定问题的理论依据，它是地基基础设计中的一个十分重要的问题。

2.1 土 的 自 重 应 力

土的自重在土内所产生的应力称为自重应力，对于形成年代比较久远的土，在自重应力作用下，其压缩变形已经趋于稳定。因此，除新填土外，一般来说土的自重应力不再引起地基沉降。

2.1.1 均匀地基土的自重应力

若将地基视为均质的半无限体，土体在自重应力作用下只能产生竖向变形，而无侧向位移及剪切变形存在，土体内相同深度各点的自重应力相等。如图 2.1 所示，在深度 z 处的平面上，土体因自身重力产生的竖向应力等于单位面积上土柱体的重力。在计算土的自重应力时，只考虑土中某单位面积上的平均应力。

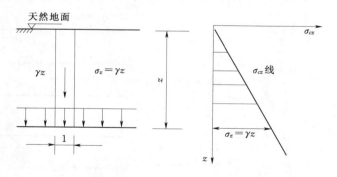

图 2.1 均质土的竖向自重应力

对于天然重度为 γ 的均质土层，在天然地面以下任意深度 z 处的竖向自重应力 σ_{cz}（kPa），可取作用于该深度水平面上任一单位面积的土柱体自重计算，即

$$\sigma_{cz} = \gamma z \qquad\qquad (2.1)$$

式中 γ——土的天然重度，kN/m^3；

$\quad\quad z$——土层的深度，m。

σ_{cz} 沿水平面均匀分布，且与 z 成正比，随深度线性增大，呈三角形分布，如图 2.1 所示。根据弹性力学，侧向（水平向）自重应力 σ_{cx} 和 σ_{cy} 与 σ_{cz} 成正比，而切向应力均为零，即

$$\sigma_{cx} = \sigma_{cy} = K_0 \sigma_{cz} \tag{2.2}$$

$$\tau_{xy} = \tau_{yz} = \tau_{xz} = 0 \tag{2.3}$$

式中 σ_{cx}、σ_{cy}——土的侧向（沿水平面上 x、y 方向）自重应力，kPa；

$\quad \tau_{xy}$、τ_{yz}、τ_{xz}——土中 xy、yz、xz 平面上的切应力，kPa；

$\quad\quad K_0$——土的侧压力系数或静止土压力系数，可通过实验确定。

2.1.2 多层地基土的自重应力

在式（2.1）～式（2.3）中，土的竖向和侧向自重应力均指土的有效自重应力，有效自重应力是指土颗粒之间接触点传递的应力。因此，对处于地下水位以下的土层应考虑水的浮力作用，必须以有效重度 γ' 代替天然重度 γ。以后各章把常用的竖向有效自重应力 σ_{cz} 简称为自重应力，并用符号 σ_c 表示。

地基土往往是分层的，各层土具有不同的重度（图 2.2）。对处于地下水位以下的土层应考虑水的浮力作用，必须以有效重度 γ'_i 代替天然重度 γ。由于地下水位上下土的重度不同，因此，地下水位面也是自重应力分布线的转折点。设天然地面下深度 z 范围内有 n 个土层，各土层土的重度分别为 γ_1、γ_2、$\cdots$、γ_n，相应土层厚度为 h_1、h_2、$\cdots$、h_n，则第 n 层底面处的竖向自重应力等于上部各层土自重应力的总和，即

$$\sigma_c = \sum_{i=1}^{n} \gamma_i h_i \tag{2.4}$$

其中

$$\gamma'_i = \gamma_i - \gamma_w$$

式中 σ_c——天然地面以下任意深度 z 处的竖向自重应力，kPa；

$\quad\quad h_i$——第 i 层土的厚度，m；

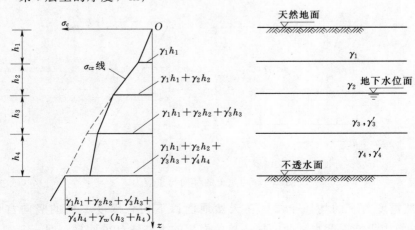

图 2.2　成层土中自重应力沿深度的分布

γ_i——第 i 层土的天然重度，kN/m^3；地下水位以下的土层取有效重度 γ'_i，kN/m^3；

γ_w——水的重度，kN/m^3，通常 $\gamma_w = 10$kN/m^3。

当地下水位以下土层中有不透水层（岩层、坚硬的黏土层）存在时，不透水层层面处没有浮力，此处的自重应力等于全部上覆的水土总重，即

$$\sigma_c = \sum_{i=1}^{n} \gamma_i h_i + \gamma_w h_w \tag{2.5}$$

式中 h_w——地下水位至不透水层顶面的距离，m；

其他符号意义同前。

【例 2.1】 某土层剖面如图 2.3（a）所示。试计算各分层面处的自重应力，并绘制自重应力沿深度的分布曲线。

解： 各层面处的自重应力为：

粉土层底部　　　　　$\sigma_{c1} = \gamma_1 h_1 = (18 \times 3)$kPa $= 54$kPa

地下水位面处　　$\sigma_{c2} = \sigma_{c1} + \gamma_2 h_2 = (54 + 18.4 \times 2)$kPa $= 90.8$kPa

黏土层底处　$\sigma_{c3} = \sigma_{c2} + \gamma'_3 h_3 = [90.8 + (19-10) \times 3]$kPa $= 117.8$kPa

基岩层顶面处　$\sigma_{c4} = \sigma_{c3} + \gamma_w h_w = (117.8 + 10 \times 3)$kPa $= 147.8$kPa

自重应力分布曲线如图 2.3（b）所示。

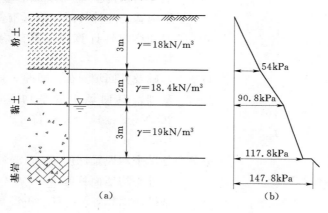

图 2.3 【例 2.1】图

2.1.3 地下水位对自重应力的影响

形成年代已久的天然土层在自重应力作用下的变形早已稳定，但当地下水位下降时，对于水位变化范围内的土体，土中的自重应力会增大，这时应考虑土体在自重应力增量作用下的变形。若在地基中大量开采地下水，造成地下水位大幅度下降，将会引起地面大面积下沉的严重后果。我国相当一部分城市由于超量开采地下水，出现了地表大面积沉降、地面塌陷等严重问题。

地下水位上升使原来未受浮力作用的土颗粒受到浮力作用，致使土的自重应力减小，也会带来一些不利影响。地下水上升除引起自重应力减小外，还将引起湿陷性黄土湿陷。在人工抬高蓄水水位的地区，滑坡现象增多。在基础工程完工之前，如果停止基坑降水使地下水位回升，可能导致基坑边坡塌陷，或使刚浇筑、强度尚低的基础板断裂。

2.2 基底压力的计算

建筑物荷载通过基础传递给地基，这时基础底面向地基施加的压力称为基底压力，也称接触压力。基底压力的分布与基础的大小、刚度、作用于基础上的荷载的大小和分布、地基土的力学性质、地基的均匀程度以及基础的埋深等因素有关。一般情况下，基底压力呈非线性分布。对于具有一定刚度以及尺寸较小的柱下单独基础和墙下条形基础等，进行简化计算时，基底压力可看成是直线或平面分布。

2.2.1 基底压力的简化计算

1. 轴心荷载作用下的基底压力

在轴心荷载作用下，假定基底压力为均匀分布（图 2.4），其值为

$$p = \frac{F+G}{A} \tag{2.6}$$

其中
$$G = \gamma_G A d$$

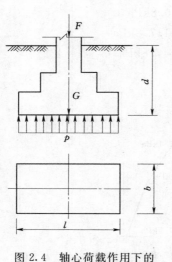

图 2.4 轴心荷载作用下的基底压力

式中　p——基底平均压力，kPa；

F——上部结构传至基础顶面的竖向力，kN，当用于地基变形计算时，取标准值；用于地基承载力和稳定性计算以及基础内力计算时，取设计值；

G——基础及其回填土的总重量，kN；

γ_G——基础及其回填土的平均重度，一般取 $\gamma_G = 20\mathrm{kN/m^3}$；地下水位以下应扣除浮力 $10\mathrm{kN/m^3}$；

d——基础平均埋置深度，m，必须从设计地面或室内外平均地面算起；

A——基础底面积，m，对于矩形基础，$A = lb$（l 和 b 分别为矩形基础底面的长和宽）。

对于荷载沿长度方向均匀分布的条形基础，可沿长度方向截取一单位长度（取 $l = 1\mathrm{m}$）进行计算，此时，式（2.6）变成

$$p = \frac{F+G}{b} = F/b + \gamma_G d \tag{2.7}$$

式中　F、G——相应单位长度条形基础内的上部结构传给基础的竖向力和基础及回填土的平均自重，kN/m；

b——条形基础的宽度，m；

其他符号意义同式（2.6）。

2. 偏心荷载作用下的基底压力

对于单向偏心荷载作用下的矩形基础（图 2.5），通常将基底长边方向取与偏心方向一致。基底两端最大和最小压力按材料力学偏心受压公式计算，即

$$p_{min}^{max} = \frac{F+G}{A} \pm \frac{M}{W} \tag{2.8}$$

式中　M——作用于矩形基础底面的力矩，$kN \cdot m$，当用于地基变形计算时，取标准值；
用于地基承载力和稳定性计算以及基础内力计算时，取设计值；

　　　　W——基础底面的抵抗矩，m^3，对于矩形基础，$W = bl^2/6$；

其他符号意义同式（2.6）。

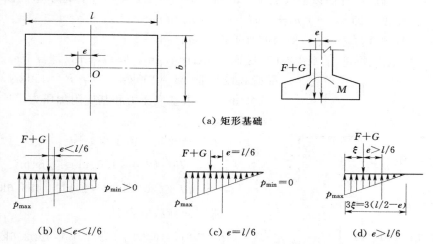

图 2.5　单向偏心荷载作用下的矩形基础及其基底压力分布图

将荷载的偏心距 $e = M/(F+G)$ 及 $W = bl^2/6$ 代入式（2.8）中，得

$$p_{min}^{max} = \frac{F+G}{A} \left(1 \pm \frac{6e}{l} \right) \tag{2.9}$$

偏心距对接触压力的影响如下：

（1）当 $e = 0$ 时，$p_{max} = p_{min} = p$，基底压力均匀分布，即轴心受压情况。

（2）当 $0 < e < l/6$ 时，呈梯形分布，$p_{max} > 0$，$p_{min} > 0$。

（3）当 $e = l/6$ 时，$p_{min} = 0$，呈三角形分布。

（4）当 $e > l/6$ 时，即荷载作用点在截面核心外，$p_{min} < 0$，接触压力出现拉力。但由于地基土不可能承受拉力，此时基础与地基土局部脱开，使接触压力重新分布。根据偏心荷载与接触压力的平衡条件，接触压力的合力作用线应与偏心荷载作用线重合，得基底边缘最大接触压力 p'_{max} 为

$$p'_{max} = \frac{2(F+G)}{3\left(\frac{l}{2} - e\right)b} \tag{2.10}$$

在工程设计时，一般不允许 $e > l/6$，以便充分发挥地基承载力。

2.2.2　基底附加压力

基础通常埋置在天然地面下一定深度。由于天然土层在自重作用下的变形已经完成，故只有超出基底处原有自重应力的那部分应力才使地基产生附加变形，使地基产生附加变形的基底压力称为基底附加压力 p_0。因此，基底附加压力是上部结构和基础传到基底的

基底压力与基底处原先存在于土中的自重应力之差，计算式为

$$p_0 = p - \sigma_{cd} \tag{2.11}$$

$$\sigma_{cd} = \gamma_0 d$$

式中 p_0——基底附加压力，kPa；

      p——基底平均压力，kPa；

      γ_0——基础底面标高以上天然土层的加权平均重度，kN/m³，地下水位以下取有效重度，即 $\gamma_0 = (\gamma_1 h_1 + \gamma_2 h_2 + \cdots + \gamma_n h_n) d$；

      d——基础埋深，m，一般自室外地面标高起算。

【例 2.2】 某矩形基础（图 2.6）底面尺寸 $l = 2.4$m，$b = 1.6$m，埋深 $d = 2.0$m，所受荷载设计值 $M = 100$kN·m，$F = 450$kN，取 $\gamma_G = 20$kN/m³。试求基底压力和基底附加压力。

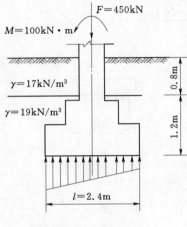

图 2.6 【例 2.2】图

解：

（1）求基础及其上覆土重。

$$A = lb = (2.4 \times 1.6)\text{m}^2 = 3.84\text{m}^2$$

$$G = \gamma_G A d = (20 \times 3.84 \times 2)\text{kN} = 153.6\text{kN}$$

（2）求竖向荷载的合力。

$$R = F + G = (450 + 153.6)\text{kN} = 603.6\text{kN}$$

（3）求偏心距。

$$e = \frac{M}{R} = \frac{100}{603.6}\text{m} = 0.166\text{m}$$

$$< l/6 = 0.4\text{m}$$

（4）求基底压力。

$$p_{\min}^{\max} = \frac{R}{A}\left(1 \pm \frac{6e}{l}\right) = \left[\frac{603.6}{3.84} \times (1 \pm 0.415)\right]\text{kPa} = \frac{222.4}{92.0}\text{kPa}$$

（5）求基底附加压力。

$$p_{0\max}^{\max} = p_{\min}^{\max} - \gamma_0 d = \left[\frac{222.4}{92.0} - (17 \times 0.8 + 19 \times 1.2)\right]\text{kPa} = \frac{186.0}{55.6}\text{kPa}$$

2.3 地基中的附加应力计算

地基中的附加应力是指建筑物荷载或其他原因在地基中引起的应力增量。按照力学分析，地基中的附加应力计算分为空间问题和平面问题。矩形基础和圆形基础下地基中任一点的附加应力与该点的 x、y、z 坐标位置有关，属于空间问题；而条形基础下地基中任一点的附加应力只与基础宽度和基础长度有关，故属于平面问题。

2.3.1 竖向集中力作用下地基中的附加应力

在弹性半空间表面上作用一个竖向集中力时，半空间体内任意点处所引起的应力和位移的弹性力学解答，是由法国的布辛奈斯克在 1885 年得出的。如图 2.7（a）所示，在半

空间体内任意一点 $M(x, y, z)$ 处有 6 个应力分量 σ_x、σ_y、σ_z、τ_x、τ_y、τ_z ［图 2.7（b）］，其中竖向应力分量 σ_z 对计算地基变形有意义，σ_z 计算公式为

$$\sigma_z = \alpha \frac{F}{z^2} \tag{2.12}$$

式中　F——竖向集中力，kN；

　　　z——半空间体内任意点 $M(x, y, z)$ 的 z 坐标，m。

　　　α——竖向集中力作用下的地基竖向附加应力系数，可以由 γ/z 值查表 2.1 得到。

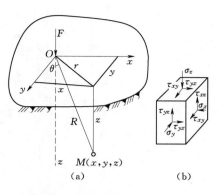

图 2.7　竖向集中力作用下的附加应力

表 2.1　　　　　　　　　　　竖向集中荷载作用下附加应力系数

r/z	α	r/z	α	r/z	α	r/z	α	r/z	α
0	0.4775	0.50	0.2733	1.00	0.0844	1.50	0.0251	2.00	0.0085
0.05	0.4745	0.55	0.2466	1.05	0.0744	1.55	0.0224	2.20	0.0058
0.10	0.4657	0.60	0.2214	1.10	0.0658	1.60	0.0200	2.40	0.0040
0.15	0.4516	0.65	0.1978	1.15	0.0581	1.65	0.0179	2.60	0.0029
0.20	0.4329	0.70	0.1762	1.20	0.0513	1.70	0.0160	2.80	0.0021
0.25	0.4103	0.75	0.1565	1.25	0.0454	1.75	0.0144	3.00	0.0015
0.30	0.3849	0.80	0.1386	1.30	0.0402	1.80	0.0129	3.50	0.0007
0.35	0.3577	0.85	0.1226	1.35	0.0357	1.85	0.0116	4.00	0.0004
0.40	0.3294	0.90	0.1083	1.40	0.0317	1.90	0.0105	4.50	0.0002
0.45	0.3011	0.95	0.0956	1.45	0.0282	1.95	0.0095	5.00	0.0001

【例 2.3】　在地面作用一集中荷载 $p = 200\text{kN}$，试确定：

（1）在地基中 $z = 2\text{m}$ 的水平面上，水平距离 $r = 0$、1m、2m、3m 和 4m 各点的竖向附加应力 σ_z 值，并绘出分布图。

（2）在地基中 $r = 0$ 的竖直线上距地面 $z = 0$、1m、2m、3m 和 4m 处各点的 σ_z 值，并绘出分布图。

解：

（1）在地基中 $z = 2\text{m}$ 的水平面上指定点的附加应力 σ_z 的计算数据见表 2.2，σ_z 的分布如图 2.8 所示。

表 2.2　　　　　　　　　【例 2.3】表 1

z/m	r/m	r/z	α（查表 2.1 得到）	$\sigma_z = \alpha\dfrac{p}{z^2}/(\text{kN/m}^2)$
2	0	0	0.4775	23.8
2	1	0.5	0.2733	13.7
2	2	1.0	0.0844	4.2
2	3	1.5	0.0251	1.2
2	4	2.0	0.0085	0.4

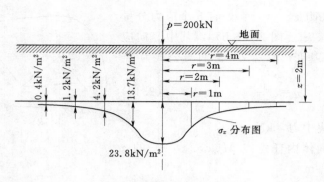

图 2.8　【例 2.3】图 1

（2）在地基中 $r=0$ 的竖直线上，指定点的附加应力 σ_z 的计算数据见表 2.3，σ_z 分布如图 2.9 所示。

表 2.3　　　　　　　　　　　　【例 2.3】表 2

z/m	r/m	r/z	α（查表 2.1 得到）	$\sigma_z=\alpha\dfrac{p}{z^2}/(\text{kN/m}^2)$
0	0	0	0.4775	∞
1	0	0	0.4775	95.5
2	0	0	0.4775	23.8
3	0	0	0.4775	10.5
4	0	0	0.4775	6.0

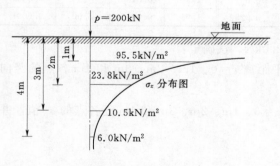

图 2.9　【例 2.3】图 2

当地基表面作用有几个集中力时，可以分别算出各集中力在地基中引起的附加应力，然后根据弹性体应力叠加原理求出地基的附加应力的总和。

2.3.2　均布矩形荷载作用下的地基中附加应力

地基表面有一矩形面积，宽度为 B，长度为 L，其上作用着竖直均布荷载，荷载强度为 P，求地基内各点的附加应力 σ_z。

轴心受压柱基础的底面附加压力即属于均布的矩形荷载。这类问题的求解方法是：先求出矩形面积角点下的附加应力，再利用角点法求出任意点下的附加应力。

1. 矩形荷载角点下的附加应力

角点下的附加应力是指图 2.10 中 O、A、C、D 四个角点下任意深度处的附加应力。只要深度 z 一样，则四个角点下的附加应力 σ_z 都相同。将坐标的原点取在角点 O 上，在荷载面积内任取微分面积 $\mathrm{d}A=\mathrm{d}x\mathrm{d}y$，并将其上作用的荷载以集中力 $\mathrm{d}P$ 代替，则 $\mathrm{d}P=p\mathrm{d}A=P\mathrm{d}x\mathrm{d}y$。该均布荷载在角点 O 以下深度 z 处 M 点所引起的竖直向附加应力 σ_z 为

$$\sigma_z=\alpha_c p_0$$

（2.13）

式中　p_0——基底附加压力，kPa；

　　　α_c——矩形基础均布荷载作用角点下的附加应力系数，可由 L/B、z/B 查表2.4
　　　得到。

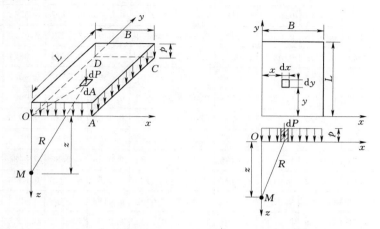

图 2.10　矩形面积均布荷载作用时角点下点的附加应力

表 2.4　　　　　矩形面积受竖直均布荷载作用时角点下的应力系数 α_c

$n=z/B$　$m=L/B$	1.0	1.2	1.4	1.6	1.8	2.0	3.0	4.0	5.0	6.0	10.0
0.0	0.2500	0.2500	0.2500	0.2500	0.2500	0.2500	0.2500	0.2500	0.2500	0.2500	0.2500
0.2	0.2486	0.2489	0.2490	0.2491	0.2491	0.2491	0.2492	0.2492	0.2492	0.2492	0.2492
0.4	0.2401	0.2420	0.2429	0.2434	0.2437	0.2439	0.2442	0.2443	0.2443	0.2443	0.2443
0.6	0.2229	0.2275	0.2300	0.2351	0.2324	0.2329	0.2339	0.2341	0.2342	0.2342	0.2342
0.8	0.1999	0.2075	0.2120	0.2147	0.2165	0.2176	0.2196	0.2200	0.2202	0.2202	0.2202
1.0	0.1752	0.1851	0.1911	0.1955	0.1981	0.1999	0.2034	0.2042	0.2044	0.2045	0.2046
1.2	0.1516	0.1626	0.1705	0.1758	0.1793	0.1818	0.1870	0.1882	0.1885	0.1887	0.1888
1.4	0.1308	0.1423	0.1508	0.1569	0.1613	0.1644	0.1712	0.1730	0.1735	0.1738	0.1740
1.6	0.1123	0.1241	0.1329	0.1436	0.1445	0.1482	0.1567	0.1590	0.1598	0.1601	0.1604
1.8	0.0969	0.1083	0.1172	0.1241	0.1294	0.1334	0.1434	0.1463	0.1474	0.1478	0.1482
2.0	0.0840	0.0947	0.1034	0.1103	0.1158	0.1202	0.1314	0.1350	0.1363	0.1368	0.1374
2.2	0.0732	0.0832	0.0917	0.0984	0.1039	0.1084	0.1205	0.1248	0.1264	0.1271	0.1277
2.4	0.0642	0.0734	0.0812	0.0879	0.0934	0.0979	0.1108	0.1156	0.1175	0.1184	0.1192
2.6	0.0566	0.0651	0.0725	0.0788	0.0842	0.0887	0.1020	0.1073	0.1095	0.1106	0.1116
2.8	0.0502	0.0580	0.0649	0.0709	0.0761	0.0805	0.0942	0.0999	0.1024	0.1036	0.1048
3.0	0.0447	0.0519	0.0583	0.0640	0.0690	0.0732	0.0870	0.0931	0.0959	0.0973	0.0987
3.2	0.0401	0.0467	0.0526	0.0580	0.0627	0.0668	0.0806	0.0870	0.0900	0.0916	0.0933
3.4	0.0361	0.0421	0.0477	0.0527	0.0571	0.0611	0.0747	0.0814	0.0847	0.0864	0.0882
3.6	0.0326	0.0382	0.0433	0.0480	0.0523	0.0561	0.0694	0.0763	0.0799	0.0816	0.0837

续表

$m=L/B$ / $n=z/B$	1.0	1.2	1.4	1.6	1.8	2.0	3.0	4.0	5.0	6.0	10.0
3.8	0.0296	0.0348	0.0395	0.0439	0.0479	0.0516	0.0645	0.0717	0.0753	0.0773	0.0796
4.0	0.0270	0.0318	0.0362	0.0403	0.0441	0.0474	0.0603	0.0674	0.0712	0.0733	0.0758
4.2	0.0247	0.0291	0.0333	0.0371	0.0407	0.0439	0.0563	0.0634	0.0674	0.0696	0.0724
4.4	0.0227	0.0268	0.0306	0.0343	0.0376	0.0407	0.0527	0.0597	0.0639	0.0662	0.0696
4.6	0.0209	0.0247	0.0283	0.0317	0.0348	0.0378	0.0493	0.0564	0.0606	0.0630	0.0663
4.8	0.0193	0.0229	0.0262	0.0294	0.0324	0.0352	0.0463	0.0533	0.0576	0.0601	0.0635
5.0	0.0179	0.0212	0.0243	0.0274	0.0302	0.0328	0.0435	0.0504	0.0547	0.0573	0.0610
6.0	0.0127	0.0151	0.0174	0.0196	0.0218	0.0233	0.0325	0.0388	0.0431	0.0460	0.0506
7.0	0.0094	0.0112	0.0130	0.0147	0.0164	0.0180	0.0251	0.0306	0.0346	0.0376	0.0428
8.0	0.0073	0.0087	0.0101	0.0114	0.0127	0.0140	0.0198	0.0246	0.0283	0.0311	0.0367
9.0	0.0058	0.0069	0.0080	0.0091	0.0102	0.0112	0.0161	0.0202	0.0235	0.0262	0.0319
10.0	0.0047	0.0056	0.0065	0.0074	0.0083	0.0092	0.0132	0.0167	0.0198	0.0222	0.0280

2. 用角点法求任意点的附加应力

在实际计算中，常会遇到计算点不在矩形荷载角点下的情况，为了避免复杂的计算，可通过作辅助线把荷载面分成若干个矩形面积，把计算点划分到这些矩形面积的公共角点下。这样就可以利用式（2.13）及力的叠加原理来求解，这种方法称为角点法。角点法的应用可以分下列两种情况。

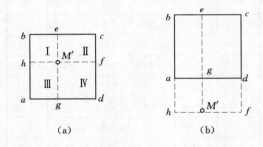

图 2.11　用角点法计算 M' 点以下的附加应力

第一种情况：计算矩形面积内任一点 M'，深度为 z 的附加应力［图 2.11（a）］。思路是：过 M' 点将矩形荷载面积 $abcd$ 分成 Ⅰ、Ⅱ、Ⅲ、Ⅳ 四个小矩形，M' 点为四个小矩形的公共角点，则 M' 点下任意 z 深度处的附加应力 $\sigma_{zM'}$ 为

$$\sigma_{zM'} = (\alpha_{c\mathrm{I}} + \alpha_{c\mathrm{II}} + \alpha_{c\mathrm{III}} + \alpha_{c\mathrm{IV}})P_0 \tag{2.14}$$

第二种情况：计算矩形面积外任意点 M' 下深度为 z 的附加应力。思路是：设法使 M' 点成为几个小矩形面积的公共角点，如图 2.11（b）所示，然后将其应力进行代数叠加，得到

$$\sigma_{zM'} = (\alpha_{c\mathrm{I}} + \alpha_{c\mathrm{II}} - \alpha_{c\mathrm{III}} - \alpha_{c\mathrm{IV}})P_0 \tag{2.15}$$

式（2.14）和式（2.15）中 $\alpha_{c\mathrm{I}}$、$\alpha_{c\mathrm{II}}$、$\alpha_{c\mathrm{III}}$、$\alpha_{c\mathrm{IV}}$ 分别为矩形 $M'hbe$、$M'fce$、$M'hag$、$M'fdg$ 的角点应力分布系数，P_0 为荷载强度。必须注意：在应用角点法计算每一块矩形面积的 α_c 值时，B 恒为短边，L 恒为长边。

【例 2.4】 均布荷载 $P=100\mathrm{kN/m^2}$，荷载面积为 $2\mathrm{m} \times 1\mathrm{m}$，如图 2.12 所示。求荷载

面积上角点 A、边点 E、中心点 O 以及荷载面积外 F 点和 G 点等各点下 $z=1\text{m}$ 深度处的附加应力。

解：

（1）A 点下的附加应力。A 点是矩形 $ABCD$ 的角点，由 $m=L/B=2/1=2$，$n=z/B=1/1=1$，查表 2.4 得 $\alpha_c=0.1999$，故

$$\sigma_{zA}=\alpha_c P=(0.1999\times100)\text{kN/m}^2=20\text{kN/m}^2$$

（2）E 点下的附加应力。通过 E 点将矩形荷载面积划分为两个相等的矩形 $EADI$ 和 $EBCI$。由 $m=L/B=1/1=1$，$n=Z/B=1/1=1$，查表 2.4 得 $\alpha_c=0.1752$，故

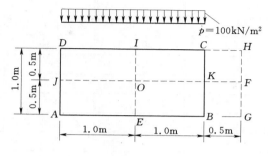

图 2.12　【例 2.4】图

$$\sigma_{zE}=2\alpha_c P=(2\times0.1752\times100)\text{kN/m}^2=35\text{kN/m}^2$$

（3）O 点下的附加应力。通过 O 点将原矩形面积分为四个相等的矩形 $OEAJ$、$OJDI$、$OICK$ 和 $OKBE$。由 $m=L/B=1/0.5=2$，$n=Z/B=1/0.5=2$，查表 2.4 得 $\alpha_c=0.1202$，故

$$\sigma_{zO}=4\alpha_c P=(4\times0.1202\times100)\text{kN/m}^2=48.1\text{kN/m}^2$$

（4）F 点下附加应力。过 F 点作矩形 $FGAJ$、$FJDH$、$FGBK$ 和 $FKCH$。假设 α_{cI} 为矩形 $FGAJ$ 和 $FJDH$ 的角点应力系数；α_{cII} 为矩形 $FGBK$ 和 $FKCH$ 的角点应力系数。由 $m=L/B=2.5/0.5=5$，$n=Z/B=1/0.5=2$，查表 2.4 得 $\alpha_{cI}=0.1363$；由 $m=L/B=0.5/0.5=1$，$n=Z/B=1/0.5=2$，查表 2.4 得 $\alpha_{cII}=0.0840$，故

$$\sigma_{zF}=2(\alpha_{cI}-\alpha_{cII})P=[2\times(0.1363-0.0840)\times100]\text{kN/m}^2=10.5\text{kN/m}^2$$

（5）G 点下附加应力。通过 G 点作矩形 $GADH$ 和 $GBCH$，假设 α_{cI} 和 α_{cII} 为它们的角点系数。由 $m=L/B=2.5/1=2.5$，$n=Z/B=1/1=1$，查表 2.4 得 $\alpha_{cI}=0.2016$；由 $m=L/B=1/0.5=2$，$n=Z/B=1/0.5=2$，查表 2.4 得 $\alpha_{cII}=0.1202$，故

$$\sigma_{zG}=(\alpha_{cI}-\alpha_{cII})P=[(0.2016-0.1202)\times100]\text{kN/m}^2=8.1\text{kN/m}^2$$

2.3.3　均布条形荷载作用下的地基中附加应力

均布条形荷载是指承载面积宽度为 B，长度 L 为无穷大，且荷载沿宽度和长度均匀分布的荷载。例如，建筑房屋墙的基础、道路的路堤或水坝等构筑物地基中的附加应力计算，均属于此类问题。如图 2.13 所示，沿 x 轴取一宽度为 $\text{d}x$ 无限长的微分段，作用于其上的荷载以线荷载 $\overline{p}=P_0\text{d}x$ 代替，可求得地基中任意点 M 处的竖向附加应力为

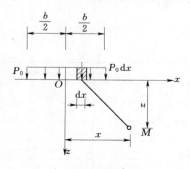

图 2.13　均布条形荷载作用下
附加应力

$$\sigma_z=\alpha_s P_0 \tag{2.16}$$

式中　P_0——均布条形荷载，kPa；

α_s——均布条形荷载下的附加应力系数，可由 x/B、z/B 查表 2.5 得到。

表 2.5   条形均布荷载下附加应力系数 α_s 值

z/B \\ x/B	0.00	0.25	0.50	1.00	2.00
0.00	1.00	1.00	0.50	0	0
0.25	0.96	0.90	0.50	0.02	0.00
0.50	0.82	0.74	0.48	0.08	0.00
0.75	0.67	0.61	0.45	0.15	0.02
1.00	0.55	0.51	0.41	0.19	0.03
1.50	0.40	0.38	0.33	0.21	0.06
2.00	0.31	0.31	0.28	0.20	0.08
3.00	0.21	0.21	0.20	0.17	0.10
4.00	0.16	0.16	0.15	0.14	0.10
5.00	0.13	0.13	0.12	0.12	0.09

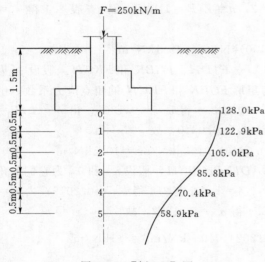

图 2.14 【例 2.5】图

【例 2.5】 如图 2.14 所示，条形基础底面宽度 $B=2.0\text{m}$，所受轴向荷载设计值 $F=250\text{kN/m}$，土的重度 $\gamma=18\text{kN/m}^3$。试求基础中心点下各点的附加应力。

解：

（1）求基底压力。

$$p=\frac{F+\gamma_G Bd}{b}=\frac{250+20\times 2\times 1.5}{2}\text{kPa}$$
$$=155\text{kPa}$$

（2）求基底附加压力。

$$P_0=p-\gamma_0 d=(155-18\times 1.5)\text{kPa}=128\text{kPa}$$

（3）地基中的附加应力。按式（2.15）计算地基中附加应力，以点 2 为例，计算如下：由 $x/B=0$、$z/B=0.5$，查表 2.5，得 $\alpha_s=0.82$。则

$$\sigma_{z2}=\alpha_s P_0=(0.82\times 128)\text{kPa}=105.0\text{kPa}$$

其他各点计算结果见表 2.6。

表 2.6   基础中心点下各点的附加应力

计算点	角点下任意深度 z/m	z/B	α_s	σ_z/kPa
0	0.0	0	1.00	128.0
1	0.5	0.25	0.96	122.9
2	1.0	0.50	0.82	105.0
3	1.5	0.75	0.67	85.8
4	2.0	1.00	0.55	70.4
5	2.5	1.25	0.46	58.9

2.3.4　附加应力分布规律

图 2.15 所示为地基中的附加应力等值线图。所谓等值线就是地基中具有相同附加应力数值的点的连线。由图 2.15 并结合【例 2.3】、【例 2.4】的计算结果可见，地基中的竖向附加应力 σ_z 具有如下的分布规律：

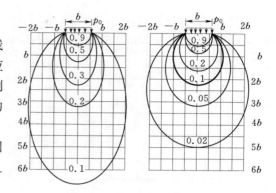

（a）条形荷载 σ_z 等值线　（b）方形荷载 σ_z 等值线

图 2.15　地基附加应力等值线图

（1）附加应力扩散现象，σ_z 的分布范围相当大，它不仅分布在荷载面积之内，而且还分布到荷载面积以外。

（2）在离基础底面（地基表面）不同深度处各个水平面上，以基底中心点下轴线处的 σ_z 为最大，离开中心轴线越远越小。

（3）在荷载分布范围内任意点竖线上的 σ_z 值，随着深度增大逐渐减小。

思 考 题 与 习 题

1. 思考题

（1）什么是土的自重应力和附加应力？二者在地基中的分布规律有什么不同？

（2）地下水位的升降，对土中自重应力有何影响？若地下水位大幅度下降，能否引起建筑物产生附加沉降？为什么？

（3）什么是基底压力、地基反力及基底附加压力？

（4）在中心荷载及偏心荷载作用下，基底压力分布图形主要与什么因素有关？影响基底压力分布的主要因素有哪些？

（5）在计算地基附加应力时，做了哪些基本假定？它与实际有哪些差别？

（6）什么是角点法？如何应用角点法计算地基中任意点附加应力？

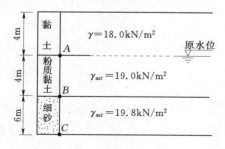

图 2.16　习题（1）图

2. 习题

（1）某工程地质剖面及各层土的重度如图 2.16 所示，其中水的重度 $\gamma_w = 9.8 \text{kN/m}^3$。试求：

1）A、B、C 三点的自重应力及其应力分布图形。

2）地下水位下降 4m 后所产生附加应力、并画出相应的分布图形。

（2）已知某柱下基础底面积为 $L \times B = 4\text{m} \times 2.5\text{m}$，上部结构传至基础顶面处的竖向力 $F_K = 1200 \text{kN}$，基础埋深 $d = 1.5\text{m}$，建筑场地土质条件：地面下第一层为 1m 厚杂填土，其重度 $\gamma = 16 \text{kN/m}^3$，第二层为 4.5m 厚黏土，重度 $\gamma = 18 \text{kN/m}^3$。试求基底压力和基底附加压力。

（3）某偏心受压柱下基础如图 2.17 所示。在地面设计标高处作用偏心荷载 $F_K =$ 650kN，偏心距 $e = 0.3$m，基础埋深 $d = 1.4$m，基底尺寸 $L \times B = 4$m$\times 3$m。试求：

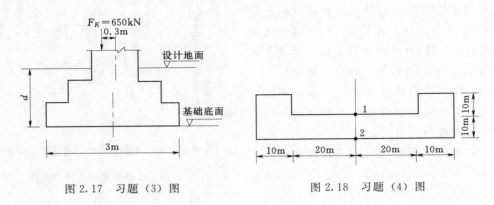

图 2.17　习题（3）图　　　　　　　图 2.18　习题（4）图

1）基底压力及其分布图形；

2）如果 F_K 不变，$M_K = 65$kN·m，基底压力有何变化？

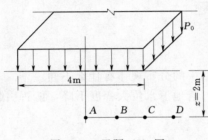

图 2.19　习题（5）图

（4）某教学楼筏形基础如图 2.18 所示，已知基底附加压力 $P_0 = 180$kPa。试用角点法求基础底面 1、2 两点其深度 $z = 6$m 处的附加应力。

（5）某建筑物为条形基础，宽 $B = 4$m，基底附加压力 $P_0 = 120$kPa。试求基底下 $z = 2$m 的水平面上，沿宽度方向 A、B、C、D 点距基础中心线距离 x 分别为 0、1m、2m、3m 处土中附加应力（图 2.19），并绘出附加应力分布曲线。

第3章 地基沉降计算

一般地基的压缩变形主要是由建筑物荷重产生的附加应力而引起。此外，欠固结土层的自重、地下水位下降、水的渗流及施工影响等可引起地面的下沉。本章主要分析在建筑物荷载作用下地基的变形。这种变形既有垂向的，也有水平的。由于建筑物基础的沉降量与地基的垂向变形量是一致的，因此通常所说的基础沉降量指的就是地基的垂向变形量，本章所谈到的变形与沉降二词没有严格区分。实际工程中，根据建筑物的变形特征，地基变形可分为沉降量、沉降差、倾斜、局部倾斜等。不同类型的建筑物对这些变形特征值都有不同的要求，其中沉降量是其他变形特征值的基本量。一旦沉降量确定之后，其他变形特征值便可求得。地基的均匀沉降一般对建筑物危害较小，但当均匀沉降过大时，会影响建筑物的正常使用和使建筑物的高程降低。地基的不均匀沉降对建筑物的危害较大，较大的沉降差或倾斜可能导致建筑物的开裂或局部构件的断裂，危及建筑物的安全。地基变形计算的目的在于确定建筑物可能出现的最大沉降量和沉降差，为建筑物设计或地基处理提供依据。

地基产生变形是因为土体具有可压缩的性能，因此计算地基变形，首先要研究土的压缩性以及通过压缩试验确定沉降计算所需的压缩性指标。

3.1 土 的 压 缩 性

3.1.1 压缩变形的本质

土的压缩性是指土在压力作用下体积压缩变小的性能。在荷载作用下，土发生压缩变形的过程就是土体积缩小的过程。

土是由固、液、气三相物质组成的，土体积的缩小必然是土的三相组成部分中各部分体积缩小的结果。土的压缩变形可能是：①土粒本身的压缩变形；②孔隙中不同形态的水和气体的压缩变形；③孔隙中水和气体有一部分被挤出，土的颗粒相互靠拢使孔隙体积减小。

大量试验资料表明，在一般建筑物荷重作用下，土中固体颗粒的压缩量极小，不到土体总压缩量的 $1/400$，水通常被认为是不可压缩的（水的弹模 $E = 2000\text{MPa}$）。气体的压缩性较强，压缩量与压力的增量成正比，在密闭系统中，土的压缩是气体压缩的结果，但压力消失后，土的体积基本恢复，即土呈弹性。自然界中土一般处于开启系统，孔隙中的水和气体在压力作用下不可能被压缩而是被挤出。因此，目前研究土的压缩变形都假定土粒与水本身的微小变形可忽略不计，土的压缩变形主要是由于孔隙中的水和气体被排出，土粒相互移动靠拢，致使土的孔隙体积减小而引起的，因此土体的压缩变形实际上是孔隙体积压缩，孔隙比减小所致。这种变形过程与水和气体的排出速度有关，开始时变形量较大，然后随着颗粒间接触点的增大而土粒移动阻力增大，变形逐渐减弱。

对于饱和土来说，孔隙中充满着水，土的压缩主要是由于孔隙中的水被挤出引起孔隙体积减小，压缩过程与排水过程一致，含水量逐渐减小。饱和砂土的孔隙较大，透水性强，在压力作用下孔隙中的水很快排出，压缩很快完成。但砂土的孔隙总体积较小，其压缩量也较小。饱和黏性土的孔隙较小而数量较多，透水性弱，在压力作用下孔隙中的水不可能很快被挤出，土的压缩常需相当长的时间，其压缩量也较大。

非饱和土在压力作用下比较复杂，首先是气体外逸，空气未完全排出，孔隙中水分尚未充满全部孔隙，故含水量基本不变，而是饱和度逐渐变化。当土的饱和度达到饱和后，其压缩性与饱和土一样。

为了了解建筑物基础的沉降稳定所需的时间、沉降与时间的关系以及地基的强度和稳定性，必须研究土的压缩变形量和压缩过程，即研究压力与孔隙体积的变化关系以及孔隙体积随时间变化的情况。工程实际中，土的压缩变形可能在不同条件下进行，如有时土体只能发生垂直方向变化，基本上不能向侧面膨胀，此情况称为无侧胀压缩或有侧限压缩，基础砌置较深的建筑物地基土的压缩近似此条件。又如有时受压土周围基本上没有限制，受压过程除垂直方向变形外，还将发生侧向的膨胀变形，这种情况称为有侧胀压缩或无侧限压缩，基础砌置较浅的建筑物或表面建筑（飞机场、道路等）的地基土的压缩近似此条件。各种土在不同条件下的压缩特性有较大差异，必须借助不同试验方法进行研究，目前常用室内压缩试验来研究土的压缩性，有时采用现场载荷试验。压缩试验可分常规压缩和高压固结试验两类，前者多为杠杆式加压，且最大加压荷载一般不超过 600kPa；后者一般为磅称式加压或液压，且最大压力可以达到 6.4MPa。

3.1.2 土的压缩实验与压缩曲线

1. 压缩实验

室内压缩试验是取原状土样放入压缩仪内进行试验，压缩仪的构造如图 3.1 所示。由于土样受到环刀和刚性护环等刚性护壁的约束，在压缩过程中只能发生垂向压缩，不可能发生侧向膨胀，所以又称为侧限压缩试验。

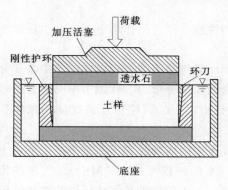

图 3.1 压缩仪示意图

试验时是通过加荷装置和加压板将压力均匀地施加到土样上。荷载逐级加上，每加一级荷载，要等土样压缩相对稳定后，才施加下一级荷载。土样的压缩量可通过位移传感器测量。并根据每一级压力下的稳定变形量，计算出与各级压力下相应的稳定孔隙比。

若试验前试样的横截面积为 A，土样的原始高度为 h_0，原始孔隙比为 e_0，当加压 p_1 后，土样的压缩量为 Δh_1，土样高度由 h_0 减至 $h_1 = h_0 - \Delta h_1$，相应的孔隙比由 e_0 减至 e_1，如图 3.2 所示。由于土样压缩时不可能发生侧向膨胀，故压缩前后土样的横截面积不变。压缩过程中土粒体积也是不变的，因此加压前土粒体积 $\dfrac{Ah_0}{1+e_0}$ 等于加压后土粒体积 $\dfrac{Ah_1}{1+e_1}$，即

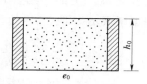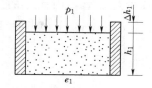

图 3.2　压缩实验中的土样孔隙比变化

$$\frac{Ah_0}{1+e_0}=\frac{A(h_0-\Delta h_1)}{1+e_1}$$

整理得

$$\frac{\Delta h_1}{h_0}=\frac{e_0-e_1}{1+e_0}$$

则

$$e_1=e_0-\frac{\Delta h_1}{h_0}(1+e_0) \qquad (3.1)$$

同理，只要测定土样在各级压力 p_i 作用下的稳定压缩量 Δh_i，就可算出相应的孔隙比 e_i 为

$$e_i=e_0-\frac{\Delta h_i}{h_0}(1+e_0) \qquad (3.2)$$

2. 压缩曲线

根据试验的各级压力和对应的孔隙比，以横坐标表示压力，以纵坐标表示孔隙比，绘出压力与孔隙比的关系曲线称为土的压缩曲线。压缩曲线有两种绘制方式，常用的一种是采用普通直角坐标绘制的 e-p 曲线；另一种是横坐标取 p 的常用对数值，即采用半对数直角坐标绘制 e-$\lg p$ 曲线，如图 3.3 所示。试验时以较小的压力开始，采取小增量多级加荷，加到较大荷载。

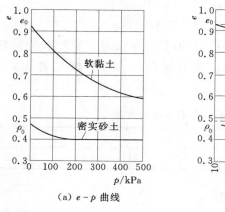
（a）e-p 曲线

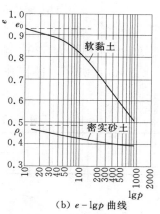
（b）e-$\lg p$ 曲线

图 3.3　土的压缩曲线

3.1.3　土的压缩性指标

1. 压缩系数 a

压缩性不同的土，其 e-p 曲线的形状是不一样的。由图 3.3 可见，密实砂土的 e-p 曲线比较平缓，而压缩性较大的软黏土的 e-p 曲线则较陡。曲线越陡，说明随着压力的

增加，土孔隙比的减少越显著，因而土的压缩性越高。土的压缩性可用图 3.4 中割线 M_1M_2 的斜率来表示，即

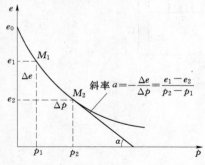

图 3.4　$e-p$ 曲线中确定压缩系数

$$a = \tan\alpha = -\frac{\Delta e}{\Delta p} = \frac{e_1 - e_2}{p_2 - p_1} \qquad (3.3)$$

式中　a——土的压缩系数，MPa^{-1}，显然，a 越大，土的压缩性越高；

p_1——地基计算深度处土的自重应力 σ_c，MPa；

p_2——地基计算深度处的总应力，即自重应力 σ_c 与附加应力 σ_z 之和，MPa；

e_1、e_2——$e-p$ 曲线上相应于 p_1、p_2 的孔隙比。

式（3.3）是土的力学性质的基本定律之一，称压缩定律。它表明：在压力变化范围不大时，孔隙比的变化值（减小值）与压力的变化值（增加值）成正比，其比例系数称为压缩系数，用符号 a 表示，单位为 MPa^{-1}。

压缩系数是表示土的压缩性大小的主要指标，其值越大，表明在某压力变化范围内孔隙比减少得越多，压缩性就越高。但由图 3.4 可以看出，同一种土的压缩系数并不是常数，而是随所取压力变化范围的不同而改变。因此，评价不同类型和状态土的压缩性大小时，必须以同一压力变化范围来比较。在《建筑地基基础设计规范》（GB 50007—2011）中规定：以 $p_1 = 0.1MPa$，$p_2 = 0.2MPa$ 时相应的压缩系数 a_{1-2} 作为判断土的压缩性的标准，则

低压缩性土　　　　　　　　　$a_{1-2} < 0.1MPa^{-1}$

中等压缩性土　　　　　　　$0.1MPa^{-1} \leqslant a_{1-2} < 0.5MPa^{-1}$

高压缩性土　　　　　　　　　$a_{1-2} \geqslant 0.5MPa^{-1}$

【例 3.1】 已知原状土样高 $h = 2m$，截面积 $A = 30m^2$，重度 $\gamma = 19.1kN/m^3$，相对密度 $d_s = 2.72$，含水量 $w = 25\%$，进行压缩试验，试验结果见表 3.1。求土的压缩系数 a_{1-2}。

表 3.1　　　　　　　　　**【例 3.1】压缩试验结果**

压力 p/kPa	0	50	100	200	400
稳定时压缩量 Δh/mm	0	0.480	0.808	1.232	1.735

解：

（1）试样的初始孔隙比为

$$e = \frac{d_s(1+w)\gamma_w}{\gamma} - 1 = \frac{2.72 \times (1+0.25) \times 10}{19.1} - 1 = 0.78$$

（2）当荷载等于 50kPa 时，孔隙比为

$$e_1 = e_0 - \frac{\Delta h_1}{h_0}(1+e_0) = 0.78 - \frac{0.48}{20} \times (1+0.78) = 0.737$$

（3）当荷载等于 100kPa 时，孔隙比为

$$e_2 = e_1 - \frac{\Delta h_1}{h_0}(1+e_1) = 0.737 - \frac{0.808-0.48}{20-0.48} \times (1+0.737) = 0.708$$

同理，可得 $p=200\text{kPa}$ 时，$e_3=0.670$。

根据 e_2、e_3 可得

$$a_{1-2} = \frac{e_2-e_3}{200-100} = 0.38\text{MPa}^{-1}$$

2. 压缩模量 E_s

通过压缩试验和 $e-p$ 曲线，还可求得土的另一个压缩性指标——压缩模量 E_s。压缩模量 E_s 是指土在完全侧限条件下受压时压应力 σ_z 与相应的应变 ε_z 之间的比值，即

$$E_s = \frac{\sigma_z}{\varepsilon_z} \tag{3.4}$$

因为 $\qquad\qquad \sigma_z = p_2 - p_1, \varepsilon_z = \frac{\Delta h_1}{h_0} = \frac{e_1-e_2}{1+e_1}$

故压缩模量 E_s 与压缩系数 a 之关系为

$$E_s = \frac{p_2-p_1}{e_1-e_2}(1+e_1) = \frac{1+e_1}{a} \tag{3.5}$$

式中　a——压力从 p_1 增加至 p_2 时的压缩系数；

$\quad\ \ e_1$——压力为 p_1 时对应的孔隙比。

同样也可用压缩模量来表示土的压缩性高低：当 $E_s<4\text{MPa}$ 时，属于高压缩性土；当压缩模量在 $4\text{MPa} \leqslant E_s \leqslant 15\text{MPa}$ 时，属于中压缩性土；当 $E_s>15\text{MPa}$ 时，属于低压缩性土。

3. 土的变形模量 E_o

土的变形模量是指土在无侧限压缩条件下，压应力与相应的压缩应变的比值，单位也是 MPa，它是通过现场载荷试验求得的压缩性指标，能较真实地反映天然土层的变形特性。但载荷试验设备笨重，历时长、费用高，且目前深层土的载荷试验在技术上极为困难，故土的变形模量常根据室内三轴压缩试验的应力-应变关系曲线来确定，或根据压缩模量的资料来估算。

土的侧限压缩试验是目前建筑工程中室内测定地基土压缩性常用的方法，该方法简单、方便，适用于中小型工程及取原状土样较为方便的地基土。但由于土样受扰动、人为因素和周围环境的影响，侧限条件下进行试验并不能真实地反映地基土的压缩性。对于粉土、细砂、软土等取原状土样十分困难的地基土，以及重要工程、规模大或建筑物对沉降有严格要求的工程，还需要用现场原位试验确定地基土的压缩性。土的变形模量是反映土的压缩性的重要指标之一。

在土的压密变形阶段，假定土为弹性材料，可根据材料力学理论，推导出变形模量 E_o 与压缩模量 E_s 之间的关系为

$$E_o = E_s \left(1 - \frac{2\mu^2}{1-\mu}\right) \tag{3.6}$$

式中　μ——土的侧膨胀系数（泊松比）。

3.2　地基最终沉降量计算

基础最终沉降量是指地基在建筑物荷载作用下，不断地被压缩，直至压缩稳定后的沉降。对偏心荷载作用下的基础，则以基底中心点沉降作为其平均沉降。在计算基础沉降时，通常认为土层在自重作用下压缩已稳定，地基变形的主要外因是建筑物荷载在地基中产生的附加应力，在附加应力作用下土层的孔隙体积发生压缩减小，引起基础沉降。计算基础最终沉降量的目的为预知建筑设计中该建筑物建成后将产生的最终沉降量、沉降差、倾斜和局部倾斜，判断地基变形值是否超出允许的范围，以便在建筑物设计时，为采取相应的工程措施提供依据，保证建筑物的安全。

常用的计算基础最终沉降的方法有分层总和法及 JGJ 79—2012 推荐法。

3.2.1　分层总和法

分层总和法即将地基变形计算深度范围内的土划分为若干个分层，按侧限条件分别计算各分层的压缩量，其总和即为基础最终沉降量。

采用分层总和法计算基础最终沉降量时，通常假定地基土压缩时不发生侧向变形，即采用侧限条件下的压缩指标。为了弥补这样计算结果的偏差，通常取基底中心点下的附加应力 σ_z 进行计算。

1. 基本原理

分层总和法只考虑地基的垂向变形，没有考虑侧向变形，地基的最终沉降量可用室内压缩试验确定的参数（e_i、E_s、a）进行计算。根据式（3.2）有

$$e_2 = e_1 - (1+e_1)\frac{s}{h}$$

变换后得

$$s = \frac{e_1 - e_2}{1 + e_1}h \tag{3.7}$$

或

$$s = \frac{a}{1+e_1}\sigma_z h = \frac{\sigma_z}{E_s}h \tag{3.8}$$

式中　s——地基最终沉降量，mm；

e_1——地基受荷前（自重应力作用下）的孔隙比；

e_2——地基受荷（自重与附加应力作用下）沉降稳定后的孔隙比；

h——土层的厚度。

计算沉降量时，在地基可能受荷变形的压缩层范围内，根据土的特性，应力状态以及地下水位进行分层。然后按式（3.7）或式（3.8）计算各分层的沉降量 s_i。最后将各分层的沉降量总和起来即为地基的最终沉降量，即

$$s = \sum_{i=1}^{n} s_i \tag{3.9}$$

2. 计算步骤

（1）计算基底压力及基底附加压力。

（2）分层。将基底以下土分为若干薄层，分层原则为：

1）厚度 $h_i \leqslant 0.4b$（b 为基础宽度）。

2）土的自然层面及地下水位都应作为薄层的分界面。

（3）计算基底中心点下各分层面上土的自重应力 σ_c 与附加应力 σ_z，并绘制自重应力和附加应力分布曲线（图 3.5）。

（4）确定地基沉降计算深度 z_n，地基压缩层深度是指基底以下需要计算压缩变形的土层总厚度。在该深度以下的土层变形较小，可略去不计。确定 z_n 的方法是：该深度符合 $\sigma_z \leqslant 0.2\sigma_c$ 的要求，在高压缩土层中则要求 $\sigma_z \leqslant 0.1\sigma_c$。

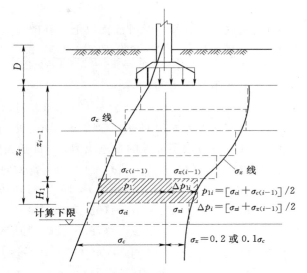

图 3.5　地基最终沉降的分层总和法

（5）计算压缩层深度内各分层的自重应力平均值 $\overline{\sigma_{ci}} = \dfrac{\sigma_{c(i-1)} + \sigma_{ci}}{2}$ 和平均附加应力 $\overline{\sigma_{zi}} = \dfrac{\sigma_{z(i-1)} + \sigma_{zi}}{2}$；并令 $p_{1i} = \overline{\sigma_{ci}}$，$p_{2i} = \overline{\sigma_{ci}} + \overline{\sigma_{zi}}$。

（6）从 $e - p$ 曲线上查得与 p_{1i}、p_{2i} 相对应的孔隙比 e_{1i} 和 e_{2i}。

（7）按式（3.7）或式（3.8）计算各分层土在侧限条件下的压缩量。

（8）按式（3.9）计算基础的最终沉降量。

【例 3.2】　已知柱下单独方形基础，基础底面尺寸为 $2.5m \times 2.5m$，埋深 2m，地下水位线位于基底下 3m 处，作用于基础上（设计地面标高处）的轴向荷载 $N = 1250kN$，有关地基勘察资料与基础剖面如图 3.6 所示。试用单向分层总和法计算基础中点最终沉降量。

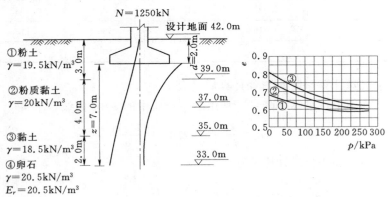

图 3.6　【例 3.2】图

解:

(1) 基底压力计算。基础底面以上，基础与填土的混合容重取 $\gamma_0 = 20\text{kN/m}^3$，则

$$p = \frac{N+G}{A} = \frac{1250 + 2.5 \times 2.5 \times 2 \times 20}{2.5 \times 2.5}\text{kPa} = 240\text{kPa}$$

计算基底附加压力为

$$p_0 = p - \gamma d = (240 - 19.5 \times 2.0)\text{kPa} = 201\text{kPa}$$

(2) 分层。按 $h_i \leqslant 0.4b = 0.4 \times 2.5 = 1\text{m}$，取分层厚度为 1m。

(3) 计算各分层层面处的自重应力，z 自基底标高起算。

$$z=0 \qquad\qquad \sigma_{c0} = (19.5 \times 2)\text{kPa} = 39\text{kPa}$$
$$z=1\text{m} \qquad\qquad \sigma_{c1} = (39 + 19.5 \times 1)\text{kPa} = 58.5\text{kPa}$$
$$z=2\text{m} \qquad\qquad \sigma_{c2} = (58.5 + 20 \times 1)\text{kPa} = 78.5\text{kPa}$$
$$z=3\text{m} \qquad\qquad \sigma_{c3} = (78.5 + 20 \times 1)\text{kPa} = 98.5\text{kPa}$$
$$z=4\text{m} \qquad\qquad \sigma_{c4} = [98.5 + (20-10) \times 1]\text{kPa} = 108.5\text{kPa}$$
$$z=5\text{m} \qquad\qquad \sigma_{c5} = [108.5 + (20-10) \times 1]\text{kPa} = 118.5\text{kPa}$$
$$z=6\text{m} \qquad\qquad \sigma_{c6} = (118.5 + 18.5 \times 1)\text{kPa} = 137\text{kPa}$$
$$z=7\text{m} \qquad\qquad \sigma_{c7} = (137 + 18.5 \times 1)\text{kPa} = 155.5\text{kPa}$$

(4) 计算基础中点下地基中各分层层面处的竖向附加应力。用角点法计算，$L/B=1$，$\sigma_{zi} = 4\alpha_c p_0$，查附加应力系数表得 α_c。

【例 3.2】的计算结果见表 3.2。

表 3.2 　　　　　　　　　　　　　　　 【例 3.2】计算结果（1）

z/m	$z/B/2$	α_c	σ_z/kPa	σ_{cz}/kPa	σ_z/σ_{cz}	z_n/m
0	0	0.2500	201	39		
1	0.8	0.1999	160.7	58.5		
2	1.6	0.1123	90.29	78.5		
3	2.4	0.0642	51.62	98.8		
4	3.2	0.0401	32.24	108.5	0.2971	
5	4.0	0.0270	21.71	118.5	0.1832	
6	4.8	0.0193	15.52	137	0.1133	
7	5.6	0.0148	11.90	155.5	0.076	按7m 计

(5) 确定沉降计算深度 z_n，经计算后确定 $z_n = 7\text{m}$。

(6) 计算基础中点最终沉降量。利用勘察资料中的 $e-p$ 曲线，求得

$$a_i = \frac{e_{1i} - e_{2i}}{p_{2i} - p_{1i}} \text{ 及 } E_{si} = \frac{1+e_{1i}}{\alpha_i}$$

按单向分层总和法公式计算 s 为

$$s = \sum_{i=1}^{n} \frac{\overline{\sigma}_{z_i}}{E_{s_i}} H_i$$

计算结果见表 3.3。

表 3.3   【例 3.2】计算结果（2）

z /m	σ_c /kPa	σ_z /kPa	h /cm	自重应力平均值 $\bar{\sigma}_c$ /kPa	附加应力平均值 $\bar{\sigma}_z$ /kPa	$\bar{\sigma}_c + \bar{\sigma}_z$ /kPa	e_1	e_2	$a = \dfrac{e_1 - e_2}{\bar{\sigma}_z}$ /kPa^{-1}	$E_s = \dfrac{1 + e_1}{a}$ /kPa	$s_i = \dfrac{\bar{\sigma}_{z_i}}{E_{s_i}} H_i$ /cm	$s = \sum s_i$ /cm
0	39	201	100	48.75	180.85	229.6	0.71	0.64	0.000387	4418	4.09	
1	58.5	160.7	100	68.50	125.50	194	0.64	0.61	0.000239	6861	1.83	5.92
2	78.5	90.29	100	88.50	70.96	159.46	0.635	0.62	0.000211	7749	0.92	6.84
3	98.5	51.62	100	103.5	41.93	145.43	0.63	0.62	0.000238	6848	0.61	7.45
4	108.5	32.24	100	113.5	26.98	140.48	0.63	0.62	0.000371	4393	0.61	8.06
5	118.5	21.71	100	127.5	18.62	146.12	0.69	0.68	0.000537	3147	0.59	8.65
6	137	15.52	100	146.25	13.71	159.96	0.68	0.67	0.000729	2304	0.59	9.24
7	155.5	11.90										

3.2.2 《建筑地基基础设计规范》推荐法

《建筑地基基础设计规范》（GB 50007—2011）提出的沉降计算方法，是一种简化了的分层总和法，其引入了平均附加应力系数的概念，并在总结大量实践经验的前提下，重新规定了地基沉降计算深度的标准及沉降计算经验系数。

新中国成立以来，全国各地都采用单向分层总和法来计算建筑物的沉降。多年来通过大量建筑物沉降观测，并与理论计算相对比，结果发现，两者的数值往往不同，有的相差很大。凡是坚实地基，用单向分层总和法计算的沉降值比实测值显著偏大；遇软弱地基，则计算值比实测值偏小。

分析沉降计算值与实测值不符的原因，一方面，是由于单向分层总和法在理论上的假定条件与实际情况不完全符合；另一方面，是由于取土的代表性不够，取原状土的技术以及室内压缩试验的准确度等问题。此外，在沉降计算中，没有考虑地基基础与上部结构的共同作用。这些因素导致了计算值与实测值之间的差异。为了使计算值与实测沉降值相符合，并简化单向分层总和法的计算工作，在总结大量实践经验的基础上，经统计引入沉降计算经验系数 ψ_s，对分层总和法的计算结果进行修正。

1. 计算公式

GB 50007—2011 计算基础沉降的分层示意图如图 3.7 所示，推荐的沉降计算公式为

$$s = \psi_s s' = \psi_s \sum_{i=1}^{n} \frac{p_0}{E_{si}} (z_i \bar{\alpha}_i - z_{i-1} \bar{\alpha}_{i-1}) \tag{3.10}$$

式中 s——地基最终沉降量，mm；

ψ_s——沉降计算经验系数，根据地区沉降观测资料及经验确定，也可采用表 3.4 的数值；

n——地基变形计算深度范围内所划分的土层数，一般可按天然土层划分；

p_0——基础底面处的附加压力，kPa；

E_{si}——基础底面下第 i 层土的压缩模量，MPa；

z_i、z_{i-1}——基础底面至第 i 层和第 $i-1$ 层底面的距离，m；

$\bar{\alpha}_i$、$\bar{\alpha}_{i-1}$——基础底面计算点至第 i 层和第 $i-1$ 层底面范围内平均附加应力系数，可查表
　　　　　3.5 得到。

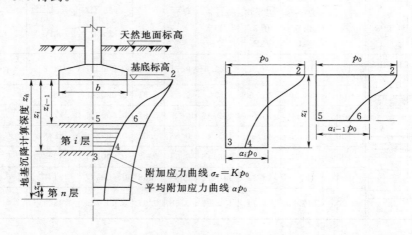

图 3.7　GB 50007—2011 计算基础沉降的分层示意

表 3.4　　　　　　　　　　　　沉降计算经验系数 ψ_s

压缩模量 E_s /MPa　　　　　基底附加 压力 p_0/kPa	2.5	4.0	7.0	15.0	20.0
$p_0 = f_k$	1.4	1.3	1.0	0.4	0.2
$p_0 < 0.75 f_k$	1.1	1.0	0.7	0.4	0.2

注　表列数值可内插。

表 3.5　矩形及圆形面积上均布荷载作用下，通过中心点竖线上的平均附加应力系数 $\bar{\alpha}$

z/b ＼ l/b	1.0	1.2	1.4	1.6	1.8	2.0	2.4	2.8	3.2	3.6	4.0	5.0	>10（条形）	圆形 z/r	$\bar{\alpha}$
0.0	1.000	1.000	1.000	1.000	1.000	1.000	1.000	1.000	1.000	1.000	1.000	1.000	1.000	0.0	1.000
0.1	0.997	0.998	0.998	0.998	0.998	0.998	0.998	0.998	0.998	0.998	0.998	0.998	0.998	0.1	1.000
0.2	0.987	0.990	0.991	0.992	0.992	0.992	0.993	0.993	0.993	0.993	0.993	0.993	0.993	0.2	0.998
0.3	0.967	0.973	0.976	0.978	0.979	0.979	0.980	0.980	0.981	0.981	0.981	0.981	0.982	0.3	0.993
0.4	0.936	0.947	0.953	0.956	0.958	0.965	0.961	0.962	0.962	0.963	0.963	0.963	0.963	0.4	0.986
0.5	0.900	0.915	0.924	0.929	0.933	0.935	0.937	0.939	0.939	0.940	0.940	0.940	0.940	0.5	0.974
0.6	0.858	0.878	0.890	0.898	0.903	0.906	0.910	0.912	0.913	0.914	0.914	0.915	0.915	0.6	0.960
0.7	0.816	0.840	0.855	0.865	0.871	0.876	0.881	0.884	0.885	0.886	0.887	0.887	0.888	0.7	0.942
0.8	0.775	0.801	0.819	0.831	0.839	0.844	0.851	0.855	0.857	0.858	0.859	0.860	0.860	0.8	0.923
0.9	0.735	0.764	0.784	0.797	0.806	0.813	0.821	0.826	0.829	0.830	0.831	0.832	0.833	0.9	0.901
1.0	0.698	0.723	0.749	0.764	0.775	0.783	0.792	0.798	0.801	0.803	0.804	0.806	0.807	1.0	0.878
1.1	0.663	0.694	0.717	0.733	0.744	0.753	0.764	0.771	0.775	0.777	0.779	0.780	0.782	1.1	0.855

续表

z/b \ l/b	1.0	1.2	1.4	1.6	1.8	2.0	2.4	2.8	3.2	3.6	4.0	5.0	>10（条形）	圆形 z/r	$\bar{\alpha}$
1.2	0.631	0.663	0.686	0.703	0.715	0.725	0.737	0.744	0.749	0.752	0.754	0.756	0.758	1.2	0.831
1.3	0.601	0.633	0.657	0.674	0.688	0.698	0.711	0.719	0.725	0.728	0.730	0.733	0.735	1.3	0.808
1.4	0.573	0.605	0.629	0.648	0.661	0.672	0.687	0.696	0.701	0.705	0.708	0.711	0.714	1.4	0.784
1.5	0.548	0.580	0.604	0.622	0.637	0.643	0.664	0.676	0.679	0.683	0.686	0.690	0.693	1.5	0.762
1.6	0.524	0.556	0.580	0.599	0.613	0.625	0.641	0.651	0.658	0.663	0.666	0.670	0.675	1.6	0.739
1.7	0.502	0.533	0.558	0.577	0.591	0.603	0.620	0.631	0.638	0.643	0.646	0.651	0.656	1.7	0.718
1.8	0.482	0.513	0.527	0.556	0.571	0.583	0.600	0.611	0.619	0.624	0.629	0.633	0.638	1.8	0.697
1.9	0.463	0.493	0.517	0.536	0.551	0.563	0.581	0.593	0.601	0.606	0.610	0.616	0.622	1.9	0.677
2.0	0.446	0.475	0.499	0.518	0.533	0.545	0.563	0.575	0.584	0.590	0.594	0.600	0.606	2.0	0.658
2.1	0.429	0.459	0.482	0.500	0.515	0.528	0.546	0.559	0.567	0.574	0.578	0.585	0.591	2.1	0.640
2.2	0.414	0.443	0.466	0.484	0.499	0.511	0.530	0.543	0.552	0.558	0.563	0.570	0.577	2.2	0.623
2.3	0.400	0.428	0.451	0.469	0.484	0.496	0.515	0.528	0.537	0.544	0.548	0.556	0.564	2.3	0.606
2.4	0.387	0.414	0.436	0.454	0.469	0.481	0.500	0.513	0.523	0.530	0.535	0.543	0.551	2.4	0.590
2.5	0.374	0.401	0.423	0.441	0.455	0.468	0.486	0.500	0.509	0.516	0.522	0.530	0.539	2.5	0.574
2.6	0.362	0.389	0.410	0.428	0.442	0.455	0.473	0.487	0.496	0.504	0.509	0.518	0.528	2.6	0.560
2.7	0.351	0.377	0.398	0.416	0.430	0.442	0.461	0.474	0.484	0.492	0.497	0.506	0.517	2.7	0.546
2.8	0.341	0.366	0.387	0.404	0.418	0.430	0.449	0.463	0.472	0.480	0.486	0.495	0.506	2.8	0.532
2.9	0.331	0.356	0.377	0.393	0.407	0.419	0.438	0.451	0.461	0.469	0.475	0.485	0.496	2.9	0.519
3.0	0.322	0.346	0.366	0.383	0.397	0.409	0.427	0.441	0.451	0.459	0.465	0.474	0.487	3.0	0.507
3.1	0.313	0.337	0.357	0.373	0.387	0.398	0.417	0.430	0.440	0.448	0.454	0.464	0.477	3.1	0.495
3.2	0.305	0.328	0.348	0.364	0.377	0.389	0.407	0.420	0.431	0.439	0.445	0.455	0.468	3.2	0.484
3.3	0.297	0.320	0.339	0.355	0.368	0.379	0.397	0.411	0.421	0.429	0.436	0.446	0.460	3.3	0.473
3.4	0.289	0.312	0.331	0.346	0.359	0.371	0.388	0.402	0.412	0.420	0.427	0.437	0.452	3.4	0.463
3.5	0.282	0.304	0.323	0.338	0.351	0.362	0.380	0.393	0.403	0.412	0.418	0.429	0.444	3.5	0.453
3.6	0.276	0.297	0.315	0.330	0.343	0.354	0.372	0.385	0.395	0.403	0.410	0.421	0.436	3.6	0.443
3.7	0.269	0.290	0.308	0.323	0.335	0.346	0.364	0.377	0.387	0.395	0.402	0.413	0.429	3.7	0.434
3.8	0.263	0.284	0.301	0.316	0.328	0.339	0.356	0.369	0.379	0.388	0.394	0.405	0.422	3.8	0.425
3.9	0.257	0.277	0.294	0.309	0.321	0.332	0.349	0.362	0.372	0.380	0.387	0.398	0.415	3.9	0.417
4.0	0.251	0.271	0.288	0.302	0.314	0.325	0.342	0.355	0.365	0.373	0.379	0.391	0.408	4.0	0.409
4.1	0.246	0.265	0.282	0.296	0.308	0.318	0.335	0.348	0.368	0.366	0.372	0.384	0.402	4.1	0.401
4.2	0.241	0.260	0.276	0.290	0.302	0.312	0.328	0.341	0.352	0.359	0.366	0.377	0.396	4.2	0.393
4.3	0.236	0.255	0.270	0.284	0.296	0.306	0.322	0.335	0.345	0.363	0.359	0.371	0.390	4.3	0.386
4.4	0.231	0.250	0.265	0.278	0.290	0.300	0.316	0.329	0.339	0.347	0.353	0.365	0.384	4.4	0.379
4.5	0.226	0.245	0.260	0.273	0.285	0.294	0.310	0.323	0.333	0.341	0.347	0.359	0.378	4.5	0.372

z/b \ l/b	1.0	1.2	1.4	1.6	1.8	2.0	2.4	2.8	3.2	3.6	4.0	5.0	>10（条形）	圆形 z/r	$\bar{\alpha}$
4.6	0.222	0.240	0.255	0.268	0.279	0.289	0.305	0.317	0.327	0.335	0.341	0.353	0.373	4.6	0.365
4.7	0.218	0.235	0.250	0.263	0.274	0.284	0.299	0.312	0.321	0.329	0.336	0.347	0.367	4.7	0.359
4.8	0.214	0.231	0.245	0.258	0.269	0.279	0.294	0.306	0.316	0.324	0.330	0.342	0.362	4.8	0.353
4.9	0.210	0.227	0.241	0.253	0.265	0.274	0.289	0.301	0.311	0.319	0.325	0.337	0.357	4.9	0.347
5.0	0.206	0.223	0.237	0.249	0.260	0.269	0.284	0.296	0.306	0.313	0.320	0.332	0.352	5.0	0.341

2. 压缩层深度的确定

地基沉降计算深度与分层总和法的规定不同，GB 50007—2011 规定，一般地基地基沉降计算深度 z_n 应符合

$$\Delta s_n' \leqslant 0.025 \sum_{i=1}^{n} \Delta s_i' \tag{3.11}$$

式中 $\Delta s_i'$——在计算深度范围内第 i 层土的计算沉降值，mm；

   $\Delta s_n'$——在计算深度处向上取厚度为 Δz 的土层的计算沉降值，mm，Δz 按表 3.6 确定。

表 3.6 Δz 取 值

B/m	≤2	2<B≤4	4<B≤8	8<B≤15	15<B≤30	>30
Δz/m	0.3	0.6	0.8	1.0	1.2	1.5

按式（3.11）计算确定的沉降计算深度下仍有软土层，还应向下继续计算，直至软土层中所取规定厚度 Δz 的计算压缩满足上式要求为止。当无相邻荷载影响，基础宽度在 1~30m 范围内，GB 50007—2002 规定，基础中心点的地基沉降计算深度为

$$Z_n = B(2.5 - 0.4\ln B) \tag{3.12}$$

式中 Z_n——地基沉降计算深度，m；

   B——基础宽度，m。

当沉降计算深度范围内存在基岩时，Z_n 可取至基岩表面为止。当存在较厚的坚硬黏土层时，其孔隙比小于 0.5，压缩模量大于 50MPa，或存在较厚实的密实砂卵石层，其压缩模量大于 80MPa，Z_n 可取至该土层土表面。

【例 3.3】 已知条件同【例 3.2】。按规范法计算地基基础中点最终沉降量。

按 GB 50007—2011 计算，采用式（3.10），计算结果详见表 3.7。

$$s = \phi_s s' = \phi_s \sum_{i=1}^{n} \frac{p_0}{E_{si}} (z_i \bar{\alpha}_i - z_{i-1} \bar{\alpha}_{i-1})$$

受压层下限按式（3.12）确定，$Z_n = 2.5 \times (2.5 - 0.4\ln 2.5)\text{m} = 5.3\text{m}$；由于下面土层仍软弱，那么可根据式（3.11）确定受压层下限。在③层黏土底面以下取 Δz 厚度计算，根据表 3.6 的要求，取 $\Delta z = 0.6\text{m}$，则 $Z_n = 7.6\text{m}$，计算得厚度 Δz 的沉降量为 0.03cm，满足式（3.11）的要求。

表 3.7　　　　　　　　　　　　　　　　【例 3.3】计算结果

z /m	l/b	z/b	$\bar{\alpha}_i$	$\bar{\alpha}_i z_i$	$\bar{\alpha}_i z_i - \bar{\alpha}_{i-1} z_{i-1}$	E_{si} /kPa	$\Delta s' = \dfrac{4p_0}{E_{si}}(\bar{\alpha}_i z_i - \bar{\alpha}_{i-1} z_{i-1})$ /cm	$s' = \sum \Delta s'$ /cm
0	$\dfrac{2.5}{2.5}=1$	0	0.2500	0				
1.0		0.8	0.2346	0.2346	0.2346	4418	4.27	4.27
2.0		1.6	0.1939	0.3878	0.1532	6861	1.80	6.07
3.0		2.4	0.1578	0.4734	0.0856	7749	0.89	6.96
4.0		3.2	0.1310	0.5240	0.0506	6848	0.59	7.55
5.0		4.0	0.1114	0.5570	0.033	4393	0.60	8.15
6.0		4.8	0.0967	0.5802	0.0232	3147	0.59	8.74
7.0		5.6	0.0852	0.5964	0.0162	2304	0.57	9.31
7.6		6.08	0.0804	0.6110	0.0146	35000	0.03	9.34

按式（3.10）计算的沉降量 $s'=9.34\text{cm}$。

考虑沉降计算经验系数 ψ_s，由 $\overline{E}_s = \dfrac{\sum A_i}{\sum \dfrac{A_i}{E_{si}}} = 5258\text{kPa}$，并假设 $f_k = p_0$，则查表 3.5 得

$\psi_s = 1.17$。那么，最终沉降量为

$$s = \psi_s s' = 1.17 \times 9.34\text{cm} = 10.98\text{cm}$$

3.3　基础沉降与时间的关系

前面计算的基础沉降量是指地基从开始变形到变形稳定时基础的总沉降值，即最终沉降量。土体完成压缩工程所需的时间与土的透水性有很大关系。无黏性土因透水性大，其压缩变形可在较短时间内趋于稳定；而透水性小的饱和黏性土，其压缩稳定所需的时间则可长达几个月、几年甚至几十年。土的压缩随时间而增长的过程，称为土的固结。在工程实践中，往往需要了解建筑物在施工期间或使用期间某一时刻基础沉降值，以便控制施工速度，或是考虑由于沉降随时间增加而发展会给工程带来的影响，以便在设计中作出处理方案。对于已发生裂缝、倾斜等事故的建筑物，更需要了解当时的沉降与今后沉降的发展趋势，作为解决事故的重要依据。

例如，上海展览中心馆位于上海市区延安中路北侧，展览馆中央大厅为框架结构，箱形基础，展览馆两翼采用条形基础。箱形基础为两层，埋深 7.27m。箱基顶面至中央大厅顶部塔尖，总高 96.63m，地基为高压缩性淤泥质软土。展览馆于 1954 年 5 月开工，当年底实测地基平均沉降量为 60cm。1957 年 6 月，中央大厅四周的沉降量最大达 146.55cm，最小为 122.8cm。到 1979 年，累计平均沉降量为 160cm，由于地基严重下沉，不仅使散水倒坡，而且建筑物内外连接的水、暖、电管道断裂，都付出了相当的代价。

因此在实际工程中，必须研究建筑物在施工期间或使用期间某一时刻基础沉降值，要求地基土的沉降量不超过允许值，如沉降量超过了允许值，则应采取相应的措施，以保证

建筑物的安全和正常使用功能。

3.3.1 土的渗透性

土的渗透性是由于骨架颗粒之间存在的孔隙构造了水的通道造成的，在水头差的作用下，水在土体内部相互贯通的孔隙中流动，称为渗流。水在土中渗流满足达西定律。达西定律是土中水运动规律的最重要的公式。这个公式采用了"水是从水头（总水头）高的地方流向低处"这一水流的基本原理。

达西通过实验发现，当水流是层流的时候，土中水的流速 V 与水力坡度 i 之间有一定的比例关系，这个比例系数用 k 表示，这个关系称为达西定理，即

$$V = ki \tag{3.13}$$

$$i = \frac{\Delta h}{l} \tag{3.14}$$

式中　V——渗流速度，土在单位时间内流经单位横断面的水量，m/s；

　　　　k——渗透系数，m/s；

　　　　i——水力坡度；

　　Δh、l——沿渗透途径出现的水头差与相应渗流长度。

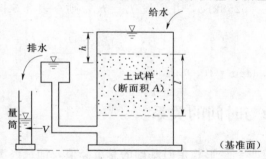

图 3.8　常水头渗透试验

水力坡度的含义是土中的水沿着流线方向每前进 l 的距离，就要有一 Δh 的水头损失。

由式（3.13）可以看出，当水力梯度为定值时，渗透系数越大，渗流速度就越大。渗透系数与土的透水性强弱有关，渗透系数越大，土的透水能力越强。土的渗透系数可通过室内常水头渗透试验（图3.8）或现场抽水试验测定。

3.3.2 饱和土体的渗流固结

饱和土一般是指饱和度 $S_r \geqslant 80\%$ 的土。饱和土在压力作用下，孔隙水将随时间而逐渐被排出，同时孔隙体积也随之缩小，这一过程称为饱和土的渗透固结，由于土粒很小，孔隙更小，要使孔隙中的水通过非常小的孔隙排出，需要经历相当长的时间。固结时间的长短主要取决于土层排水距离的长短、土粒粒径与孔隙的大小、土层渗透系数和荷载大小以及土的压缩系数的高低等因素。

为了更清楚形象地解释饱和土的渗透固结过程，可借助图 3.9 所示的饱和土的渗流固结模型来说明。在一个盛满水的圆筒中，装一个带有弹簧的活塞，弹簧表示土的颗粒骨架，容器内的水表示土中的自由水，带孔的活塞则表征土的透水性。活塞上小孔的大小代表了土体透水性的大小，即活塞上小孔越大，表明土体的透水性越

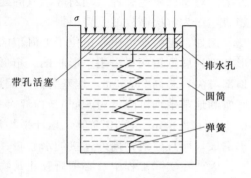

图 3.9　饱和土的渗流固结模型

好，而完成土体渗流固结过程需要的时间就越短。

施加外力之前，弹簧不受力，圆筒中的水只有静水压力；在活塞顶面施加压力的瞬间，圆筒中的水还来不及从活塞上的小孔排出，弹簧也没有变形，因此，弹簧不受力，全部压力完全由水承担。随着压力的增加，水受到超静水压力，筒中水开始经活塞小孔逐渐排出，随着筒中水不断地通过活塞上的小孔向外面流出，使得活塞开始下降，弹簧逐渐变形，表明弹簧受力。此时，弹簧压力逐渐增大，筒中水压力逐渐减小，此期间弹簧和水受力的总和始终不变，即

$$\sigma = \sigma' + u \tag{3.15}$$

式中　σ——土中的总应力，kPa；

　　　σ'——土的有效应力，kPa；

　　　u——土中的孔隙水压力，kPa。

式（3.15）的物理意义是土的孔隙水压力 u 与有效应力 σ' 对外力 σ 的分担作用，它与时间有关，这就是有效应力原理。有效应力是使土体产生压缩变形的有效因素，孔隙水压力为土体的压缩提供条件。

（1）当 $t=0$ 时，即活塞顶面骤然受到压力 σ 作用的瞬间，水来不及排出，弹簧没有变形和受力，压力 σ 全部由水来承担，即 $u=\sigma$，$\sigma'=0$。

（2）当 $t>0$ 时，随着荷载作用时间的延长，水受到压力后开始从活塞排水孔中排出，活塞下降，弹簧开始承受压力 σ'，并逐渐增长；而相应的 u 则逐渐减小，总之，$\sigma'+u=\sigma$。

（3）当 $t\rightarrow\infty$ 时（代表"最终"时间），圆筒中的水停止向外排出，超静孔隙水压力完全消散，活塞最终下降到压力 σ 全部由弹簧承担，饱和土的渗透固结完成，即 $\sigma'=\sigma$，$u=0$。

可见，饱和土的渗透固结也就是孔隙水压力逐渐消散并逐渐地转化为有效应力的过程。

3.3.3　渗透固结沉降与时间关系

固结度 U_t 是指土体在固结工程中某一时间 t 的固结沉降量 s_t 与固结稳定的最终沉降量 s 之比值（或用固结百分数表示），即

$$U_t = \frac{s_t}{s} \tag{3.16}$$

固结度变化范围为 0～1，它表示在某一荷载作用下经过时间 t 后土体所能达到的固结程度。前面已经讨论了最终沉降量的计算方法，如果能够知道某一时间 t 的 U_t 值，则由式（3.16）即可计算相应于该时间沉降量 s_t 值。对于不同的固结情况，即固结土层中附加应力分布和排水条件两方面的情况，固结度计算公式也不相同，实际地基计算中常将其归纳为五种，不同固结情况其固结度计算公式虽不同，但它们都是时间因数的函数，即

$$U_t = f(T_v) \tag{3.17}$$

$$T_v = \frac{C_v t}{H^2}$$

$$C_v = \frac{1000k(1+e)}{\gamma_w a}$$

式中　T_v——时间因数，无量纲；

　　　C_v——土的固结系数，$\mathrm{m^2/a}$；

　　　t——固结过程中某一时间，a；

　　　H——土层中最大排水距离，当土层为单面排水时，H 为土层厚度；如为双面排水时，则 H 为土层厚度的一半；

　　　k——土的渗透系数，$\mathrm{m/a}$；

　　　e——土的初始孔隙比；

　　　γ_w——水的重度，$\gamma_w = 10\mathrm{kN/m^3}$；

　　　a——土的压缩系数，$\mathrm{MPa^{-1}}$。

为简化计算，将不同固结情况的 $U_t = f(T_v)$ 关系制成图（图 3.10）以备查用。应用该图时，先根据地基的实际情况画出地基中的附加应力分布图，然后结合土层的排水条件求得 α（$\alpha = \sigma_{za}/\sigma_{zp}$，$\sigma_{za}$ 为排水面附加应力，σ_{zp} 为不排水面附加应力）和 T_v 值，再利用该图中的曲线即可查得相应情况的 U_t 值。

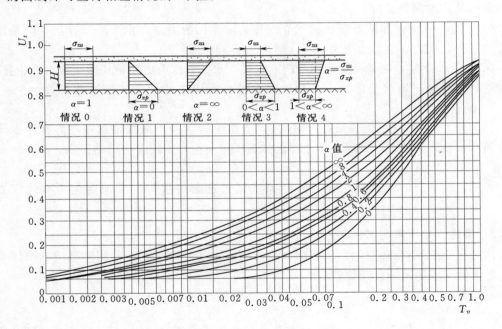

图 3.10　U_t - T_v 关系曲线

应该指出的是，图 3.10 中所给出的均为单面排水情况，若土层为双面排水时，则不论附加应力分布图属何种图形，均按情况 0 计算其固结度。

实际工程中，基础沉降与时间关系的计算步骤如下：

（1）计算某一时间 t 的沉降量 s_t。

1）根据土层的 k、a、e 求 C_v。

2）根据给定的时间 t 和土层厚度 h 及 C_v，求 T_v。

3）根据 $\alpha = \sigma_{za}/\sigma_{zp}$ 和 T_v，由图 3.10 查相应的 U_t。

4）由 $U_t=s_t/s$ 求 s_t。

（2）计算达到某一沉降量 s_t 所需时间 t。

1）根据 s_t 计算 U_t。

2）根据 α 和 U_t，由图 3.10 查相应的 T_v。

3）根据已知资料求 C_v。

4）根据 T_v、C_v 及 h，即可求得 t。

【例 3.4】 在不透水的非压缩岩层上，为一厚 10m 的饱和黏土层，其上面作用着大面积均布荷载 $P=200\text{kPa}$，已知该土层的孔隙比 $e_1=0.8$，压缩系数 $a=0.00025\text{l/kPa}$，渗透系数 $k=6.4\times10^{-8}\text{cm/s}$。

试计算：

（1）加荷一年后地基的沉降量；

（2）加荷后多长时间，地基的固结度 $U_t=75\%$。

解：

（1）求一年后的沉降量。

1）土层的最终沉降量为

$$s=\frac{a}{1+e_1}\sigma_z h=\left(\frac{0.00025}{1+0.8}\times200\times1000\right)\text{cm}=27.8\text{cm}$$

2）土层的固结系数为

$$C_v=\frac{k(1+e_1)}{\gamma_w a}=\frac{6.4\times10^{-8}\times(1+0.8)}{10\times0.00025\times0.01}\text{cm}=4.61\times10^{-3}\text{cm}^2/\text{s}$$

经一年时间的时间因数为

$$T_v=\frac{C_v t}{H^2}=\frac{4.61\times10^{-3}\times86400\times365}{1000^2}=0.145$$

由图 3.10 曲线查得 $U_t=0.42$，按 $U_t=\dfrac{S_t}{S}$，计算加荷一年后的地基沉降量为

$$S_t=SU_t=27.8\times0.42\text{cm}=11.68\text{cm}$$

（2）求 $U_t=0.75$ 时所需时间。由 $U_t=0.75$ 查图 3.10 得 $T_v=0.472$，按式 $T_v=\dfrac{c_v t}{H^2}$，可计算所需时间为

$$t=\frac{T_v H^2}{c_v}=\frac{0.472\times1000^2}{4.61\times10^{-3}}\times\frac{1}{86400\times365}\text{a}=3.25\text{a}$$

3.4 地基容许沉降量与减小沉降危害的措施

沉降计算的目的是预测建筑物建成后基础的沉降量（包括差异沉降）会不会太大，是否超过建筑物安全和正常使用所容许的数值。如果计算结果表明基础的沉降量有可能超出容许值，那就要改变基础设计，并考虑采用一些工程措施以尽量减小基础沉降可能给建筑物造成的危害。

3.4.1 容许沉降量

建筑物的地基变形容许值是指能保证建筑物正常使用的最大变形值，可由 GB 50007—2011 查得（表 3.8）。对于表 3.8 中未涉及的其他建筑物的地基变形允许值，可根据上部结构）地基变形的适应能力和使用要求确定。

表 3.8　　　　　　　　　　　建筑物的地基变形允许值

变　形　特　征		地 基 土 类 别	
		中、低压缩性土	高压缩性土
砌体承重结构基础的局部倾斜		0.002	0.003
工业与民用建筑相邻柱基的沉降差	框架结构	$0.002l$	$0.003l$
	砖石墙填充的边排柱	$0.0007l$	$0.001l$
	当基础不均匀沉降时不产生附加应力的结构	$0.005l$	$0.005l$
单层排架结构（柱距为6m）柱基的沉降量/mm		(120)	200
桥式起重机轨面的倾斜（按不调整轨道考虑）	纵向	0.004	
	横向	0.003	
多层和高层建筑基础的倾斜	$H_g \leq 24$	0.004	
	$24 < H_g \leq 60$	0.003	
	$60 < H_g \leq 100$	0.0025	
	$H_g > 100$	0.002	
高耸结构基础的倾斜	$H_g \leq 20$	0.008	
	$20 < H_g \leq 50$	0.006	
	$50 < H_g \leq 100$	0.005	
	$100 < H_g \leq 150$	0.004	
	$150 < H_g \leq 200$	0.003	
	$200 < H_g \leq 250$	0.002	
高耸结构基础的沉降量/mm	$H_g \leq 100$		400
	$100 < H_g \leq 200$	(200)	300
	$200 < H_g \leq 250$		200

注　1. 有括号者仅适用于中压缩性土。
　　2. l 为相邻柱基的中心距离，mm；H_g 为自室外地面起算的建筑物高度，m。

地基变形允许值按其变形特征有以下四种：

（1）沉降量。指基础中心点的沉降值。

（2）沉降差。指相邻单独基础沉降量的差值。

（3）倾斜。指基础倾斜方向两端点的沉降差与其距离的比值。

（4）局部倾斜。指砌体承重结构沿纵墙 6～10m 内基础某两点的沉降差与其距离的比值。

当建筑物地基不均匀或上部荷载差异过大及结构体型复杂时，对于砌体承重结构应由局部倾斜控制；对于框架结构和单层排架结构应由沉降差控制；对于多层或高层建筑和高耸构应由倾斜控制。

3.4.2 减小沉降危害的措施

实践表明，绝对沉降量越大，差异沉降往往亦越大。因此，为减小地基沉降对建筑物可能造成的危害，除采取措施尽量减小差异沉降外，尚应设法尽可能减小基础的绝对沉降量。

目前，对可能出现过大沉降或差异沉降的情况，通常从以下几个方面采取措施：

（1）采用轻型结构、轻型材料，尽量减轻上部结构自重；减少填土，增设地下室，尽量减小基础底面附加应力。

（2）妥善处理局部软弱土层，如暗浜、墓穴、杂填土、吹填土和建筑垃圾、工业废料等。

（3）调整基础型式、大小和埋置深度；必要时采用桩基或深基础。

（4）尽量避免复杂的平面布置，并避免同一建筑物各组成部分的高度以及作用荷载相差过多。

（5）加强基础的刚度和强度，如采用十字交叉形基础、箱形基础。

（6）在可能产生较大差异沉降的位置或分期施工的单元连接处设置沉降缝。

（7）在砖石承重结构墙体内设置钢筋混凝土圈梁（在平面内呈封闭系统，不断开）。

（8）预留吊车轨道高程调整余地。

（9）防止施工开挖、降水不当恶化地基土的工程性质。

（10）对高差较大、重量差异较多的建筑物相邻部位采用不同的施工进度，先施工荷重大的部分，后施工荷重轻的部分。

（11）控制大面积地面堆载的高度、分布和堆载速率。

以上措施，有的是设法减小地基沉降量，尤其是差异沉降量；有的是设法提高上部结构对沉降和差异沉降的适应能力。设计时，应从具体工程情况出发，因地制宜，选用合理、有效、经济的一种或几种措施。

思 考 题 与 习 题

1. 思考题

（1）什么是土的压缩性？引起土压缩的原因是什么？

（2）土的压缩性指标有哪些？怎样利用土的压缩性指标判别土的压缩性质？

（3）压缩模量 E_s 和变形模量 E_o 的物理意义是什么？它们是如何确定的？

（4）简述分层总和法计算地基变形的步骤。

（5）如何计算地基变形的规范法比分层总和法更接近工程实际值？

（6）在固结过程中有效应力与孔隙水压力两者是怎样变化的？

（7）试分析饱和土的渗透固结过程。

（8）地基变形的特征分为几类？在工程实际中如何控制？

2. 习题

（1）某地基中黏土的压缩试验资料见表3.9。求：

1）绘制黏土的压缩曲线，并分别计算土的压缩系数 a_{1-2} 并评定土的压缩性。

2）若在工程实际中土的自重应力为50kPa，土自重应力与附加应力之和为200kPa，试计算此时土的压缩模量 E_s。

表3.9　　　　　　　　　　　　　　　侧限压缩试结果

p/kPa	0	50	100	200	400
e	0.810	0.781	0.751	0.725	0.690

（2）已知某工程钻孔取样，进行室内压缩试验，试样高为 $h_0=20$mm，在 $p_1=100$kPa 作用下测得压缩量为 $s_1=1.2$mm，在 $p_2=200$kPa 作用下的压缩量为 $s_2=0.58$mm，土样的初始孔隙比为 $e_0=1.6$。试计算压力 $p=100\sim200$kPa 范围内土地压缩系数，并评价土的压缩性。

（3）厚度为8m的黏土层，上下层面均为排水砂层，已知黏土层孔隙比 $e_0=0.8$，压缩系数 $a=0.25$MPa^{-1}，渗透系数 $k=0.000000063$cm/s，地表瞬时施加一无限分布均布荷载 $p=180$kPa。分别求出加荷半年后地基的沉降和黏土层达到50%固结所需的时间。

（4）地基为正常饱和黏土，其厚度为12m，在外荷作用下产生的附加应力沿土层深度分布可简化为梯形。上为透水层，下为不透水层，透水面附加应力为180kPa，不透水面附加应力为120kPa。设 $e_0=0.82$，$a=0.0002$m^2/kN，$k=2.1$cm/a。求地基受荷1a时的沉降量和地基完成沉降90%所需要的时间。

（5）知某独立柱基础，底面尺寸为 $l\times b=2.5$m$\times$2.5m，上部柱传到基础顶面的竖向荷载准永久值为 $F_k=1250$kN，基础埋深为2m，地基土层如图3.11所示。试用分层总和法计算基础中心点处的最终沉降量。

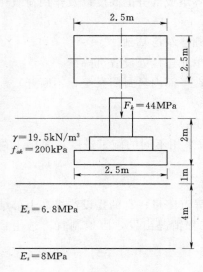

图3.11　习题（5）图

第 4 章　土的抗剪强度与地基承载力

　　地基基础设计必须满足两个基本条件，即变形条件和强度条件。关于地基的变形计算在第 3 章中已介绍，本章将主要介绍地基的强度和稳定问题，它包括土的抗剪强度以及地基承载力的计算问题。

　　土的抗剪强度是指在外力作用下，土体内部产生切应力时，土对剪切破坏的极限抵抗力。土的抗剪强度主要应用于地基承载力计算和地基稳定性分析、边坡稳定性分析、挡土及地下结构物上的土压力计算等。当地基受到荷载作用后，土中各点将产生正应力与切力，若某点的切应力达到该点的抗剪强度，土即沿着切应力作用方向产生相对滑动，此时该点剪切破坏。若荷载继续增加，则切应力达到抗剪强度的区域（塑性区）越来越大，后形成连续的滑动面，一部分土体相对另一部分土体产生滑动，基础因此产生很大的沉降倾斜，整个地基达到剪切破坏，此时称地基丧失了稳定性。

　　在工程建设实践中，道路的边坡、路基、土石坝、建筑物的地基等丧失稳定性的例子是很多的（图 4.1）。为了保证土木工程建设中建（构）筑物的安全和稳定，就必须详细研究土的抗剪强度和土的极限平衡等问题。

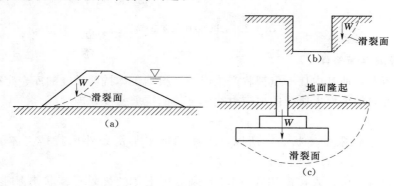

图 4.1　土坝、基槽和建筑物地基失稳示意图

4.1　土的抗剪强度与极限平衡条件

4.1.1　抗剪强度的库仑定律

　　1773 年，库仑通过砂土的剪切试验，得到砂土的抗剪强度的表达式为

$$\tau_f = \sigma \tan \varphi \tag{4.1}$$

　　以后通过对黏性土样进行试验，得出黏性土的正应力 σ 与抗剪强度 τ_f 之间仍呈直线关系，但直线不通过坐标原点，在纵坐标轴上有一截距 c，得出黏性土的抗剪强度表达式为

$$\tau_f = c + \sigma\tan\varphi \tag{4.2}$$

式中 τ_f——土的抗剪强度，kPa；

σ——剪切面上的正应力，kPa；

c——土的黏聚力，即抗剪强度线在 $\tau-\sigma$ 坐标平面内纵轴上的截距，kPa；

φ——土的内摩擦角，即抗剪强度线对横坐标轴的倾角，（°）。

式（4.1）和式（4.2）称为库仑定律或土的抗剪强度定律。该定律说明，土的抗剪强度是剪切面上法向应力 σ 的线性函数（图 4.2）。c、φ 统称土的抗剪强度指标，在一定条件下是常数，它们是构成土的抗剪强度的基本要素。构成土的抗剪强度的因素有内摩擦力与黏聚力。$\sigma\tan\varphi$ 是土的内摩擦力。存在于土体内部的摩擦力由两部分形成：一个是剪切面上颗粒与颗粒之间在粗糙面上产生的摩擦力；另一个是由于颗粒之间的相互嵌入产生的咬合力。黏聚力 c 是由于土粒之间的胶结作用、结合水膜以及水分子引力作用等形成的。土颗粒越细，塑性越大，其黏聚力也越大。无黏性土（如砂土）$c=0$，其抗剪强度仅由内摩擦力分量所构成。

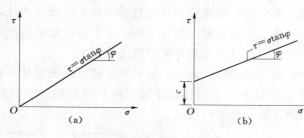

图 4.2 土的抗剪强度曲线

4.1.2 土的极限平衡条件

在荷载作用下，地基内任一点都将产生应力。根据土体抗剪强度的库仑定律，当土中任意点在某一方向的平面上所受的剪应力达到土体的抗剪强度，即

$$\tau = \tau_f \tag{4.3}$$

时，就称该点处于极限平衡状态。所以，土体的极限平衡条件也就是土体的剪切破坏条件。

在实际工程应用中，直接应用式（4.3）来分析土体的极限平衡状态是很不方便的。为了解决这一问题，一般采用的做法是将式（4.3）进行变换。将通过某点的剪切面上的剪应力以该点的主平面上的主应力表示，而土体的抗剪强度以剪切面上的法向应力和土体的抗剪强度指标来表示，然后代入式（4.3），经过简化后就可得到实用的土体的极限平衡条件。

1. 土中一点的应力状态

首先来研究土体中某点的应力状态，以便求得实用的土体极限平衡条件的表达式。为简单起见，下面仅研究平面问题。

在地基土中任意点取出一微分单元体 M，设作用在该微分体上的最大和最小主应力分别为 σ_1 和 σ_3。而且，微分体内与最大主应力 σ_1 作用平面成任意角度 α 的平面 mn 上有正应力 σ 和剪应力 τ，如图 4.3（a）所示。

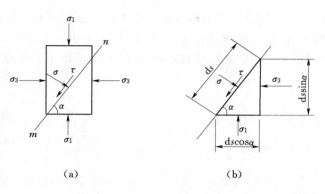

图 4.3 土中任一点的应力

为了建立 σ、τ 与 σ_1、σ_3 之间的关系，取微分三角形斜面体为隔离体，如图 4.3（b）所示。将各个应力分别在水平方向和垂直方向上投影，根据静力平衡条件得

$$\sum x = 0, \qquad \sigma_3 ds\sin\alpha \times 1 - \sigma ds\sin\alpha \times 1 + \tau ds\cos\alpha \times 1 = 0$$

$$\sum y = 0, \qquad \sigma_1 ds\cos\alpha \times 1 - \sigma ds\cos\alpha \times 1 - \tau ds\sin\alpha \times 1 = 0$$

联立求解以上两个方程，即得平面 mn 上的应力为

$$\left.\begin{array}{l} \sigma = \dfrac{1}{2}(\sigma_1 + \sigma_3) + \dfrac{1}{2}(\sigma_1 - \sigma_3)\cos 2\alpha \\[3mm] \tau = \dfrac{1}{2}(\sigma_1 - \sigma_3)\sin 2\alpha \end{array}\right\} \tag{4.4}$$

式（4.4）表明，在 σ_1、σ_3 已知的情况下，mn 斜面上的 σ、τ 仅与该面的倾角 α 有关，同时也说明，对于通过微分单元体 M 的不同截面上的 σ、τ 的数值是不同的，要确定微分单元体 M 的应力状态，就是要确定通过该微分单元体的所有截面上的应力值，也就是所有截面上应力都应满足 $\tau \leqslant \tau_f$。

由式（4.4）消去参数 α，得到圆的方程，在 $\tau - \sigma$ 坐标系中，圆的半径 r 为（$\sigma_1 - \sigma_3/2$），圆心 D 坐标为（$\sigma_1 + \sigma_3/2$，0），该圆称为莫尔应力圆，如图 4.4 所示。莫尔应力圆上点 C 的坐标值为（σ_1，0），即点 C 表示土中微分单元体 M 大主应力面的应力值；B 点的坐标值为（σ_3，0），即 B 点表示微分单元体 M 小主应力面的应力值。由几何关系可知，莫尔应力圆上的任一点 A（$\angle AO_1C = 2\alpha$）的横、纵坐标值分别为式（4.4）的值，表示土中微分单元体 M 与大主应力面夹角为 α 的任意截面 mn 上的应

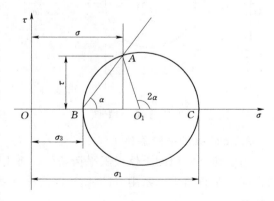

图 4.4 莫尔应力圆

力。因此土中一点在 σ_1、σ_3 已知的情况下，就可以确定莫尔应力圆的半径与圆心坐标，绘制莫尔应力圆，从而确定任意截面上的应力值。

由于莫尔应力圆上点的横坐标表示土中某点在相应斜面上的正应力，纵坐标表示该斜

面上的剪应力，所以，可以用莫尔应力圆来研究土中任一点的应力状态。

【例 4.1】 已知土体中某点所受的最大主应力 $\sigma_1 = 500\text{kN/m}^2$，最小主应力 $\sigma_3 = 200\text{kN/m}^2$。试分别用解析法和图解法计算与最大主应力 σ_1 作用平面成 30°角的平面上的正应力 σ 和剪应力 τ。

解：

（1）解析法。由式（4.4）计算得

$$\sigma = \frac{1}{2}(\sigma_1 + \sigma_3) + \frac{1}{2}(\sigma_1 - \sigma_3)\cos 2\alpha$$

$$= \left[\frac{1}{2} \times (500 + 200) + \frac{1}{2} \times (500 - 200)\cos(2 \times 30°)\right]\text{kN/m}^2 = 425\text{kN/m}^2$$

$$\tau = \left[\frac{1}{2} \times (\sigma_1 - \sigma_3)\sin 2\alpha = \frac{1}{2} \times (500 - 200)\sin(2 \times 30°)\right]\text{kN/m}^2 = 130\text{kN/m}^2$$

（2）图解法。按照莫尔应力圆确定其正应力 σ 和剪应力 τ。

绘制直角坐标系，按照比例尺在横坐标上标出 $\sigma_1 = 500\text{kN/m}^2$，$\sigma_3 = 200\text{kN/m}^2$，以 $\sigma_1 - \sigma_3 = 300\text{kN/m}^2$ 为直径绘圆，从横坐标轴开始，逆时针旋转 $2\alpha = 60°$ 角，在圆周上得到点 A（图 4.5）。以相同的比例尺量得点 A 的横坐标，即 $\sigma = 425\text{kN/m}^2$，纵坐标即 $\tau = 130\text{kN/m}^2$。

可见，两种方法得到了相同的正应力 σ 和剪应力 τ，但用解析法计算较为准确，用图解法计算则较为直观。

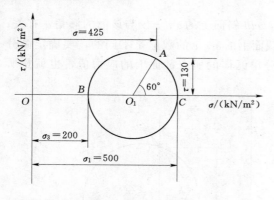

图 4.5　【例 4.1】图

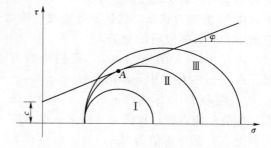

图 4.6　莫尔应力圆与土的抗剪强度之间的关系

2. 土的极限平衡条件

为了建立实用的土体极限平衡条件，将土体中某点的莫尔应力圆和土体的抗剪强度线画在同一个直角坐标系中（图 4.6），这样，就可以判断土体在这一点上是否达到极限平衡状态。

由前述可知，莫尔应力圆上的每一点的横坐标和纵坐标分别表示土体中某点在相应平面上的正应力 σ 和剪应力 τ，如果莫尔应力圆位于抗剪强度包线的下方（图 4.6 中 Ⅰ），即通过该点任一方向的剪应力 τ 都小于土体的抗剪强度 τ_f，则该点土不会发生剪切破坏，而处于弹性平衡状态。若莫尔应力圆恰好与抗剪强度线相切（图 4.6 中 Ⅱ），切点为 A，则表明切点 A 所代表的平面上的剪应力 τ 与抗剪强度 τ_f 相等，此时，该点土体处于极限平衡状态。若莫尔应力圆与抗剪强度线相交（图 4.5 中Ⅲ），则说明土中过微分单元体 M 的某些截面上的切应力超过了土的抗剪强度，从理论上讲该点早已破坏，因而这种应力状态是不会存在的。

根据莫尔应力圆与抗剪强度线相切的几何关系，可建立土体的极限平衡条件方程式。图 4.7（a）所示土体中一微分单元体的受力情况，mn 为剪破面，它与大主应力作用面成 α_f 角。该点处于极限平衡条件，其极限应力圆如图 4.7（b）所示，根据直角三角形 ARD 的边角关系，得到黏性土的极限平衡条件，即

$$\sigma_1 = \sigma_3 \tan^2\left(45° + \frac{\varphi}{2}\right) + 2c\tan\left(45° + \frac{\varphi}{2}\right) \tag{4.5}$$

$$\sigma_3 = \sigma_1 \tan^2\left(45° - \frac{\varphi}{2}\right) - 2c\tan\left(45° - \frac{\varphi}{2}\right) \tag{4.6}$$

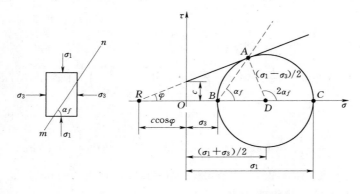

（a）微元体　　　　（b）极限平衡时的莫尔圆

图 4.7　土中一点极限平衡状态时的莫尔圆

对于无黏性土，由于 $c = 0$，根据上式可得到无黏性土的极限平衡条件，即

$$\sigma_1 = \sigma_3 \tan^2\left(45° + \frac{\varphi}{2}\right) \tag{4.7}$$

$$\sigma_3 = \sigma_1 \tan^2\left(45° - \frac{\varphi}{2}\right) \tag{4.8}$$

由图 4.6 的几可关系可以求得剪切面（破裂面）与大主应力面的夹角关系为

$$\left.\begin{array}{c} 2\alpha_f = 90° + \varphi \\ \alpha_f = 45° + \dfrac{\varphi}{2} \end{array}\right\} \tag{4.9}$$

即剪切破裂面与大主应力 σ_1 作用平面的夹角为 $\alpha_f = 45° + \varphi/2$（共轭剪切面）。

所以，土的剪切破坏不发生在切应力最大的截面上，而是发生在与大主应力面呈 $\alpha_f = 45° + \varphi/2$ 的截面上，只有 $\varphi = 0°$ 时，剪切破坏面才与切应力最大面一致。

3. 土的极限平衡条件的应用

利用土的极限平衡条件公式，已知土单元体实际上所受的应力和土的抗剪强度指标 c、φ，可以很容易地判断该土单元体是否产生剪切破坏。例如，将土单元体所受的实际应力 σ_{3m} 和土的内摩擦角 φ 代入式（4.4）的右侧，求出土处在极限平衡状态时的大主应力为

$$\sigma_1 = \sigma_{3m} \tan^3 \left(45° + \frac{\varphi}{2} \right)$$

如果计算得到 $\sigma_1 > \sigma_{1m}$，表示土体达到极限平衡状态要求的最大主应力大于实际的最大主应力，则土体处于弹性平衡状态；反之，如果 $\sigma_1 < \sigma_{1m}$，表示土体已经发生剪切破坏。同理，也可以用 σ_{1m} 和 φ 求出 σ_3，再比较 σ_3 和 σ_{3m} 的大小，来判断土体是否发生了剪切破坏。

【例 4.2】　设砂土地基中一点的最大主应力 $\sigma_1 = 400\text{kPa}$，最小主应力 $\sigma_3 = 200\text{kPa}$，砂土的内摩擦角 $\varphi = 25°$，黏聚力 $c = 0$。试判断该点是否破坏。

解：为加深对本章节内容的理解，以下用多种方法解题。

（1）按某一平面上的剪应力 τ 和抗剪强度 τ_f 的对比判断。根据式（4.9）可知，破坏时土单元中可能出现的破裂面与最大主应力 σ_1 作用面的夹角 $\alpha_f = 45° + \varphi/2$。因此，作用在与 σ_1 作用面成 $45° + \varphi/2$ 平面上的法向应力 σ 和剪应力 τ 可按式（4.4）计算；抗剪强度 τ_f 可按式（4.1）计算。

$$\begin{aligned}
\sigma &= \frac{1}{2}(\sigma_1 + \sigma_3) + \frac{1}{2}(\sigma_1 - \sigma_3)\cos 2\left(45° + \frac{\varphi}{2} \right) \\
&= \left[\frac{1}{2} \times (400 + 200) + \frac{1}{2} \times (400 - 200)\cos 2\left(45° + \frac{25°}{2} \right) \right] \text{kPa} = 257.7\text{kPa}
\end{aligned}$$

$$\begin{aligned}
\tau &= \frac{1}{2}(\sigma_1 - \sigma_3)\sin 2\left(45° + \frac{\varphi}{2} \right) \\
&= \left[\frac{1}{2} \times (400 - 200)\sin 2\left(45° + \frac{25°}{2} \right) \right] \text{kPa} = 90.6\text{kPa}
\end{aligned}$$

$$\tau_f = \sigma \tan\varphi = 257.7 \times \tan 25° \text{kPa} = 120.2\text{kPa} > \tau = 90.6\text{kPa}$$

故可判断该点未发生剪切破坏。

（2）按式（4.5）判断。

$$\sigma_{1f} = \sigma_{3m}\tan^2\left(45° + \frac{\varphi}{2} \right) = \left[200\tan^2\left(45° + \frac{25°}{2} \right) \right]\text{kPa} = 492.8\text{kPa}$$

由于 $\sigma_{1f} = 492.8\text{kPa} > \sigma_{1m} = 400\text{kPa}$，故该点未发生剪切破坏。

（3）按式（4.6）判断。

$$\sigma_{3f} = \sigma_{1m}\tan^2\left(45° - \frac{\varphi}{2} \right) = \left[400\tan^2\left(45° - \frac{25°}{2} \right) \right]\text{kPa} = 162.8\text{kPa}$$

由于 $\sigma_{3f} = 162.8\text{kPa} < \sigma_{3m} = 200\text{kPa}$，故该点未发生剪切破坏。

另外，还可以用图解法，比较莫尔应力圆与抗剪切强度包线的相对位置关系来判断，可以得出同样的结论。

4.2　抗剪强度指标的测定方法

抗剪强度指标 c、φ 值是土体的重要力学性质指标，在确定地基土的承载力、挡土墙的土压力以及验算土坡稳定性等工程问题中，都要用到土体的抗剪强度指标。因此，正确地测定和选择土的抗剪强度指标是土工计算中十分重要的问题。

土体的抗剪强度指标是通过土工试验确定的。室内试验常用的方法有直接剪切试验、三轴剪切试验、无侧限压缩实验和十字板剪切试验。

4.2.1 直接剪切试验

直接剪切试验的原理是对于某一种土体而言，一定条件下抗剪强度指标 c、φ 值为常数，所以 τ_f 和 σ 为线性关系。图 4.8 所示直接剪切试验的示意图。垂直压力由杠杆系统通过加压活塞和透水石传给土样，水平剪应力则由轮轴推动活动的下盒施加给土样。土体的抗剪强度可由量力环测定，剪切变形由百分表测定。在施加每一级法向应力后，匀速增加剪切面上的剪应力，直至试件剪切破坏。

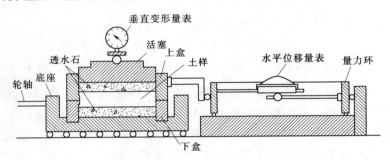

图 4.8 直接剪切试验示意图

试验中，通常采用 4 个试件，分别在不同的垂直压力下，施加水平剪切力进行剪切，得到 4 组数据（τ、σ），其中 τ 为剪切面上所受最大切应力，σ 为相应正应力，这 4 组数据（τ、σ）对应以 τ_f 为纵坐标，σ 为横坐标的坐标系中的 4 个点，根据 4 点绘制成一直线，直线的倾角为土的内摩擦角 φ，纵轴截距为土的黏聚力 c，如图 4.9 所示。

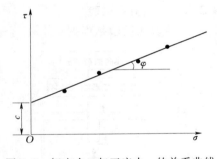

图 4.9 切应力 τ 与正应力 σ 的关系曲线

直接剪切试验根据试验时剪切速率和排水条件不同，可分为快剪、固结快剪和慢剪三种：①快剪试验是在试件上施加垂直压力后，立即施加水平剪切力，得到 c_q 和 φ_q；②固结快剪试验是在试件上施加垂直压力，待排水固结稳定后，施加水平剪切力，得到 c_{cq} 和 φ_{cq}；③慢剪试验是在试件上施加垂直力及水平力的过程中均应使试件排水固结，得到 c_s 和 φ_s。

三种方法得到的强度曲线如图 4.10 所示，显然三种方法得到的结果不同，即土的抗剪强度是随试验条件而变化的，其中最重要的是试验时试样的排水条件，这是因为组成土的抗剪强度的摩擦阻力部分与土粒之间有效应力的大小相关，排水条件不同，土的有效应力也不同，抗剪强度就会有差异。每种试验方法适用于一定排水条件下的土体。例如，快剪试验用于模拟在土体来不及固结排水就较快加载的情况。在实际工程中，对透水性差、排水条件不良、建筑物施工速度快的地基土或斜坡稳定分析时，可采用快剪实验；固结快剪试验用于模拟建筑场地上土体在自重和正常荷载作用下达到完全固结，而后遇到突然施加荷载的情况，例如地基土受到地震荷载的作用属于此情况。慢剪试验用于模拟在实际工程中，土的排水条件良好、地基土透水性良好，且加荷速率慢的情况。强度试验的最终目的应用于工程实际，因此，应根据实际的工程情况选择合适的试验方法。应注意的是直剪试验无法测定孔隙水压力，得到的是总应力强度指标。

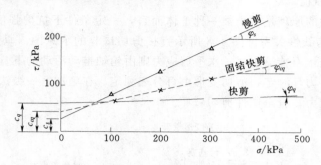

图 4.10　三种实验方法得到的抗剪强度曲线

直接剪切试验是测定土的抗剪强度指标常用的一种试验方法。它具有仪器设备简单、试样的制备和安装方便、易于操作等优点。但是，它的缺点有以下几点：①剪切破坏面固定为上下盒之间的水平面不符合实际情况，不一定是土样的最薄弱面；②试验中不能严格控制排水条件，对透水性强的土尤为突出，不能量测土样的孔隙水压力；③上下盒的错动，剪切过程中试样剪切面积逐渐减小，剪切面上的剪应力分布不均匀。

4.2.2　三轴剪切试验

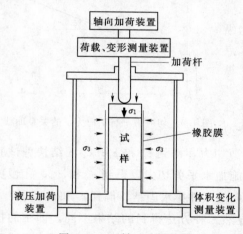

图 4.11　三轴试验机简图

三轴剪切试验是根据莫尔-库仑破坏准则测定土的黏聚力 c 和内摩擦角 φ。三轴试验机简图如图 4.11 所示。试验时，将圆柱体土样用乳胶膜包裹，固定在压力室内的底座上。先向压力室内注入液体（一般为水），使试样受到周围压力 σ_3，并使 σ_3 在试验过程中保持不变。然后在压力室上端的活塞杆上施加垂直压力直至土样受剪破坏。设土样破坏时由活塞杆加在土样上的垂直压力为 $\Delta\sigma_1$，则土样上的最大主应力为 $\sigma_{1f} = \sigma_3 + \Delta\sigma_1$，而最小主应力为 σ_{3f}。由 σ_{3f} 和 σ_{3f} 可绘制出一个莫尔圆。用同一种土制成 3～4 个土样，按上述方法进行试验，对每个土样施加不同的周围压力 σ_3，可分别求得剪切破坏时对应的最大主应力 σ_1，将这些结果绘成一组莫尔圆。根据土的极限平衡条件可知，通过这些莫尔圆的切点的直线就是土的抗剪强度线，由此可得抗剪强度指标 c、φ 值（图 4.12）。

三轴压缩试验可供在复杂应力条件下研究土的抗剪强度特性之用，其突出优点是：①试验中能严格控制试样的排水条件，准确测定试样在剪切过程中孔隙水压力变化，从而可定量获得土中有效应力的变化情况；②与直接剪切试验对比，试样中的应力状态相对地较为明确和均匀，不硬性指定破裂面位置；③除抗剪强度指标外，还可测定如土的灵敏度、侧压力系数、孔隙水压力系数等力学指标。

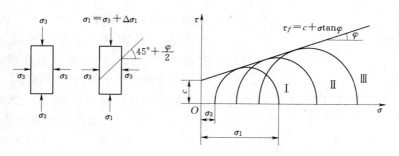

图 4.12 三轴试验机试验结果

三轴压缩试验除了上述的优点外，其缺点为：①试验仪器复杂，操作技术要求高，试样制备较复杂；②试验在 $\sigma_2 = \sigma_3$ 的轴对称条件下进行，与土体实际受力情况可能不符。

4.2.3 无侧限压缩试验

无侧限抗压试验是三轴压缩试验的一种特殊情况，试验目的是测定饱和黏性土的不排水抗剪强度。实验原理相当于在三轴压缩试验中，周围压力 $\sigma_3 = 0$ 时的不排水剪切试验。如图 4.13（a）所示，取一个饱和黏性土圆柱体试件，在周围压力（即小主应力）$\sigma_3 = 0$ 及不排水情况下逐渐增加大主应力 σ_1 直至发生破坏，测得破坏时 $\sigma_1 = q_u$。试样在无侧限压力条件下，剪切破坏时试样承受的最大轴向压力 q_u 称为无侧限抗压强度。

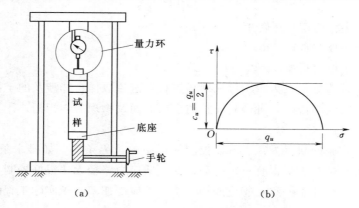

（a） （b）

图 4.13 无侧限抗压强度实验

由 $\sigma_3 = 0$、$\sigma_1 = q_u$ 绘制无侧限抗压强度的莫尔应力圆，如图 4.13（b）所示。对于饱和软黏土，根据三轴不排水剪切试验成果，其强度包线近似于一水平线，即 $\varphi_u = 0$，因此无侧限抗压强度试验适用于测定饱和软黏土的不排水强度，即

$$\tau_f = c_u = \frac{q_u}{2} \tag{4.10}$$

无侧限抗压试验的优点为：①无侧限抗压强度试验仪器构造简单，操作方便，可代替三轴试验测定饱和软黏土的不排水强度；②可用来测定土的灵敏度。

无侧限抗压试验的缺点为：①太软土（流塑）不可；②试验快，水来不及排除。

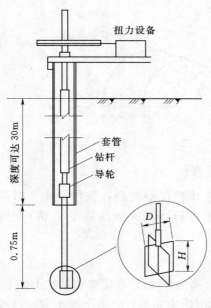

图 4.14　十字板剪切仪

4.2.4　十字板剪切试验

十字板剪切试验是一种原位测试方法，适用于地基为软弱黏性土，与无侧限抗压强度试验一样，测定的是饱和黏性土的不排水剪强度。

十字板剪切仪如图 4.14 所示。试验时，打入套管至测点以上 750mm 高程，清除套管内的残留土，将十字板装在轴杆底端，插入套管并向下压至套管底端以下 750mm，或套管直径的 3～5 倍以下的深度，在地面上，装在轴杆顶端的设备施加转矩，直至十字板旋转，土体破坏为止。土体的破坏面为十字板旋转形成的圆柱面及圆柱的上、下端面。

十字板剪切破坏转矩 M 等于十字板旋转破坏土柱各剪切面上提供的抵抗转矩，它由两部分组成：一部分为十字板旋转破坏土柱柱面强度提供的抵抗转矩；另一部分为土柱上、下面端面强度提供的抵抗转矩。

$$\tau_f = \frac{2M}{\pi D^2 \left(H + \dfrac{D}{3} \right)} \tag{4.11}$$

式中　M——十字板剪切破坏转矩，kN·m；

D——十字板的直径，m；

H——十字板的高度，m。

十字板剪切试验的优点为：①可在现场进行，避免取样；②涉及的土体积比室内试验样品大很多；③可连续进行，可得到完整的土层剖面及物理力学指标；④具有快速经济的优点。

十字板剪切试验的缺点为：①难以控制测试中的边界条件，如排水条件和应力条件；②测试设备进入土层对土层也有一定扰动；③试验应力路径无法很好控制，试验时的主应力方向与实际工程往往不一致；④应变场不均匀，应变速率大于实际工程的正常固结。

4.3　地　基　承　载　力

地基承受整个上部建筑物的荷重，当上部建筑物的荷重超过地基的承载力时，地基将发生破坏。地基发生破坏有两种形式：①建筑物产生了过大的沉降或沉降差，致使建筑物严重下沉、上部结构开裂、倾斜而失去使用价值，即地基的变形问题；②建筑物的荷重超过了地基持力层所能承受荷载的能力而使地基失稳破坏，即地基的强度和稳定性问题。如著名的意大利比萨斜塔、中国苏州的虎丘塔和加拿大特朗斯康谷仓等都是因地基的不均匀沉降或地基承载力不够所致。

因此，建筑物地基设计必须满足两个基本条件：①建筑物基础在荷载作用下，可能产生的最大沉降量或沉降差应该控制在该种建筑物所允许的范围内；②作用于建筑物基础底面的压力应该小于或等于地基的允许承载力；对于水工建筑物地基来说，还应该满足抗渗、防冲等的要求，同时还应考虑其经济性和合理性问题。

地基承载力是指地基土在强度和形变允许的范围内，单位面积上所能承受荷载的能力。而将地基不失稳时地基土单位面积上所能承受的最大荷载称为地基极限承载力。可见，地基承载力是考虑一定的安全储备后的地基容许承载力。在工程中，按地基承载力进行设计时，因为是从强度方面进行，因此还应该考虑不同建筑物对地基变形的控制要求，进行地基变形计算。

关于地基变形计算在本书前面有关章节中已有介绍，关于变形控制问题在基础工程设计中有专门阐述。本章主要从强度和稳定性角度分析、介绍建筑物的荷载对地基承载力的影响，地基的破坏形式和地基承载力的确定等。

4.3.1 地基的破坏形式

无论从工程实践还是实验室等的研究和分析都可以获得：地基的破坏主要是由于基础下持力层抗剪强度不够，土体产生剪切破坏所致。地基的剪切破坏的形式总体可以分为整体剪切破坏、冲剪破坏和局部剪切破坏三种，如图 4.15 所示。

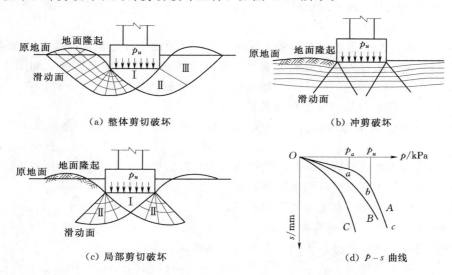

图 4.15 地基的破坏形式及地基土破坏的 p-s 曲线

1. **整体剪切破坏**

整体剪切破坏常发生在浅埋基础下的密砂或硬黏土等坚实地基中。

整体剪切破坏的过程，可以通过荷载试验得到地基压力 p 与相应的稳定沉降量 s 之间的关系曲线来描述，如图 4.15（d）所示。其中 OA、OB、OC 三条 p-s 曲线分别对应图 4.15（a）、图 4.15（b）、图 4.15（c）三种破坏形式。曲线有如下特征：

（1）当基础上荷载 p 比较小时，基础下形成一个三角压密区（Ⅰ），如图 4.15（a）所示，随荷载增大，基础压入土中，p-s 曲线呈直线变化，直至荷载增大到比例荷载 p_a，如图 4.15（d）中曲线 A。

（2）随着荷载继续增大，压密区（Ⅰ）向两侧挤压，土中产生塑性区。塑性区先在基础边缘产生，然后逐步扩大形成图 4.15（a）中的塑性区（Ⅱ）。地基土内部出现剪切破坏区，土体进入塑性阶段，p-s 曲线为 ab 段，基础沉降速率加快，p-s 曲线呈曲线状。

（3）当荷载再增加，达到某一极限值后（p_u），土体中形成连续的滑动面并延伸至地面，土从基础两侧挤出并隆起，基础沉降急剧增加，整个地基失稳破坏。此时 p-s 曲线出现明显的转折点，其相应的荷载称为极限荷载（p_u）。

2. 冲剪破坏

冲剪破坏一般发生在基础刚度很大，同时地基十分软弱的情况。在荷载的作用下，基础发生破坏形态往往是沿基础边缘垂直剪切破坏，好像基础"切入"地基中，如图 4.15（b）所示。与整体剪切破坏相比，该破坏形式下其 p-s 曲线无明显的直线段、曲线段和陡降段，如图 4.15（d）中的曲线 C。基础的沉降随着荷载的增大而增加，其 p-s 曲线没有明显的转折点，找不到比例荷载和极限荷载。地基发生冲剪破坏时具有以下特征：

（1）基础发生垂直剪切破坏，地基内部不形成连续的滑动面。

（2）基础两侧的土体不但没有隆起现象，还往往随基础的"切入"微微下沉。

（3）地基破坏时只伴随过大的沉降，也没有倾斜的发生。

这种破坏形式主要发生在松砂和软黏土中。

3. 局部剪切破坏

局部剪切破坏是介于整体剪切破坏与冲剪破坏之间的一种地基破坏形式。地基局部剪切破坏的特征是，随着荷载的增加，基础下也产生压密区Ⅰ及塑性区Ⅱ，如图 4.15（c）所示，其 p-s 曲线如图 4.15（d）中的曲线 B。局部剪切破坏具有以下特征：

（1）p-s 曲线一开始就呈非线性关系。

（2）地基破坏从基础边缘开始，滑动面未延伸到地表，终止在地基土内部的某一位置。

（3）基础两侧地面有微微隆起，没有出现明显的裂缝。

（4）基础一般不会发生倒塌或倾斜破坏。

局部剪切破坏常发生在中等密实砂土中。

4. 地基破坏模式的影响因素

地基土究竟发生哪种破坏形式，主要与下列因素有关：

（1）土的相对压缩性。在一定的条件下地基土的破坏模式主要取决于土的相对压缩性。一般说来，密实砂土和坚硬的黏土可能发生整体剪切破坏，而松散的砂土和软黏土可能出现局部剪切破坏或冲剪破坏。

（2）基础的埋深和外荷载。当基础浅埋，加载速率慢时，往往出现整体剪切破坏；当基础埋深较大，且加载速率又较快时，可能发生局部剪切破坏或冲剪破坏。

4.3.2　地基变形的三个阶段和荷载特征值

发生整体剪切破坏的地基，从开始承受荷载到破坏，经历了一个变形发展的过程。这个过程可以明显地区分为三个阶段。

1. 直线变形阶段

直线变形阶段相应于图 4.16（a）中 p-s 曲线上的 Oa 段，接近于直线关系。在此阶

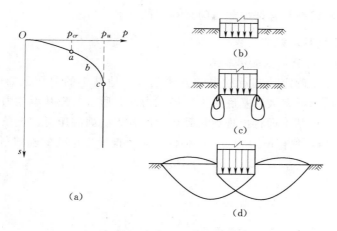

图 4.16 地基破坏的三个阶段

段，地基中各点的剪应力小于地基土的抗剪强度，地基处于稳定状态。地基仅有小量的压缩变形［图 4.16（b）］，主要是土颗粒互相挤紧、土体压缩的结果。所以此变形阶段又称压密阶段。

2. 局部塑性变形阶段

局部塑性变形阶段相应于图 4.16（a）中 $p-s$ 曲线上的 abc 段。在此阶段，变形的速率随荷载的增加而增大，$p-s$ 关系线是下弯的曲线。其原因是在地基的局部区域内，发生了剪切破坏［图 4.16（c）］。这样的区域称塑性变形区。随着荷载的增加，地基中塑性变形区的范围逐渐向整体剪切破坏扩展。所以这一阶段是地基由稳定状态向不稳定状态发展的过渡性阶段。

3. 破坏阶段

破坏阶段相应于图 4.16（a）中 $p-s$ 曲线上的 cd 段。当荷载增加到某一极限值时，地基变形突然增大。说明地基中的塑性变形区已经发展到形成与地面贯通的连续滑动面。地基土向基础的一侧或两侧挤出，地面隆起，地基整体失稳，基础也随之突然下陷［图 4.16（d）］。

从以上地基破坏过程的分析中可以看出，在地基变形过程中，作用在它上面的荷载有两个特征值：一是地基中开始出现塑性变形区的荷载，称临塑荷载 p_{cr}；二是使地基剪切破坏，失去整体稳定的荷载，称极限荷载 p_u。显然，以极限荷载作为地基的承载力是不安全的，而将临塑荷载作为地基的承载力，又过于保守。地基的容许承载力应该小于极限荷载且稍大于临塑荷载。

地基是很大的土体，当它受临塑荷载作用时，仅在基础底面的两边点刚刚达到极限平衡。即使地基中已出现一定范围的塑性变形区，只要其余大部分土体还是稳定的，地基还具有较大的安全度。工程经验表明，地基中塑性变形区的深度达基础宽度的 1/3～1/4 时，地基仍是安全的，此时所对应的荷载称为临界荷载（$p_{1/3}$，$p_{1/4}$），可作为地基的容许承载力。所以求解临界荷载是确定地基容许承载力的一种途径。

极限荷载是地基刚要发生整体剪切破坏时所承受的荷载，可由理论推求或由现场试验确定。求得极限荷载后，除以使地基具有足够稳定的安全系数，即为地基的容许承载力。

可见求极限荷载是确定地基容许承载力的又一途径。

4.3.3 理论法确定地基承载力

1. 按塑性区的深度确定地基承载力

按塑性区开展深度确定地基承载力的方法就是将地基中的剪切破坏区限制在某一范围，确定地基土所能承受多大的基底压力，该压力即为所求的地基承载力。

(1) 临塑荷载指地基土即将出现剪切破坏时的基础底面的压力。设条形基础的宽度为 b，埋置深度为 d，均布垂直压力为 p，按弹性理论可推导出地基的临塑荷载 p_{cr} 为

$$p_{cr} = \gamma_0 d M_d + c M_c \tag{4.12}$$

$$M_d = \frac{\cot\varphi + \varphi + \frac{\pi}{2}}{\cot\varphi + \varphi - \frac{\pi}{2}}$$

$$M_c = \frac{\pi\cot\varphi}{\cot\varphi + \varphi - \frac{\pi}{2}}$$

式中　M_d、M_c——承载力经验系数；

　　　　γ_0——基础底面以上土的加权平均重度，地下水位以下的土采用有效重度，kN/m^3；

　　　　d——基础的埋置深度，m；

　　　　c——基底下土的黏聚力，kPa；

　　　　φ——基底下土的内摩擦角，(°) 或 rad。

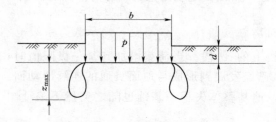

图 4.17　塑性区发展深度示意图

在工程中，可采用计算得到的临塑荷载 p_{cr} 作为地基承载力的特征值 f_a。

(2) 理论计算和工程实践表明，用临塑荷载作为地基特征承载力特征值比较保守，也不够经济。经验表明，即使地基发生局部剪切破坏，地基中塑性区有所发展（图 4.17），只要塑性区的范围不超出某一限度，就不致影响建筑物的安全和使用。但地基中的塑性区究竟容许发展多大范围，与建筑物的性质、荷载的性质及土的特性有关，国内某些地区的经验认为，塑性区的最大开展深度 z_{max} 可达到基础宽度 b 的 1/4 或 1/3，并把这时的基底压力称为临界荷载 $p_{1/4}$ 和 $p_{1/3}$。

中心受压基础可取 $z_{max} = b/4$，其临界荷载为

$$p_{1/4} = \gamma b M_{1/4} + \gamma_0 d M_d + c M_c \tag{4.13}$$

偏受压基础可取 $z_{max} = b/3$，其临界荷载为

$$p_{1/3} = \gamma b M_{1/3} + \gamma_0 d M_d + c M_c \tag{4.14}$$

$$M_{1/4} = \frac{\frac{\pi}{4}}{\cot\varphi + \varphi - \frac{\pi}{2}}$$

$$M_{1/3} = \frac{\dfrac{\pi}{3}}{\cot\varphi + \varphi - \dfrac{\pi}{2}}$$

式中　$M_{1/4}$、$M_{1/3}$——承载力经验系数；

　　　　　γ——基础底面以下土的重度，地下水位以下的土采用有效重度 γ'，kN/m³；

　　　　　b——基础宽度，m；

其余符号意义同式（4.12）。

式（4.13）和式（4.14）是在条形基础承受均布荷载条件下推导出来的，可以直接作为地基承载力特征值使用，对于矩形、圆形基础可近似应用，结果偏于安全。以 $p_{1/4}$ 和 $p_{1/3}$ 作为地基承载力特征值，还需进行基础的沉降验算。

【例 4.3】 某条形基础，宽度 $b = 3\text{m}$，埋置深度 $d = 1.0\text{m}$。地基土为粉质黏土，其物理力学性质指标为：$\gamma_0 = \gamma = 18\text{kN/m}^3$，黏聚力 $c = 10\text{kPa}$，内摩擦角 $\varphi = 10°$，饱和重度 $\gamma_{sat} = 19.8\text{kN/m}^3$。试求：

（1）地基承载力 $p_{1/4}$、$p_{1/3}$。

（2）当地下水位上升至基础底面时，承载力有何变化。

解：

（1）由 $c = 10\text{kPa}$、$\varphi = 10°$，根据承载力系数计算公式，得 $M_{1/4} = 0.18$、$M_{1/3} = 0.24$、$M_d = 1.73$、$M_c = 4.17$，分别代入式（4.13）和式（4.14）得

$p_{1/3} = \gamma b M_{1/3} + \gamma_0 d M_d + c M_c = (18 \times 3 \times 0.24 + 18 \times 1 \times 1.73 + 10 \div 4.17)\text{kPa} = 85.8\text{kPa}$

$p_{1/4} = \gamma b M_{1/4} + \gamma_0 d M_d + c M_c = (18 \times 3 \times 0.18 + 18 \times 1 \times 1.73 + 10 \times 4.17)\text{kPa} = 82.56\text{kPa}$

（2）当地下水位上升至基础底面时，若抗剪强度指标 c、φ 不变，则承载力系数也不变，但基底以下土的重度按有效重度计，其值为

$p_{1/4} = \gamma' b M_b + \gamma_0 d M_d + c M_c$

$\quad = (19.8\text{kN/m}^3 - 9.8\text{kN/m}^3) \times 3\text{m} \times 0.18 + 18\text{kN/m}^3 \times 1\text{m} \times 1.73 + 10\text{kPa} \times 4.17$

$\quad = 78.24\text{kPa} < 82.56\text{kPa}$

$p_{1/3} = \gamma' b M_{b'} + \gamma_0 d M_d + c M_c$

$\quad = (19.8\text{kN/m}^3 - 9.8\text{kN/m}^3) \times 3\text{m} \times 0.24 + 18\text{kN/m}^3 \times 1\text{m} \times 1.73 + 10\text{kPa} \times 4.17$

$\quad = 80.04\text{kPa} < 85.8\text{kPa}$

从计算结果可知，当地下水位上升至基础底面时，地基承载力将降低。

2. 按极限荷载确定地基承载力

极限荷载 p_u 是指地基即将出现完全剪切破坏时相应基础底面的压力。

由于假设不同，计算极限荷载的公式也各不相同。下面介绍工程中常用的太沙基公式。太沙基用塑性理论推导了条形浅基础在垂直中心荷载下，地基极限荷载的理论公式，并推广至其他形状的基础。

（1）条形基础公式。

$$p_u = 0.5\gamma b M_r + \gamma_0 d M_q + c M_c \tag{4.15}$$

（2）方形基础公式。

$$p_u = 0.4\gamma b M_r + \gamma_0 d M_q + 1.2 c M_c \qquad (4.16)$$

（3）圆形基础公式。

$$p_u = 0.6\gamma b M_r + \gamma_0 d M_q + 1.2 c M_c \qquad (4.17)$$

式中　　　　b——条形基础为宽度，方形基础为边长，圆形基础为半径，m；

M_r、M_q、M_c——承载力系数，可由表 4.1 查得；

其余符号意义同前。

表 4.1　　　　　　　　　　太沙基公式承载力系数

$\varphi/(°)$	0	5	10	15	20	25	30	35	40
M_r	0.0	0.5	1.2	2.5	5.0	9.7	19.7	42.4	100.4
M_q	1.0	1.6	2.7	4.4	7.4	12.7	22.5	41.4	81.3
M_c	5.7	7.3	9.6	12.9	17.7	25.1	37.2	57.8	95.7
M_r'	0.0	0.2	0.5	0.9	1.7	3.2	5.7	10.1	18.8
M_q'	1.0	1.4	1.9	2.7	3.9	5.6	8.3	12.6	20.5
M_c'	5.7	6.7	8.0	9.7	11.8	14.8	19.0	25.2	34.9

对于局部剪切破坏的松软土，太沙基建议用修正后的 φ'、c' 值来计算，由此得出的承载力系数 M_r'、M_q'、M_c' 列入表 4.1 中供查用。其中 $c' = \dfrac{2}{3}c$、$\tan\varphi' = \dfrac{2}{3}\tan\varphi$，则修改后的太沙基公式为

$$p_u = 0.5\gamma b M_r' + \gamma_0 d M_q' + c M_c' \qquad (4.18)$$

实际工程中，用极限荷载除以安全系数 K 后，可以作为地基承载力特征值 f_a 应用。对于太沙基极限承载力公式，安全系数取 $K=3$。

【例 4.4】 某条形基础，宽度 $b=2\text{m}$，埋置深度 $d=1.0\text{m}$。地基土为粉质黏土，其物理力学性质指标为：$\gamma_0 = \gamma = 18.5\text{kN/m}^3$，黏聚力 $c=10\text{kPa}$，内摩擦角 $\varphi=20°$。试按太沙基公式计算地基的极限荷载与地基承载力特征值。

解：

（1）由 $\varphi=20°$ 查表 4.1 得 $M_r=5.0$、$M_q=7.4$，代入太沙基公式得

$p_u = 0.5\gamma b M_r + \gamma_0 d M_q + c M_c$

$\quad = 0.5 \times 18.5\text{kN/m}^3 \times 2\text{m} \times 5.0 + 18.5\text{kN/m}^3 \times 1\text{m} \times 7.4 + 10\text{kPa} \times 17.7$

$\quad = 406.4\text{kPa}$

（2）若取安全系数 $K=3$ 时，得地基承载力特征值为

$$f_a = \frac{p_u}{K} = \frac{406.4\text{kPa}}{3} = 135.5\text{kPa}$$

4.3.4　按载荷试验确定地基承载力

地基载荷试验是确定地基承载力最直接的方法，是在现场天然土层上，通过一定面积的载荷板向地基施加竖向荷载，测定压力与地基变形关系，从而确定地基的承载力和变形特性。

载荷试验如图 4.18 所示。载荷试验装置的载荷板面积一般采用 0.25m² 或 0.5m²。试验标高处的试坑宽度不应小于载荷板直径（或相当直径）的 3 倍。试坑的深度一般与设计

基础埋深相同。然后在载荷板上逐级施加荷载，同时测定在各级荷载下载荷板的沉降量，并观察周围土位移情况，直到地基土破坏失稳为止。

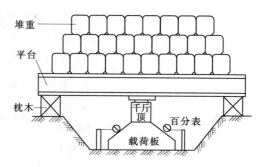

图 4.18 载荷试验示意图

根据试验结果可绘出载荷试验的 $p-s$ 曲线，由此来确定地基承载力特征值。对于密实砂土、硬塑黏土等低压缩性土，其 $p-s$ 曲线通常有比较明显的起始直线段和极限值，曲线呈"陡降型"，如图 4.19（a）所示，GB 50007—2002 规定，取图中比例荷载对应的荷载 p_1 作为承载力特征值。当极限荷载小于 $2p_1$ 时，取极限荷载值的一半作为承载力特征值。

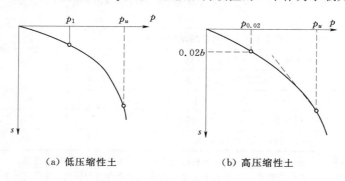

（a）低压缩性土   （b）高压缩性土

图 4.19 按载荷试验结果确定地基承载力

对于有一定强度的中、高压缩性土，如松砂、填土、可塑黏土等，其 $p-s$ 曲线无明显转折，但曲线的斜率随荷载的增大而逐渐增大，最后稳定在某个最大值，即呈渐进破坏的"缓变型"，如图 4.19（b）所示，当加载板面积为 $0.25\sim0.50\text{m}^2$ 时，可取 $s/b=0.01\sim0.015$ 所对应的荷载，但其值不大于最大加载量的一半。

同一土层参加统计的试验点数不应少于三点，当试验实测值的极差（即最大值减去最小值）不超过平均值的 30％时，取此平均值作为地基承载力特征值 f_{ak}。

当基础宽度大于 3m 或埋置深度大于 0.5m 时，从载荷试验确定的地基承载力特征值，尚应按下式进行宽度和深度修正

$$f_a = f_{ak} + \eta_b\gamma(b-3) + \eta_d\gamma_m(d-0.5)$$ (4.19)

式中 f_a——修正后的地基承载力特征值，kPa；

f_{ak}——载荷试验确定的地基承载力特征值，kPa；

η_b、η_d——基础宽度和埋深的地基承载力修正系数，按基底下土的类别查表 4.2 得到；

γ——基础底面以下土的重度，地下水位以下取有效重度，kN/m^3；

b——建筑物基础底面宽度，m，当宽度小于 3m 时，按 3m 取值，当宽度大于 6m 时，按 6m 考虑；

γ_m——基础底面以上土的加权平均重度，地下水位以下取有效重度，kN/m^3；

d——基础埋置深度，m，一般自室外地面标高算起，在填方整平地区，可自填土

地面标高算起，但填土在上部结构施工后完成时，应从天然地面标高算起；对于地下室，如采用箱形基础或筏形基础时，基础埋置深度自室外地面标高算起；当采用独立基础或条形基础时，应从室内地面标高算起。

表 4.2　　　　　　　　　　　　　　　　建筑物地基承载力修正系数

土 的 类 别		η_b	η_d
淤泥和淤泥质土		0	1.0
人工填土 e 或 I_L 大于等于 0.85 的黏性土		0	1.0
红黏土	含水比 $a_w < 0.8$	0	1.2
	含水比 $a_w \geq 0.8$	0.15	1.4
大面积压实填土	压实系数大于 0.95、黏粒含量（质量分数）$\rho_c \geq 10\%$ 的粉土	0	1.5
	最大干密度大于 2.1t/m³ 的级配砂石	0	2.0
粉土	黏粒含量（质量分数）$\rho_c \geq 10\%$ 的粉土	0.3	1.5
	黏粒含量（质量分数）$\rho_c < 10\%$ 的粉土	0.5	2.0
e 或 I_L 均小于 0.85 的黏性土		0.3	1.6
粉砂、细砂（不包括很湿与饱和时的稍密状态）		2.0	3.0
中砂、粗砂、粒砂和碎石土		3.0	4.4

注　1. 强风化和全风化的岩石，可参照所风化成的相应土类取值，其他状态下的岩石不修正。
　　2. 压实系数为实际的工地碾压时要求达到的干重度与由室内试验得到的最大干重度之比值。
　　3. 含水比为土的天然含水量与液限的比值。
　　4. e 为土的孔隙比；I_L 为土的液性指数。

思 考 题 与 习 题

1. 思考题

（1）什么是土的抗剪强度？同一种土的抗剪强度是不是一个定值？

（2）土的抗剪强度由哪两部分组成？什么是土的抗剪强度指标？

（3）影响土的抗剪强度的因素有哪些？

（4）土体发生剪切破坏的平面是否为剪应力最大的平面？在什么情况下，破裂面与最大剪应力面一致？一般情况下，破裂面与大主应力面成什么角度？

（5）什么是土的极限平衡状态？土的极限平衡条件是什么？

（6）如何从库仑定律和莫尔应力圆的关系说明：当 σ_1 不变时，σ_3 越小越易破坏；反之，σ_3 不变时，σ_1 越大越易破坏？

（7）为什么土的抗剪强度与试验方法有关？如何根据工程实际选择试验方法？

（8）地基变形分哪三个阶段？各阶段有什么特点？

（9）临塑荷载、临界荷载及极限荷载三者有什么关系？

（10）什么是地基承载力特征值？怎样确定？地基承载力特征值与土的抗剪强度指标

有什么关系?

2. 习题

(1) 某土样进行三轴剪切试验,剪切破坏时,测得 $\sigma_1 = 600\text{kPa}$,$\sigma_3 = 100\text{kPa}$,剪切破坏面与水平面夹角为 60°。求:

1) 土的 c、φ 值。

2) 计算剪切破坏面上的正应力和剪应力。

(2) 某条形基础下地基土中一点的应力为:$\sigma_z = 250\text{kPa}$,$\sigma_x = 100\text{kPa}$,$\tau_{zx} = 40\text{kPa}$。已知地基土为砂土,$\varphi = 30°$,问该点是否发生剪切破坏? 若 σ_z、σ_x 不变,τ_{zx} 增至 60kPa,则该点是否发生剪切破坏?

(3) 已知某土的抗剪强度指标为 $c = 15\text{kPa}$,$\varphi = 25°$。若 $\sigma_3 = 100\text{kPa}$,求:

1) 达到极限平衡状态时的大主应力 σ_1。

2) 极限平衡面与大主应力面的夹角。

3) 当 $\sigma_1 = 300\text{kPa}$,试判断该点所处应力状态。

(4) 已知某土样黏聚力 $c = 8\text{kPa}$、内摩擦角为 32°。若将此土样置于三轴仪中进行三轴剪切试验,当小主应力为 40kPa 时,大主应力为多少才使土样达到极限平衡状态?

(5) 已知地基中某一点所受的最大主应力为 $\sigma_1 = 600\text{kPa}$,最小主应力 $\sigma_3 = 100\text{kPa}$。

1) 绘制莫尔应力圆。

2) 求最大剪应力值和最大剪应力作用面与大主应力面的夹角。

3) 计算作用在与小主应力面成 30°的面上的正应力和剪应力。

(6) 某条形基础基底宽度 $b = 3.00\text{m}$,基础埋深 $d = 2.00\text{m}$,地下水位接近地面。地基为砂土,饱和重度 $\gamma_{sat} = 21.1\text{kN/m}^3$,内摩擦角 $\varphi = 30°$,荷载为中心荷载。求:

1) 地基的临界荷载。

2) 若基础埋深 d 不变,基底宽度 b 加大一倍,求地基临界荷载。

3) 若基底宽度 b 不变,基础埋深加大一倍,求地基临界荷载。

4) 从上述计算结果可以发现什么规律?

第5章 土压力的计算

在房屋建筑、铁路桥梁以及水利工程中，地下室的外墙、重力式码头的岸壁、桥梁接岸的桥台以及地下硐室的侧墙等都支持着侧向土体。这些用来侧向支持土体的结构物统称为挡土墙，挡土墙应用举例如图5.1所示。被挡土墙支持的土体作用于挡土墙上的侧向压力，称为土压力。土压力是设计挡土结构物断面和验算其稳定性的主要荷载。土压力的计算是个比较复杂的问题，影响因素很多。土压力的大小和分布除了与土的性质有关外，还和墙体的位移方向、位移量、土体与结构物间的相互作用以及挡土结构物的类型有关。

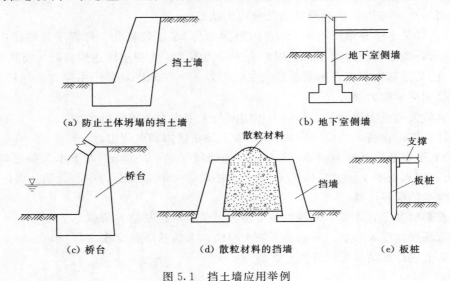

（a）防止土体坍塌的挡土墙   （b）地下室侧墙

（c）桥台   （d）散粒材料的挡墙   （e）板桩

图5.1 挡土墙应用举例

5.1 土压力的基本概念

作用在挡土结构上的土压力，按挡土结构的位移方向、大小和墙后填土所处的状态，可分为静止土压力、主动土压力和被动土压力三种。

1. 静止土压力

挡土墙在土压力作用下，墙后土体没有破坏，处于弹性平衡状态，不向任何方向发生位移和转动时，作用在墙背上的土压力称为静止土压力，以 p_0 表示，对应于图5.2中的 A 点。

2. 主动土压力

当挡土墙沿墙趾向离开填土方向转动或平行移动时，墙后土压力逐渐减小。这是因为墙后土体有随墙的运动而下滑的趋势，为阻止其下滑，土内沿潜在滑动面上的剪应力增加，从而使墙背上的土压力减小。当位移达到一定量时，滑动面上的剪应力等于土的抗剪强度，墙后土体达到主动极限平衡状态，填土中开始出现滑动面，这时作用在挡土墙上的土压力减至最小，称为主动土压力，用 p_a 表示，对应于图 5.2 中的 B 点。

3. 被动土压力

当挡土墙在外力作用下（如拱桥的桥台）向墙背填土方向转动或移动时，墙挤压土，墙后土体有向上滑动的趋势，土压力逐渐增大。当位移达到一定值时，

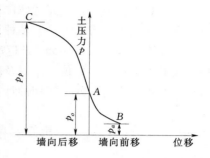

图 5.2　墙位移与土压力

潜在滑动面上的剪应力等于土的抗剪强度，墙后土体达到被动极限平衡状态，填土内也开始出现滑动面。这时作用在挡土墙上的土压力增加至最大，称为被动土压力，用 p_p 表示，对应于图 5.2 中的 C 点。

显然，三种土压力之间存在如下关系

$$p_a < p_o < p_p$$

试验表明：①挡土墙所受到的土压力类型，首先取决于墙体是否发生位移以及位移的方向，可分为 p_o、p_a 和 p_p；②挡土墙所受土压力的大小随位移量而变化，并不是一个常数。主动土压力和被动土压力是墙后填土处于两种不同极限平衡状态时作用在墙背上并可以计算的两个土压力。

主动土压力和被动土压力是特定条件下的土压力，仅当挡土墙有足够大的位移或转动时才能产生。表 5.1 给出了产生主动土压力和被动土压力所需挡土墙的位移量参考值。可以看出，当挡土墙和填土都相同时，产生被动土压力所需位移比产生主动土压力所需位移要大得多。

表 5.1　　　　　　　　产生主动和被动土压力所需挡土墙的位移量

土　类	应力状态	墙运动型式	可能需要的位移量
砂土	主动	平移	$0.0001H$
		绕墙趾转动	$0.001H$
		绕墙顶转动	$0.02H$
	被动	平移	$>0.05H$
		绕墙趾转动	$>0.1H$
		绕墙顶转动	$0.05H$
黏土	主动	平移	$0.004H$
		绕墙趾转动	$0.004H$

注　H 为挡土墙垂直高度。

介于主动和被动极限平衡状态之间的土压力，除静止土压力这一特殊情况之外，由于填土处于弹性平衡状态，是一个超静定问题，目前还无法求其解析解。不过由于计算技术的发展，现在已可以根据土的实际应力-应变关系，利用有限元法来确定墙体位移量与土压力大小的定量关系。

在计算土压力时，需先考虑位移产生的条件，然后方可确定可能出现的土压力，并进行计算。计算土压力的方法有多种，迄今在实用上仍广泛采用古典的朗肯理论（Rankine，1857）和库仑理论（Coulomb，1773）。一个多世纪以来，各国的工程技术人员做了大量挡土墙的模型试验、原位观测以及理论研究。实践表明，用上述两个古典理论来计算挡土墙土压力仍不失为有效、实用的计算方法。

5.2　静止土压力的计算

如果挡土墙不向任何方向发生位移或转动，此时作用在墙背上的土压力称为静止土压力，用 p_o 表示。如建筑物地下室的外墙面，由于楼面的支撑作用，外墙几乎不会发生位移，则作用在外墙面上的填土侧压力可按静止土压力计算。静止土压力强度 σ_o 如同半空间直线变形体在土的自重作用下，无侧向变形时的水平侧应力 σ_h。图 5.3（a）所示为半无限土体中深度 z 处土单元的应力状态。已知其水平面和垂直面都是主应力面，作用于该土单元上的竖直向应力就是自重应力，则竖直向和水平向应力可按计算自重应力的方法来确定。设想用一挡土墙代替单元体左侧的土体，若墙背垂直光滑，则墙后土体中的应力状态并没有变化，仍处于侧限应力状态，如图 5.3（b）所示。竖直向应力仍然是土的自重应力，而水平侧应力 σ_h 由原来表示土体内部应力变成土对墙的应力，按定义即为静止土压力强度 σ_o，即

$$\sigma_o = \sigma_h = K_o \gamma z \tag{5.1}$$

式中　σ_o——静止土压力强度，kPa；

　　　K_o——静止土压力系数；

　　　γ——墙后填土的重度，kN/m³；

　　　z——计算点的深度，m。

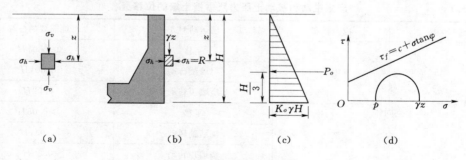

图 5.3　静止土压力计算

静止土压力沿墙高呈三角形分布，作用于墙背面单位长度上的总静止土压力 P_o 为

$$P_o = \frac{1}{2}\gamma H^2 K_o \tag{5.2}$$

式中　H——墙高，m。

P_o 的作用点位于墙底面往上 $H/3$ 处，如图 5.3（c）所示，其单位为 kN/m。

若将处在静止土压力状态下的土单元的应力状态用莫尔应力圆表示在 $\tau - \sigma$ 坐标上，

则如图 5.3（d）所示，可以看出，这种应力状态离破坏包线还很远，属于弹性平衡应力状态。

K_o 与土的性质、密实程度、应力历史等因素有关，一般砂土取：$K_o=0.35\sim0.50$，黏性土取 $K_o=0.50\sim0.70$。毕肖普（Bishop，1958）通过试验指出，对于正常固结黏土和无黏性土，K_o 可近似地用下列经验公式表示

$$K_o=1-\sin\varphi' \tag{5.3}$$

式中　φ'——土的有效内摩擦角。

显然，对正常固结黏土和无黏性土，K_o 值均小于 1.0。

5.3　朗肯土压力理论

1857 年，英国学者朗肯（Rankine）研究了土体在自重作用下发生平面应变时达到极限平衡的应力状态，建立了计算土压力的理论。由于其概念明确，方法简便，至今仍被广泛应用。

5.3.1　基本概念

朗肯理论是从研究弹性半空间体内的应力状态出发，根据土的极限平衡理论，得出计算土压力的方法，又称为极限应力法。

朗肯理论的基本假设：①墙本身是刚性的，不考虑墙身的变形；②墙后填土延伸到无限远处，填土表面水平；③墙背垂直光滑，墙后土体达到极限平衡状态时所产生的两组破裂面不受墙身的影响。

图 5.4（a）所示为一表面水平的均质弹性半无限土体，即垂直向下和沿水平方向都为无限伸展。由于土体内每一竖直面都是对称面，因此地面以下深度 z 处 M 点在自重作

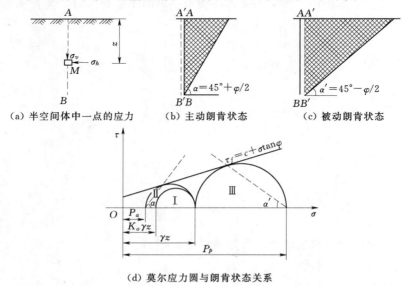

（a）半空间体中一点的应力　　（b）主动朗肯状态　　（c）被动朗肯状态

（d）莫尔应力圆与朗肯状态关系

图 5.4　半空间体的极限平衡状态

用下垂直截面和水平截面上的剪应力为零。该点处于弹性平衡状态，其应力状态为

$$\sigma_v = \gamma z, \quad \sigma_h = K_o \gamma z$$

σ_v 和 σ_h 都是主应力，以 $\sigma_1 = \sigma_v$ 和 $\sigma_3 = \sigma_h$ 作莫尔应力圆，应力圆与抗剪强度线没有相切，该点处于弹性平衡状态。若有一光滑的垂直平面 AB 通过 M 点，则 AB 面与土间既无摩擦力又无位移，因而它不影响土中原有的应力状态。

如果用墙背垂直且光滑的刚性挡土墙代替 AB 平面［图 5.4（b）］的左半部分土体，且使挡土墙离开土体向左方移动，则右半部分土体有伸张的趋势。此时，竖向应力 σ_v 不变，墙面的法向应力 σ_h 减小。因为墙背光滑且无剪应力作用，则 σ_v 和 σ_h 仍为大小主应力。当挡土墙的位移使得 σ_h 减小到土体已达到极限平衡状态时，则 σ_h 减小到最低限值 P_a，即为所求的朗肯主动土压力强度。此后，即使墙再继续移动，土压力也不会进一步增大。此时 σ_v 和 σ_h 的应力圆为莫尔破裂圆，与抗剪强度线相切［图 5.4（d）中的圆 II］。土体继续伸张，形成一系列滑裂面［图 5.4（b）］。滑裂面的方向与大主应力作用面（即水平面）的夹角为 $\alpha = 45° + \varphi/2$。滑动土体此时的应力状态称为主动朗肯状态。

如果代替 AB 面的挡土墙向右移动挤压土体，则竖向应力 σ_v 仍不变，墙面的法向应力 σ_h 逐渐增大，直至超过 σ_v 值。因而 σ_h 变为大主应力，σ_v 变为小主应力。当挡土墙上的法向应力 σ_h 增大到土体达极限平衡状态时，应力圆与抗剪强度线相切［图 5.4（d）中的圆 III］，土体中形成一系列滑裂面［图 5.4（c）］，滑裂面与水平面的夹角为 $\alpha' = 45° - \varphi/2$。此时滑动土体的应力状态称为被动朗肯状态。此时墙面上的法向应力达到最大限值 P_p，即为所求的朗肯被动土压力强度。

5.3.2　主动土压力

根据土的极限平衡理论。当土内某点达到主动极限平衡状态时，该点的主动土压力强度 σ_a 的表达式为：

对于无黏性土

$$\sigma_a = \sigma_3 = \gamma z \tan^2 \left(45° - \frac{\varphi}{2}\right)$$

或

$$\sigma_a = \gamma z K_a \tag{5.4}$$

对于黏性土

$$\sigma_a = \sigma_3 = \gamma z \tan^2 \left(45° - \frac{\varphi}{2}\right) - 2\cot\left(45° - \frac{\varphi}{2}\right)$$

或

$$\omega_a = \gamma z K_a - 2c\sqrt{K_a} \tag{5.5}$$

其中

$$K_a = \tan^2 \left(45° - \frac{\varphi}{2}\right)$$

式中　σ_a——沿深度方向的主动土压力分布强度，kPa；

　　　K_a——主动土压力系数；

　　　γ——填土的容重，kN/m³；

　　　z——计算点离填土表面的距离，m；

c——填土的黏聚力，kPa；

φ——内摩擦角，(°)。

对于无黏性土，主动土压力强度与深度 z 成正比，土压力分布图呈三角形，如图 5.5 (b) 所示。据此可以求出墙单位长度总主动土压力为

$$P_a = \frac{1}{2}\gamma H^2 \tan^2\left(45° - \frac{\varphi}{2}\right)$$

或

$$P_a = \frac{1}{2}\gamma H^2 K_a \tag{5.6}$$

作用点位置在墙高的 $H/3$ 处。

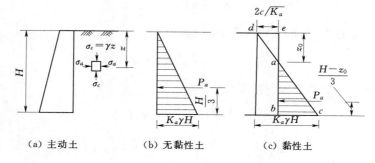

（a）主动土　　　（b）无黏性土　　　（c）黏性土

图 5.5　主动土压力强度分布图

黏性土的土压力强度由两部分组成：一部分为由土的自重引起的土压力 $\gamma z K_a$，随深度 z 呈三角形变化；另一部分为由黏聚力 c 引起的土压力 $2c\sqrt{K_a}$，为一常量，不随深度变化，但这部分侧压力为负值。叠加的结果如图 5.5（c）所示。图中 ade 部分为负侧压力。由于墙面光滑，土对墙面产生的拉力会使土脱离墙，出现深度为 z_0 的裂隙。因此，略去这部分土压力后，实际土压力分布为 abc 部分。

点 a 至填土表面的高度 z_0 称为临界深度，可由 $\sigma_a = 0$ 求得。

令 $\sigma_a = \gamma z K_a - 2c\sqrt{K_a} = 0$，故临界深度为

$$z = z_0 = \frac{2c}{\gamma}\frac{1}{\sqrt{K_a}} \tag{5.7}$$

则总主动土压为

$$P_a = \frac{1}{2}(H - z_0)(\gamma H K_a - 2c\sqrt{K_a})$$

$$= \frac{1}{2}\gamma H^2 K_a - 2cH\sqrt{K_a} + \frac{2c^2}{\gamma} \tag{5.8}$$

作用点位置在墙底向上 $\dfrac{H - z_0}{3}$ 处。

【例 5.1】 有一高 7m 的挡土墙，墙背直立光滑、填土表面水平。填土的物理力学性质指标为 $c = 12$kPa，$\varphi = 15°$，$\gamma = 18$kN/m³。试求主动土压力及作用点位置，并绘出主动土压力分布图。

解：

（1）总主动土压力为

$$P_a = \frac{1}{2}\gamma H^2 K_a - 2cH\sqrt{K_a} + \frac{2c^2}{\gamma}$$

$$= \left[\frac{1}{2}\times18\times7^2\times\tan^2\left(45°-\frac{15°}{2}\right) - 2\times12\times7\times\tan\left(45°-\frac{15°}{2}\right) + \frac{2\times12^2}{18}\right]\text{kN/m}$$

$$= 146.8\text{kN/m}$$

（2）临界深度 z_0 为

$$z_0 = \frac{2c}{\gamma\sqrt{K_a}} = \frac{2\times12}{18\times\tan\left(45°-\frac{15°}{2}\right)}\text{m} = 1.74\text{m}$$

（3）主动土压力 P_a 作用点距墙底的距离为

$$\frac{H-z_0}{3} = \frac{7-1.74}{3}\text{m} = 1.75\text{m}$$

（4）在墙底处的主动土压力强度为

$$\sigma_a = \gamma z\tan^2\left(45°-\frac{\varphi}{2}\right) - 2\cot\left(45°-\frac{\varphi}{2}\right)$$

$$= 18\times7\times\tan^2\left(45°-\frac{15°}{2}\right) - 2\times12\times\tan\left(45°-\frac{15°}{2}\right)$$

$$= 55.8\text{kPa}$$

（5）主动土压力分布曲线如图 5.6 所示。

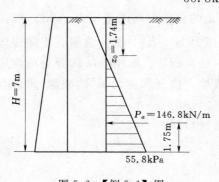

图 5.6 【例 5.1】图

5.3.3 被动土压力

计算被动土压力时可取 σ_h 为最大主应力 σ_1，$\sigma_v = \gamma z$ 为最小主应力 σ_3。根据极限平衡理论，当墙移向土体的位移达到被动朗肯状态时，在深度 z 处任意一点的被动土压力强度 σ_p 的表达式为：

对于无黏性土　　$\sigma_p = \sigma_1 = \gamma z\tan^2\left(45°+\frac{\varphi}{2}\right)$

或　　　　　　　$\sigma_p = \gamma z K_p$　　　　　　　(5.9)

其中　　　　　　$K_p = \tan^2\left(45°+\frac{\varphi}{2}\right)$

式中　K_p——被动土压力系数。

对于黏性土　　　$\sigma_p = \sigma_1 = \gamma z\tan^2\left(45°+\frac{\varphi}{2}\right) + 2\cot\left(45°+\frac{\varphi}{2}\right)$

或　　　　　　　$\sigma_p = \gamma z K_p + 2c\sqrt{K_p}$　　　　　(5.10)

由式（5.9）和式（5.10）可知，无黏性土的被动土压力强度分布呈三角形，如图 5.7（b）所示，黏性土的被动土压力强度分布呈梯形，如图 5.7（c）所示。单位墙长度的总被动土压力为

对于无黏性土　　　　　　$P_p = \frac{1}{2}\gamma H^2 K_p$　　　　　(5.11)

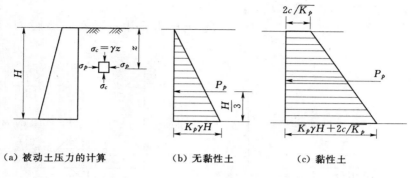

(a) 被动土压力的计算　　(b) 无黏性土　　(c) 黏性土

图 5.7　被动土压力计算

作用位置在墙底往上 $\frac{H}{3}$ 处。

对于黏性土
$$P_p = \frac{1}{2}\gamma H^2 K_p + 2cH\sqrt{K_p} \tag{5.12}$$
作用位置通过梯形面积重心。

以上介绍的朗肯土压力理论应用弹性半无限土体的应力状态，根据土的极限平衡理论推导并计算土压力。其概念明确，计算公式简便。但由于假定墙背垂直、光滑、填土表面水平，使计算条件和适用范围受到限制。应用朗肯理论计算土压力，其结果主动土压力值偏大，被动土压力值偏小，因而是偏于安全的。

【例 5.2】 有一重力式挡土墙高 5m，墙背垂直光滑，墙后填土水平。填土的性质指标为 $c=0$，$\varphi=40°$，$\gamma=18\text{kN/m}^3$。试分别求出作用于墙上的静止、主动及被动土压力的大小和分布。

解：

(1) 计算土压力系数。

静止土压力系数　　$K_o = 1 - \sin\varphi = 1 - \sin40° = 0.357$

主动土压力系数　　$K_a = \tan^2\left(45° - \frac{\varphi}{2}\right) = \tan^2(45° - 20°) = 0.217$

被动土压力系数　　$K_p = \tan^2\left(45° + \frac{\varphi}{2}\right) = \tan^2(45° + 20°) = 4.6$

(2) 计算墙底处土压力强度。

静止土压力　　$\sigma_o = \gamma H K_o = (18 \times 5 \times 0.357)\text{kPa} = 32.13\text{kPa}$

主动土压力　　$\sigma_a = \gamma H K_a = (18 \times 5 \times 0.217)\text{kPa} = 19.53\text{kPa}$

被动土压力　　$\sigma_p = \gamma H K_p = (18 \times 5 \times 4.6)\text{kPa} = 414\text{kPa}$

(3) 计算单位墙长度上的总土压力。

总静止土压力 $P_o = \frac{1}{2}\gamma H^2 K_o = \left(\frac{1}{2} \times 18 \times 5^2 \times 0.357\right)\text{kN/m} = 80.33\text{kN/m}$

总主动土压力 $P_a = \frac{1}{2}\gamma H^2 K_a = \left(\frac{1}{2} \times 18 \times 5^2 \times 0.217\right)\text{kN/m} = 48.8\text{kN/m}$

总被动土压力 $P_p = \frac{1}{2}\gamma H^2 K_p = \left(\frac{1}{2} \times 18 \times 5^2 \times 4.6\right)\text{kN/m} = 1035\text{kN/m}$

三者比较可以看出 $P_a < P_o < P_p$。

（4）土压力强度分布如图 5.8 所示。总土压力作用点均在距墙底 $H/3 = 5m/3 = 1.67m$ 处。

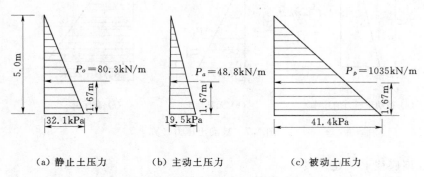

（a）静止土压力　　（b）主动土压力　　（c）被动土压力

图 5.8 【例 5.2】土压力强度分布

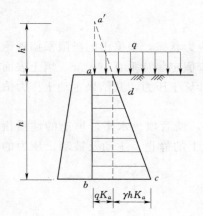

图 5.9 水平填土表面有均布
荷载时土压力计算

5.3.4　常见情况下的土压力计算

朗肯理论概念明确、方法简单，因而广泛用于实际工程中。由于影响土压力的因素复杂，所以在具体运用时，常常需要根据实际情况作某些近似处理，以简化计算和更符合实际。

1. 墙后填土表面上有连续均布荷载作用时的土压力计算

当墙背垂直，墙后填土表面水平并有连续均布荷载 q 作用时（图 5.9），一般可将均布荷载换算成地表以上的当量土重，即用假想的土重代替均布荷载。当填土面水平时，当量的土层厚度 h' 为

$$h' = \frac{q}{\gamma} \tag{5.13}$$

如图 5.9 所示，再以 $h + h'$ 为墙高，按填土面无荷载情况计算土压力。如填土为无黏性土时，墙顶点 a、墙底点 b 的土压力强度分别为

$$\sigma_{aa} = \gamma h' K_a = q K_a \tag{5.14}$$

$$\sigma_{ab} = \gamma(h' + h) K_a = q K_a + \gamma h K_a \tag{5.15}$$

压力分布如图 5.9 所示，实际的土压力分布为梯形 $abcd$ 部分，土压力作用点在梯形的重心。

由上可见，当填土面有均布荷载时，其土压力强度只是比在无荷载情况时增加一项 $q K_a$ 即可。对于黏性土情况也是一样。

2. 成层填土

当挡土墙后填土由几种不同的土层组成时，第一层的土压力按朗肯土压力理论计算；计算第二层的土压力时，将第一层土按重度换算成第二层土相同的当量土层，即按第二层土顶面由均布荷载作用进行计算；计算第三层的土压力时，将第一层土、第二层土按重度

换算成第三层土相同的当量土层进行计算；若为更多层时，主动土压力强度计算依次类推。但应注意，由于各层土的性质不同，主动土压力系数 K_a 也不同，因此在土层的分界面上，主动土压力强度会出现两个数值。如图 5.10 所示，以无黏性土为例（其中 $\varphi_1 < \varphi_2$，$\varphi_3 < \varphi_2$），第一层填土的土压力强度为

$$\sigma_{a0} = 0$$
$$\sigma_{a1\pm} = \gamma_1 h_1 K_{a1}$$

第二层填土的土压力强度为

$$\sigma_{a1\text{下}} = \gamma_1 h_1 K_{a2}$$
$$\sigma_{a2\pm} = (\gamma_1 h_1 + \gamma_2 h_2) K_{a2}$$

第三层填土的土压力强度为

$$\sigma_{a2\text{下}} = (\gamma_1 h_1 + \gamma_2 h_2) K_{a3}$$
$$\sigma_{a3\pm} = (\gamma_1 h_1 + \gamma_2 h_2 + \gamma_3 h_3) K_{a3}$$

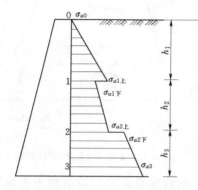
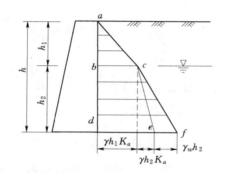

图 5.10　成层填土的土压力计算　　图 5.11　填土中有地下水的土压力计算

3. 墙后填土中有地下水

当墙后填土中有地下水时，作用在墙背上的侧压力由土压力和水压力两部分组成。计算土压力时假设水位以上、水位以下土的内摩擦角 φ、黏聚力 c 及墙与土之间的摩擦角 δ 相同，地下水以下土取有效重度进行计算。总侧向压力为土压力和水压力之和。地下水对挡土墙产生的静水压力强度为 $\gamma_w h_w$。如图 5.11 所示，$abdec$ 部分为土压力分布图，cef 部分为水压力分布图。

【例 5.3】　有一挡土墙，高 5m，填土的物理力学指标如下：$\varphi = 30°$，$c = 0$，$\gamma = 18.5\text{kN/m}^3$，墙背直立、光滑，填土面水平并有均布荷载 $q = 10\text{kPa}$。试求主动土压力及其作用点，并绘制土压力强度分布图。

解：

（1）计算土压力系数为

$$K_a = \tan^2\left(45° - \frac{30°}{2}\right) = 0.577^2 = 0.333$$

（2）填土表面的主动土压力强度为

$$\sigma_{a1} = q K_a = 10\text{kPa} \times 0.333 = 3.33\text{kPa}$$

（3）墙底处的主动土压力强度为

$$\sigma_{a2}=(q+\gamma h)K_a=[(10+18.5\times5)\times0.333]kPa=34.17kPa$$

（4）总主动土压力

$$P_a=(\sigma_{a1}+\sigma_{a2})h/2=[(3.33+34.17)\times\frac{5}{2}]kN/m=93.75kN/m$$

（5）土压力作用点的位置

$$h_a=\frac{1}{3}h\frac{2\sigma_{a1}+\sigma_{a2}}{\sigma_{a1}+\sigma_{a2}}=\left(\frac{5}{3}\times\frac{2\times3.33+34.17}{3.33+34.17}\right)m=1.81m$$

计算结果如图 5.12 所示。

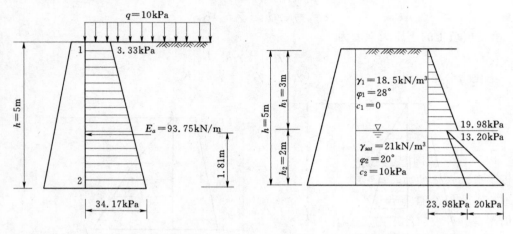

图 5.12 【例 5.3】土压力计算   图 5.13 【例 5.4】土压力分布

【例 5.4】 如图 5.13 所示，挡墙高 $h=5m$，墙背垂直光滑，墙后填土表面水平，填土分 2 层，第一层土，$\varphi_1=28°$，$c_1=0$，$\gamma_1=18.5kN/m^3$，$h_1=3m$；第二层土，$\gamma_{sat}=21kN/m^3$，$\varphi_2=20°$，$c_2=10kPa$，$h_2=2m$；水的重度 $\gamma_2=\gamma_w=10kN/m^3$，地下水位距地面以下 3m。试求墙背总侧向压力，并绘出测压力分布图。

解：

（1）计算土压力系数为

$$K_{a1}=\tan^2\left(45°-\frac{28°}{2}\right)=0.6^2=0.36$$

$$K_{a2}=\tan^2\left(45°-\frac{20°}{2}\right)=0.7^2=0.49$$

（2）计算土压力强度。

第一层土顶面处 $\qquad\qquad\qquad\qquad\sigma_{a0}=0$

第一层土底面处 $\qquad\sigma_{a1\pm}=\gamma_1 h_1 K_{a1}=(18.5\times3\times0.36)kPa=19.98kPa$

第二层土顶面处

$$\sigma_{a1\mp}=\gamma_1 h_1 K_{a2}-2c_2\sqrt{K_{a2}}=(18.5\times3\times0.49-2\times10\times0.7)kPa=13.2kPa$$

第二层土底面处 $\quad\sigma_{a2}=(\gamma_1 h_1+\gamma_2 h_2)K_{a2}-2c_2\sqrt{K_{a2}}$

$$=\{[18.5\times3+(21-10)\times2]\times0.49-2\times10\times0.7\}kPa$$

$$=23.98kPa$$

（3）计算主动土压力。

$$P_a = [19.98 \times 3/2 + (13.2 + 23.98 \times 2/2)]kN/m = 67.15kN/m$$

（4）计算静水压力强度。

$$\sigma_w = \gamma_w h_w = (10 \times 2)kPa = 20kPa$$

（5）计算静水压力。

$$P_w = (20 \times 2/2)kN/m = 20kN/m$$

（6）计算总侧压力。

$$P = P_a + P_w = (67.15 + 20)kN/m = 87.15kN/m$$

土压力分布如图 5.12 所示。

5.4　库仑土压力理论

1776 年，法国的库仑（C. A. Coulomb）根据极限平衡的概念，并假定滑动面为平面，分析了滑动楔体的力系平衡，从而求算出挡土墙上的土压力，该理论成为著名的库仑土压力理论。该理论能适用于各种填土面和不同的墙背条件，且方法简便，有足够的精度，至今仍然是一种被广泛采用的土压力理论。

5.4.1　基本原理

库仑研究了回填砂土挡土墙的主动土压力，把处于主动土压力状态下的挡土墙离开土体的位移看成是与一块楔形土体（土楔）沿墙背和土体中某一平面（滑动面）同时发生向下滑动。土楔夹在两个滑动面之间，一个面是墙背，另一个面在土中，如图 5.14 中的 AB 和 BC 面，土楔与墙背之间有摩擦力作用。因为填土为砂土，故不存在黏聚力。根据土楔的静平衡条件，可以求解出挡土墙对滑动土楔的支撑反力，从而可求解出作用于墙背的总土压力。按照受力条件的不同，它可以是总主动土压力，也可以是总被动土压力。这种计算方法又称为滑动土楔平衡法。应该指出，应用库仑土压力理论时，要试算不同的滑动面，只有最危险滑动面 AB 对应的土压力才是土楔作用于墙背的 P_a 或 P_p。

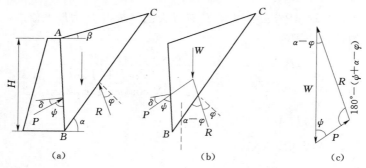

图 5.14　库仑主动土压力计算图式

库仑理论的基本假定为：①墙后填土为均匀的无黏性土（$c=0$），填土表面倾斜（$\beta > 0$）；②挡土墙是刚性的，墙背倾斜，倾角为 ε；③墙面粗糙，墙背与土体之间存在摩擦力（$\delta > 0$）；④滑动破裂面为通过墙踵的平面。

5.4.2　主动土压力

如图 5.14 所示，墙背与垂直线的夹角为 ε，填土表面倾角为 β，墙高为 H，填土与墙背之间的摩擦角为 δ，土的内摩擦角为 φ，土的凝聚力 $c=0$，假定滑动面 BC 通过墙踵。滑裂面与水平面的夹角为 α，取滑动土楔 ABC 作为隔离体进行受力分析［图 5.14（b）］。

当滑动土楔 ABC 向下滑动，处于极限平衡状态时，土楔上作用有以下三个力：

（1）土楔 ABC 自重 W，当滑裂面的倾角 α 确定后，由几何关系可计算土楔自重。

（2）破裂滑动面 BC 上的反力 R，该力是由于楔体滑动时产生的土与土之间摩擦力在 BC 面上的合力，作用方向与 BC 面的法线的夹角等于土的内摩擦角 φ。楔体下滑时，R 的位置在法线的下侧。

（3）墙背 AB 对土楔体的反力 P，与该力大小相等、方向相反的楔体作用在墙背上的压力，就是主动土压力。力 P 的作用方向与墙面 AB 的法线的夹角 δ 就是土与墙之间的摩擦角，称为外摩擦角。楔体下滑时，该力的位置在法线的下侧。

土楔体 ABC 在以上三个力的作用下处于极限平衡状态，则由该三力构成的力的矢量三角形必然闭合。已知 W 的大小和方向，以及 R、P 的方向，可给出如图 5.14（c）所示的力三角形。按正弦定理有

$$\frac{P}{\sin(\alpha-\varphi)}=\frac{W}{\sin[180°-(\psi+\alpha-\varphi)]}$$

则

$$P=\frac{W\sin(\alpha-\varphi)}{\sin(\psi+\alpha-\varphi)} \tag{5.16}$$

其中

$$\psi=90°-(\delta+\varepsilon)$$

由式（5.16）可知：P 是 α 的函数，不同的 α 对应着不同的 P 值。滑动面 BC 是假设的，因此 α 角是任意的。α 角改变时，P 值也随之变化。当 $\alpha=90°+\varepsilon$ 时，$W=0$，则 $P=0$；而当 $\alpha=\varphi$ 时，W 和 R 重合，亦是 $P=0$。所以当 α 在 φ 和 $90°+\varepsilon$ 之间变化为某一 α_0 值时，P 必有一最大值。对应于最大 P 值的滑动面才是所求的主动土压力的滑动面，相应的与最大 P 值大小相等、方向相反的作用于墙背上的土压力才是所求的总主动土压力 P_a。

根据上述概念，当取 $dP/d\alpha=0$ 时，P 有最大值。求得 P 为最大值的 α_0，从而可导出求总主动土压力的计算公式为

$$P_a=\frac{1}{2}\gamma H^2\frac{\cos^2(\varphi-\varepsilon)}{\cos^2\varepsilon\cos(\varepsilon+\delta)\left[1+\sqrt{\dfrac{\sin(\varphi+\varepsilon)\sin(\varphi-\beta)}{\cos(\varphi+\varepsilon)\cos(\varepsilon-\beta)}}\right]^2}$$

$$=\frac{1}{2}\gamma H^2 K_a \tag{5.17}$$

式中　γ——墙后填土的容重，kN/m^3；

　　　H——墙的高度；

　　　K_a——库仑主动土压力系数，计算或参考有关书籍查表；

ε——墙背倾角（墙背与铅直线的夹角），以铅直线为准，顺时针为负，称仰斜；

反时针为正，称俯斜；

δ——墙背与填土之间的摩擦角；

φ——墙后填土的内摩擦角；

β——填土表面的倾角。

当墙背直立（$\varepsilon=0°$）、墙面光滑（$\delta=0°$）、填土表面水平（$\beta=0°$）时，主动土压力系数为 $K_a=\tan^2\left(45°-\dfrac{\phi}{2}\right)$，与 Rankine 主动土压力系数相同。式（5.17）成为

$$P_a=\frac{1}{2}\gamma H^2 K_a=\frac{1}{2}\gamma H^2\tan^2\left(45°-\frac{\phi}{2}\right)$$

该式为朗肯主动土压力公式。由此可知，朗肯主动土压力公式是库仑公式的特殊情况。

5.4.3 被动土压力

当挡土墙在外力作用下被推向填土，沿着滑裂面 BC 形成的滑动楔体 ABC 向上滑动，处于极限平衡状态时，同样在楔体 ABC 上作用有三个力 W、P 和 R（图 5.15）。楔体 ABC 的重量 W 的大小和方向为已知，P 和 R 的大小未知，由于土楔体上滑，P 和 R 的方向都在法线的上侧。与求主动土压力的原理相似，用数解法可求得总被动土压力。

$$\begin{aligned}
P_p&=\frac{1}{2}\gamma H^2\frac{\cos^2(\varphi+\varepsilon)}{\cos^2\varepsilon\cos^2(\varepsilon-\delta)\left[1-\sqrt{\dfrac{\sin(\varphi+\delta)\sin(\varphi+\beta)}{\cos(\varepsilon-\delta)\cos(\varepsilon-\beta)}}\right]^2}\\
&=\frac{1}{2}\gamma H^2 K_p
\end{aligned}\tag{5.18}$$

式中 K_p——库仑被动土压力系数，K_p 为 φ、ε、δ、β 的函数；

其余符号意义同式（5.17）。

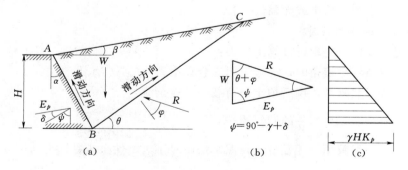

图 5.15 库仑被动土压力强度分布

被动土压力强度 p_p 沿竖直高度 H 的分布可以通过对 P_p 微分求得，即

$$p_p=\frac{\mathrm{d}P_p}{\mathrm{d}z}=\gamma z K_p\tag{5.19}$$

被动土压力强度沿墙高也呈三角形线性分布，如图 5.15（b）所示。总被动土压力的作用点在底面以上 $H/3$ 处，其方向与墙面法线成 δ 角，与水平面成 $\varepsilon-\delta$ 角。

5.5　朗肯土压力理论与库仑土压力理论比较

5.5.1　分析方法的异同

朗肯理论和库仑理论均属于极限状态土压力理论。用这两种理论计算出的土压力均为墙后土体处于极限平衡状态下的主动土压力 P_a 和被动土压力 P_p，这是它们的共同点。但两者在分析方法上存在着较大的差异。朗肯理论是从研究土中一点的极限平衡应力状态出发，首先求出作用在土中竖直面上的土压力强度 p_a 或 p_p 的分布形式，然后再计算作用在墙背上的总土压力 P_a 或 P_p，因而朗肯理论属于极限应力法。库仑理论则是根据墙背和滑裂面之间的土楔整体处于极限平衡状态，用静力平衡条件先求出作用在墙背上的总土压力 P_a 或 P_p，需要时再计算土压力强度 p_a 或 p_p 的分布形式，因而库仑理论属于滑动楔体法。

上述两种理论中，朗肯理论在理论上比较严密，但只能在理想的简单条件下求解，应用上受到了一定的限制。库仑理论显然是一种简化理论，但由于其能适用于较为复杂的各种实际边界条件，且在一定的范围内能得出比较满意的结果，因而应用更广。

5.5.2　适用条件的异同

1. 朗肯理论的适用条件

根据朗肯理论推导的公式，作了必要的假设，因此有以下适用条件：

（1）填土表面水平（$\beta=0°$），墙背垂直（$\varepsilon=0°$），墙面光滑（$\delta=0°$）的情况。

（2）墙背垂直，填土表面倾斜，但倾角 $\beta>\varphi$ 的情况。

（3）地面倾斜，墙背倾角 $\varepsilon>45°-\dfrac{\varphi}{2}$ 的坦墙。

（4）L 形钢筋混凝土挡土墙。

（5）墙后填土为黏性土或无黏性土。

2. 库仑理论的适用条件

下述情况宜采用库仑理论计算土压力：

（1）需考虑墙背摩擦角时，一般采用库仑理论。

（2）当墙背形状复杂，墙后填土与荷载条件复杂时。

（3）墙背倾角 $\varepsilon<45°-\dfrac{\varphi}{2}$ 的俯斜墙。

（4）数解法一般只用于无黏性土，图解法则对于无黏性土或黏性土均可方便使用。

5.5.3　计算误差

如前所述，朗肯理论和库仑理论都是建立在某些人为假定的基础上，因此计算结果都有一定误差。

朗肯假定墙背与土之间无摩擦作用（$\delta=0$），由此求出的主动土压力系数 K_a 偏小，而被动土压力系数 K_p 偏大。当 δ 和 φ 都比较大时，忽略墙背与填土的摩擦作用，将会给被动土压力的计算带来相当大的误差，由此算得的朗肯被动土压力系数是严格理论解的

1/2～1/3。

库仑理论考虑了墙背与填土的摩擦作用，边界条件是正确的。但却假定土中的滑裂面是通过墙踵的平面，这与实际情况和理论解不符。这种平面滑裂面的假定使得破坏楔体平衡时所必须满足的力系对任一点的力矩之和等于零（$\sum M = 0$）的条件得不到满足，这是用库仑理论计算土压力，特别是被动土压力存在很大误差的重要原因。库仑理论算得的主动土压力稍偏小，而被动土压力则偏大。当 δ 和 φ 都比较大时，库仑理论算得的被动土压力系数较之严格的理论解要大 2～4 倍。

5.5.4 填土指标的选择

在土压力计算中，墙后填土指标的选用是否合理，对计算结果影响很大，故必须给以足够的重视。

1. 黏性土

对于黏性土填料，若能得到较准确的填土中的孔隙水压力数据，则采用有效抗剪强度指标进行计算较为合理。但在工程中，要测得准确的孔隙水压力值往往比较困难。因此，对于填土质量较好的情况，常用固结快剪的 c、φ 值；而对于填土质量很差的情况，一般采用快剪指标，但将 c 值作适当的折减。

2. 无黏性土

砂土或某些粗粒料的 φ 值一般比较容易测定，其结果也比较稳定，故使用中多采用直剪或三轴试验实测指标。

5.6 挡 土 墙 设 计

5.6.1 挡土墙的类型

挡土墙是一种防止土体下滑或截断土坡延伸的构筑物，在土木工程中应用很广，结构型式也很多。挡土墙按常用的结构型式可分为重力式、悬臂式和扶壁式三种类型。

1. 重力式挡土墙

重力式挡土墙一般由块石和素混凝土砌筑而成。靠自身的重力来维持墙体稳定，故墙身的截面尺寸较大，墙体的抗拉强度较低，一般用于低挡土墙。重力式挡土墙具有结构简单、施工方便、能够就地取材等优点，因此在工程中应用较广，如图 5.16（a）所示。

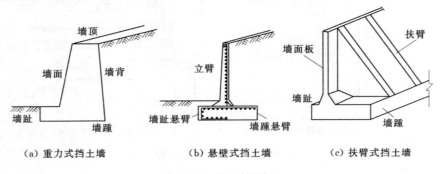

图 5.16 挡土墙的类型

重力式挡土墙按墙背的倾斜形式又可分为仰斜、垂直和俯斜三种，如图 5.17 所示。其中俯斜式挡土墙上作用的主动土压力最大，仰斜式挡土墙上作用的主动土压力最小。

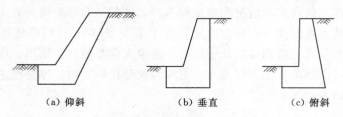

（a）仰斜   （b）垂直   （c）俯斜

图 5.17　重力式挡土墙墙背的倾斜形式

2. 悬臂式挡土墙

悬臂式挡土墙一般用钢筋混凝土建造，它由三个悬臂板组成，即立臂、墙趾悬臂和墙踵悬臂，如图 5.16（b）所示。墙的稳定主要靠墙踵悬臂上的土重维持，墙体内的拉应力由钢筋承受。这类挡土墙的优点是能充分利用钢筋混凝土的受力特性，墙体截面尺寸较小，在市政工程以及厂矿贮库中较常用。

3. 扶臂式挡土墙

当挡土墙较高时，为了增强悬臂式挡土墙中立臂的抗弯性能，常沿墙的纵向每隔一定距离设置一道扶臂，故称之为扶臂式挡土墙，如图 5.16（c）所示。墙体稳定主要靠扶臂间填土重维持。

此外，还有其他形式的挡土墙，如锚杆、锚定板挡土墙，混合式挡土墙，垛式挡土墙，加筋土挡土墙，土工织物挡土墙及板桩墙等。

图 5.18（a）所示为锚定板挡土墙简图，一般由预制的钢筋混凝土面板、立柱、钢拉杆和埋在土中的锚定板所组成。挡土墙的稳定由钢拉杆和锚定板来保证。锚杆式土墙则是利用伸入岩层的灌浆锚杆承受拉力的挡土结构，如图 5.18（b）所示。与重力式挡土墙相比，其结构轻便并有柔性，造价低、施工方便，特别适合于地基承载力不大的挡土墙。

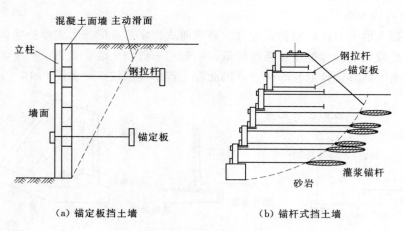

（a）锚定板挡土墙   （b）锚杆式挡土墙

图 5.18　锚杆挡土结构

5.6.2 重力式挡土墙的计算

设计挡土墙时，一般先根据挡土墙所处的条件（工程地质、填土性质、荷载情况以及建筑材料和施工条件等）凭经验初步拟定截面尺寸，然后进行挡土墙的各种验算。如不满足要求，则应改变截面尺寸或采取其他措施。

挡土墙的计算内容通常包括：稳定性验算（包括抗倾覆稳定性验算和抗滑移稳定性验算）；地基承载力验算；墙身强度验算，验算方法参见《混凝土结构设计规范》（GB 50010—2010）和《砌体结构设计规范》（GB 50003—2001）。

作用在挡土墙上的力主要有墙身自重 W、土压力和基底反力（图 5.19）。如果墙后填土中有地下水且排水不良，还应考虑静水压力；如墙后有堆载或建筑物，则需考虑由超载引起的附加压力，在地震区还要考虑地震的影响。

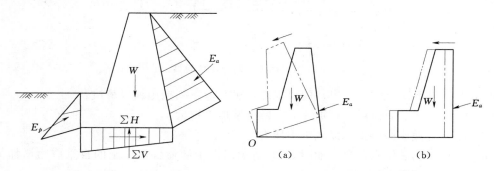

图 5.19 作用在挡土墙上的力　　图 5.20 挡土墙的倾覆和滑移

挡土墙的稳定性破坏通常有两种形式：一种是在土压力作用下绕墙趾 D 点外倾〔图 5.20（a）〕，对此应进行倾覆稳定性验算；另一种是土压力作用下沿基底滑移〔图 5.20（b）〕，对此应进行滑动稳定性验算。

1. 倾覆稳定性验算

图 5.21 所示为一基底倾斜的挡土墙，将主动土压力分解为水平分力 E_{ax} 和垂直分力 E_{az}，抗倾覆力矩（$Gx_0 + E_{az}x_f$）与倾覆力矩之比称为抗倾覆安全因数，应满足

$$K_t = \frac{Gx_0 + E_{az}x_f}{E_{ax}z_f} \geqslant 1.6 \tag{5.20}$$

其中
$$E_{ax} = E_a \sin(\alpha - \delta)$$
$$E_{az} = E_a \cos(\alpha - \delta)$$
$$x_f = b - z\cot\alpha, \quad z_f = z - b\tan\alpha_0$$

式中　G——挡土墙每延米自重，kN/m^3；

　　　x_0——挡土墙重心离墙趾 O 的水平距离，m；

　　　x_f——土压力的竖向分力 E_{az} 距墙趾 O 的水平距离，m；

　　　z——土压力作用点距墙踵的高度，m；

　　　z_f——土压力作用点距墙趾的高度，m；

　　　α——挡土墙背与水平面的夹角，(°)；

　　　α_0——挡土墙基础底面与水平面的夹角，(°)；

b——基底的水平投影宽度，m。

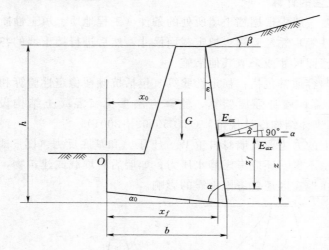

图 5.21 挡土墙的稳定性验算

当验算结果不满足式（5.21）的要求时，可采取下列措施加以解决：

（1）增大挡土墙断面尺寸，加大 G，但将增加工程量。

（2）将墙背做成仰斜式，以减少土压力。

（3）在挡土墙后做卸荷台，如图 5.22 所示。由于卸荷台以上土的自重应力增加了挡土墙的自重与抗倾覆力矩。

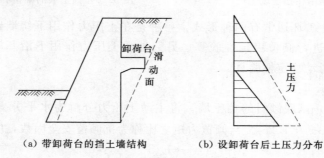

（a）带卸荷台的挡土墙结构　　　（b）设卸荷台后土压力分布

图 5.22 有卸荷台的挡土墙

2. 滑动稳定性验算

在滑动稳定性验算中，将 G 和 E_a 分别分解为垂直和平行于基底的分力，抗滑力与滑动力之比称为抗滑稳定安全因数 K_s，应满足

$$K_s = \frac{(G_n + E_{an})\mu}{E_{at} - G_t} \geq 1.3 \tag{5.21}$$

其中
$$G_n = G\cos\alpha_0$$
$$G_t = G\sin\alpha_0$$

$$E_{an} = E_a\cos(\alpha - \delta - \alpha_0), E_{at} = E_a\sin(\alpha - \delta - \alpha_0)$$

式中　δ——对挡土墙背的摩擦角，可按表 5.2 选用；

　　　μ——土对挡土墙基底的摩擦因数，可按表 5.3 选用。

表 5.2   **土对挡土墙背的摩擦角 δ**

挡土墙情况	摩擦角 δ	挡土墙情况	摩擦角 δ
墙背平滑，排水不良	$(0\sim0.33)\varphi_k$	墙背很粗糙，排水良好	$(0.50\sim0.67)\varphi_k$
墙背粗糙，排水良好	$(0.33\sim0.50)\varphi_k$	墙背与填土间不可能滑动	$(0.67\sim1.00)\varphi_k$

注 φ_k 为墙背填土的内摩擦角标准值。

表 5.3   **土对挡土墙基底的摩擦因数 μ**

土 的 类 别		摩擦因数 μ
黏性土	可塑	0.25~0.30
	硬塑	0.30~0.35
	坚塑	0.35~0.45
粉土		0.30~0.40
中砂、粗砂、砾砂		0.40~0.50
碎石土		0.40~0.60
软质岩		0.40~0.60
表面粗糙的硬质岩		0.65~0.75

注 1. 对易风化的软质岩和塑性指标，$p>22$ 的黏性土，基底摩擦因数应通过试验确定。
　　2. 对碎石土，可根据其密实程度、填充物状态、风化程度确定。

当验算结果不满足式（5.21）的要求时，可采取下列措施：

（1）增大挡土墙断面尺寸，加大 G。

（2）挡土墙底面做砂、石垫层，以加大 μ。

（3）挡土墙底做逆坡，利用滑动面上部分反力来抗滑。

（4）在软土地基上，其他方法无效或不经济时，可在墙踵后加拖板，利用拖板上的土重来抗滑，拖板与挡土墙之间用钢筋连接。

【例 5.5】 某挡土墙高 h 为 6m，墙背垂直光滑（$\varepsilon=0$、$\delta=0$、$\alpha=0$），填土面水平（$\beta=0$），挡土墙采用毛石和 M2.5 水泥砂浆砌筑，墙体重度 $\gamma_k=22\text{kN/m}^3$，填土内摩擦角 $\varphi=40°$，黏聚力 $c=0$，填土重度 $\gamma=18\text{kN/m}^3$，基底摩擦因数 $\mu=0.5$，地基承载力设计值 $f_{ak}=170\text{kPa}$。试设计该挡土墙。

解：

（1）确定挡土墙的断面尺寸。一般重力式挡土墙的顶宽约为 $h/12$，底宽宜取 $h/3\sim h/2$，初步选取顶宽 0.6m，底宽 $b=2.5$m。

（2）计算主动土压力 E_a。

$$E_a=\frac{1}{2}\gamma h^2\tan^2\left(45°-\frac{\varphi}{2}\right)=\left[\frac{1}{2}\times18\times6^2\times\tan^2\left(45°-\frac{40°}{2}\right)\right]\text{kN/m}=70.45\text{kN/m}$$

土压力作用点离墙底距离为

$$h_a=\frac{1}{3}h=\left(\frac{1}{3}\times6\right)\text{m}=2\text{m}$$

（3）计算挡土墙自重及重心。为计算方便，将挡土墙截面分成一个矩形和一个三角形（图 5.23），并分别计算它们的延米自重。

$$G_1 = \left(\frac{1}{2} \times 1.9 \times 6 \times 22\right) \text{kN/m} = 125.4 \text{kN/m}$$

$$G_2 = (0.6 \times 6 \times 22) \text{kN/m} = 79.2 \text{kN/m}$$

G_1、G_2 的作用点距 O 点的距离 x_1、x_2 分别为

$$x_1 = \left(\frac{2}{3} \times 1.9\right) \text{m} = 1.27 \text{m}$$

$$x_2 = \left(1.9 + \frac{1}{2} \times 0.6\right) \text{m} = 2.2 \text{m}$$

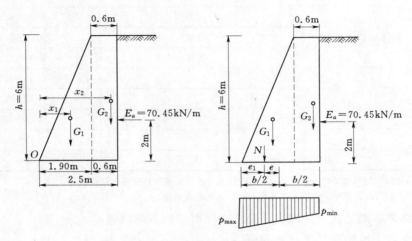

图 5.23 【例 5.5】挡土墙自重及重心计算

（4）倾覆稳定性验算。

$$K_t = \frac{G_1 x_1 + G_2 x_2}{E_a h_a} = \frac{125.4 \times 1.27 + 79.2 \times 2.2}{70.45 \times 2} = 2.37 > 1.6$$

（5）滑动稳定性验算。

$$K_s = \frac{(G_1 + G_2)\mu}{E_{at} - G_t} = \frac{(125.4 + 79.2) \times 0.5}{70.45 - 0} = 1.45 > 1.3$$

地基承载力及强身强度验算略。

5.6.3 重力式挡土墙的构造措施

1. 挡土墙截面尺寸及墙背倾斜形式

一般重力式挡土墙的顶宽约为墙高的 1/12，对于块石挡土墙，不应小于 0.5m，对于混凝土墙，可缩小为 0.2～0.4m。底宽约为墙高的 （1/3～1/2）。挡土墙的埋置深度一般不应小于 0.5m，对于岩石地基应将基底埋入未风化的岩层内。

墙背的倾斜形式应根据使用要求、地形和施工要求综合考虑确定，从受力情况分析，仰斜墙的主动土压力最小，而俯斜墙的土压力最大。从挖填方角度来看，如果边坡是挖方，墙背采用仰斜较合理，因为仰斜墙背可与边坡紧密贴合；如果边坡是填方，则墙背以垂直或俯斜较合理，因仰斜墙背填方的夯实施工比较困难。当墙前地面较陡时，墙面可取 1∶0.05～1∶0.2 仰斜坡度，亦可直立。当墙前地形较为平坦时，对于中、高挡土墙，墙

面坡度可较缓，但不宜缓于 $1:0.4$，以免增高墙身或增加开挖宽度。仰斜墙背坡度越缓，主动土压力越小，但为避免施工困难，仰斜墙背坡度一般不宜缓于 $1:0.25$，墙面坡应尽量与墙背坡平行。

为了增强挡土墙的抗滑稳定性，可将基底做成逆坡，如图 5.24 所示。一般土质地基的基底逆坡不宜大于 $0.1:1$，岩石地基的基底逆坡一般不宜大于 $0.2:1$。当墙高较大时，为了使基底压力不超过地基承载力设计

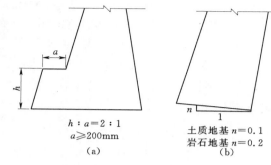

图 5.24 基底逆坡及墙趾台阶

值，可加设墙趾台阶，其宽高比可取 $h:a=2:1$，a 不得小于 200mm。

2. 墙后排水措施

挡土墙应设置泄水孔，其间距宜取 $2\sim3$m，外斜 5%，孔眼尺寸不宜小于 $\phi100$mm。墙后要做好滤水层和必要的排水盲沟，在墙顶背后的地面铺设防水层。当墙后有山坡时，还应在坡下设置截水沟。挡土墙排水措施如图 5.25 所示。

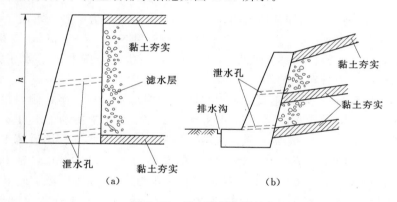

图 5.25 挡土墙排水措施

3. 填土质量要求

挡土墙填土宜选择透水性较大的土，如砂土、砾石、碎石等，因为这类土的抗剪强度较稳定，易于排水。不应采用淤泥、耕植土、膨胀黏土等作为填料，填土料中亦不应掺杂大的冻结土块、木块或其他杂物。当采用黏性土作为填料时，宜掺入适量的块石，墙后填土应分层夯实。

挡土墙应每隔 $10\sim20$m 设置沉降缝，当地基有变化时，宜加设沉降缝，在拐角处，应适当采取加强的构造措施。

思 考 题 与 习 题

1. 思考题

（1）土压力有哪几种？如何确定土压力类型？并比较其数值大小？

（2）朗肯土压力理论及库仑土压力理论的适用范围？二者在计算方法上有何异同点？

（3）挡土结构有哪些类型？常应用在什么情况？

（4）重力式挡土墙的设计要点有哪些？

2．习题

（1）某挡土墙高 5m，墙背垂直光滑、墙后填土情况如图 5.26 所示。试求主动土压力 p_a 及其作用点。

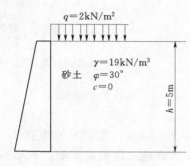

图 5.26　习题（1）图　　　　　图 5.27　习题（2）图

（2）如图 5.27 所示，已知某挡土墙高 $h=5$m，墙后填土为中砂，重度 $\gamma=19$kN/m³，地下水位以下重度 $\gamma_{sat}=20$kN/m³，水的重度 $\gamma_w=9.8$kN/m³，$\varphi=30°$，墙背垂直光滑、填土表面水平，地下水位标高位于地表下 2m 处。试求主动土压力 p_a、水压力 p_w、总压力 P，并绘出墙后压力分布图形。

（3）某挡土墙高 6m，墙背垂直，填土与墙背摩擦角 $\delta=20°$，墙背倾斜角 $\varepsilon=10°$，填土表面倾斜角 $\beta=10°$，填土重度 $\gamma=18.5$kN/m³，$\varphi=30°$。试求主动土压力 p_a。

（4）某挡土墙高 4.0m，墙背竖直、光滑。墙后填土表面水平。墙后填土为砂土，填土中的地下水位位于离墙顶 2.0m 处。砂土的重度 $\gamma=18.0$kN/m³，饱和重度 $\gamma_{sat}=21.0$kN/m³，内摩擦角 $\varphi=36°$。求挡土墙的静止土压力 p_0、主动土压力 p_a 和水压力 p_w。

（5）已知某挡土墙高度 4.0m，墙背竖直、光滑。墙后填土表面水平。填土为干砂，重度 $\gamma=18.0$kN/m³，内摩擦角 $\varphi=36°$。计算作用在此挡土墙上的静止土压力 E_0；若墙向前移动后产生主动上压力 E_a，计算主动上压力 p_a 的大小。

（6）某挡土墙高度 10.0m，墙背竖直、光滑，墙后填土表面水平。填土上作用均布荷载 $q=20$kPa。墙后填土分两层：上层为中砂，重度 $\gamma_1=18.5$kN/m³，内摩擦角 $\varphi_1=30°$，层厚 $h_1=3.0$m；下层为粗砂，$\gamma_2=19.0$kN/m³，$\varphi_2=35°$。地下水位在离墙顶 6.0m 位置，水下粗砂的饱和重度为 $\gamma_{sat}=20.0$kN/m³。计算作用在此挡土墙上的总主动土压力和水压力。

岩 体 力 学

第6章 岩体力学概述

岩体力学（rockmass mechanics）是力学的一个分支学科，是研究岩体在各种力场作用下变形与破坏规律的理论及其实际应用的科学，是一门应用型基础学科。

岩体力学的研究对象是各类岩体，而服务对象则涉及许多领域和学科。如水利水电工程、采矿工程、道路交通工程、国防工程、海洋工程、重要工厂（如核电站、大型发电厂及大型钢铁厂等）以及地震地质学、地球物理学和构造地质学等地学学科都应用到岩体力学的理论和方法。但不同的领域和学科对岩体力学的要求和研究重点是不同的。概括起来，可分为三个方面：①为各类建筑工程及采矿工程等服务的岩体力学，重点是研究工程活动引起的岩体重分布应力以及在这种应力场作用下工程岩体（如边坡岩体、地基岩体和地下洞室围岩等）的变形和稳定性；②为掘进、钻井及爆破工程服务的岩体力学，主要是研究岩石的切割和破碎理论以及岩体动力学特性；③为构造地质学、找矿及地震预报等服务的岩体力学，重点是探索地壳深部岩体的变形与断裂机理，为此需研究高温、高压下岩石的变形与破坏规律以及与时间效应有关的流变特征。以上三方面的研究虽各有侧重点，但对岩石及岩体基本物理力学性质的研究却是共同的。本书主要是以各类建筑工程和采矿工程为服务对象编写的，因此，也可称为工程岩体力学。

在岩体表面或其内部进行任何工程活动，都必须符合安全、经济和正常运营的原则。以露天采矿边坡坡角选择为例，坡角选择过陡，会使边坡不稳定，无法正常采矿作业；坡角选择过缓，又会加大其剥采量，增加其采矿成本。然而，要使岩体工程既安全稳定又经济合理，必须通过准确地预测工程岩体的变形与稳定性、正确的工程设计和良好的施工质量等来保证。其中，准确地预测岩体在各种应力场作用下的变形与稳定性，进而从岩体力学观点出发，选择相对优良的工程场址，防止重大事故，为合理的工程设计提供岩体力学依据，是工程岩体力学研究的根本目的和任务。

岩体力学的发展是和人类工程实践分不开的。起初，由于岩体工程数量少，规模也小，人们多凭经验来解决工程中遇到的岩体力学问题。因此，岩体力学的形成和发展要比土力学晚得多。随着生产力水平及工程建筑事业的迅速发展，提出了大量的岩体力学问题。诸如高坝坝基岩体及拱坝拱座岩体的变形和稳定性；大型露天采坑边坡、库岸边坡及船闸、溢洪道等边坡的稳定性；地下洞室围岩变形及地表塌陷；高层建筑、重型厂房和核电站等地基岩体的变形和稳定性以及岩体性质的改善与加固技术等。对这些问题能否做出正确的分析和评价，将会对工程建设和生产的安全性与经济性产生显著的影响，甚至带来严重的后果。

在人类工程活动的历史中，由于岩体变形和失稳酿成事故的例子很多。例如，1928年，美国圣弗朗西斯重力坝失事，是由于坝基软弱，岩层崩解，遭受冲刷和滑动引起的；1959年，法国马尔帕塞薄拱坝溃决，则是由于过高的水压力使坝基岩体沿着一个倾斜的软弱结构面滑动所致；1963 年，意大利瓦依昂水库左岸的大滑坡，更是举世震惊，2.5 亿 m³ 的滑动岩体以 28m/s 的速度下滑，激起 250m 高的巨大涌浪，溢过坝顶冲向下游，造成 2500 多人丧生。类似的例子在国内也不少。例如，1961 年，湖南拓溪水电站近坝库岸发生的滑坡；1980 年，湖北远安盐池河磷矿的山崩，是由于采矿引起岩体变形，使上部岩体中顺坡向节理被拉开，约 100 万 m³ 的岩体急速崩落，摧毁了矿务局和坑口全部建筑物，死亡 280 人。又如，盘古山钨矿一次大规模的地压活动引起的塌方就埋掉价值约 200 万元的生产设备，并造成停产三年。再如，新中国成立前湖南锡矿山北区洪记矿井大陷落，一次就使 200 多名矿工丧失了生命等。以上重大事故的出现，多是由于对工程地区岩体的力学特性研究不够，对岩体的变形和稳定性估计不足引起的。与此相反，假如对工程岩体的变形和稳定问题估计得过分严重，不得不从"安全"角度出发，在工程设计中采用过大的安全系数，致使工程投资大大增加，工期延长，造成不应有的浪费。

今天，由于矿产资源勘探开采、能源开发及地球动力学研究等的需要，工程规模越来越大，所涉及的岩体力学问题也越来越复杂，这对岩体力学提出了更高的要求。例如，在水电建设中，大坝高度达 335m（苏联的 Rogun 坝）；地下厂房边墙高达 60～70m，跨度已超过 30m；露天采矿边坡高度可达 300～500m，最高可达 1000m（新西兰）；地下采矿深度已超过 1000m 以上；另外，当前世界上正在建设或已经建成的一些超巨型工程，如中国的三峡水电站（装机容量达 17680MW，列世界第一），英吉利海峡隧道（长 50km）和日本的青函跨海隧道（长 53.85km）等，这些都使岩体力学面临许多前所未有的问题和挑战，亟待发展和提高岩体力学理论和方法的研究水平，以适应工程实践的需要。

6.1　岩石与岩体

6.1.1　概述

地球体的表层称为地壳，它的上部最基本的物质是由岩石所构成，人类的一切生活和生产实践活动，都局限在地壳的最表层范围内，因而岩石和由岩石派生出来的土构成了人类生存的物质基础以及生活和生产实践活动的环境。

岩石是由矿物或岩屑在地质作用下按一定的规律聚集而形成的自然物体。岩石有其自身的矿物成分、结构与构造。所谓矿物，是指存在于地壳中的具有一定化学成分和物理性质的自然元素和化合物，其中构成岩石的矿物称其为造岩矿物。如常见的石英（SiO_2）、正长石（$KAlSiO_8$）、方解石（$CaCO_3$）等。它们绝大部分是结晶质的。所谓岩石的结构，是指组成岩石最主要的物质成分、颗粒大小和形状以及其相互结合的情况。如沉积岩内存在有碎屑结构、泥质结构和生物结构等结构特征。所谓岩石的构造，是指组成成分的空间分布及其相互间的排列关系。如有代表性的结构有沉积岩的层理构造和变质岩中的片理构造等。岩石中的矿物成分、性质、结构和构造等的存在和变化，都会对岩石的物理力学性质产生影响。

6.1.2　岩石的分类

岩石按成因可分为岩浆岩、沉积岩和变质岩三大类。

1. 岩浆岩

岩浆岩是岩浆冷凝而形成的岩石。绝大多数的岩浆岩是由结晶矿物所组成，由非结晶矿物组成的岩石很少。由于组成岩浆岩的各种矿物的化学成分和物理性质较为稳定，它们之间的联结是牢固的，因此岩浆岩通常具有较高的力学强度和均质性。

2. 沉积岩

沉积岩是由母岩（岩浆岩、变质岩和早已形成的沉积岩）在地表经风化剥蚀而产生的物质，通过搬运、沉积和硬结成岩作用而形成的岩石。组成沉积岩的主要物质成分为颗粒和胶结物。颗粒包括各种不同形状及大小的岩屑及某些矿物。胶结物常见的成分为钙质、硅质、铁质以及泥质等。沉积岩的物理力学特性不仅与矿物和岩屑的成分有关，而且与胶结物的性质有很大的关系。例如，硅质、钙质胶结的沉积岩胶结强度较大，而泥质胶结的沉积岩和一些黏土岩强度就较小。另外，由于沉积环境的影响，沉积岩具有层理构造，这就使得沉积岩沿不同方向表现出不同的力学性能。

3. 变质岩

变质岩是由岩浆岩、沉积岩甚至变质岩在地壳中受到高温、高压及化学活动性流体的影响下发生变质而形成的岩石。它在矿物成分、结构构造上具有变质过程中所产生的特征，也常常残留有原岩的某些特点。因此，它的物理力学性能不仅与原岩的性质有关，而且与变质作用的性质及变质程度有关。

岩石的物理力学性能的指标是在试验室里用一定规格的试件进行试验而测定的。这种岩石试件是在钻孔中获取的岩芯或是在工程中用爆破以及其他方法所获得的岩块经加工而制成的。用这种方法所采集的标本仅仅是自然地质体中间的岩石小块，称为岩块。岩块就成了相应岩石的代表。我们平时所称的岩石，在一定程度上都是指的岩块，于是这两个概念也就不严格加以区分了。因为岩块是不包含有显著弱面的岩石块体，所以通常都把它作为连续介质及均质体来看待。

6.1.3 岩体的组成

在地壳的自然地质体中，除了岩石块为主要组成部分外，还含有各种节理、裂隙、孔隙、孔洞等，是地壳在漫长的地质历史过程中，由于地应力的长期作用，在地质体内部保留了各种各样的永久变形的现象和地质构造形迹。因而自然地质体中所包含的内容比原岩石块要广泛得多。在岩体力学中，通常将在一定工程范围内的自然地质体称为岩体。这就是说，岩体的概念是与工程联系起来的。岩体内存在各种各样的节理裂隙称为结构面。所谓结构面，是指具有极低的或没有抗拉强度的不连续面，包括一切地质分离面。被结构面切割成的岩块称为结构体。结构面与结构体组成岩体的结构单元。结构面的存在使岩体具有不连续性，因而，这类岩体被称为不连续岩体，也被称为节理岩体。一般来说，结构面是岩体中的软弱面，由于它的存在，增加了岩体中应力分布及受力变形的复杂性，同时还降低了岩体的力学强度。由此可见，岩体是由岩石块和各种各样的结构面共同组成的综合体。对岩体的强度和稳定性能起作用的不仅是岩石块，而是岩石块与结构面的综合体，而在大多数情况下，结构面所起的作用更大。许多工程实践表明，在某些岩石强度很高的洞室工程、岩基或岩坡工程中，发生大规模的变形破坏，甚至崩塌、滑坡，分析其原因，不是岩石强度不够，而是岩体的整体强度不够，岩体中结构面的存在大大地削弱了岩体整体强度，导致稳定性的降低。可见，岩石与岩体是既有联系又有区别的两个概念。

结构面是岩体内的主要组成单元，岩体的好坏，与结构面的分布、性质和力学特性有密切关系。特别是结构面的产状、切割密度、粗糙度、起伏度、延展性和黏结力以及充填物的性质等都是评定岩体强度和稳定性能的重要依据。

6.2 岩体力学的研究内容及方法

6.2.1 岩体的力学特征

岩体力学的研究对象是岩体，在力学性质上，岩体具有以下特征：

（1）不连续性。岩体的不连续性主要受结构面对岩体结构的隔断性质所控制，因此，岩体多数属于不连续介质，而岩石块本身则可作为连续介质看待。

（2）各向异性。由于岩体中结构面有优先位向排列的趋势，随着受力岩体的结构取向不同，其力学性质也各异。实验表明，岩体的强度和变形都与岩体结构的方向性有关。因而岩体力学的性质通常具有各向异性的特征。

（3）不均匀性。岩体中结构面的方向、分布、密度及被结构面切割成的岩石块单元体（结构体）的大小、形状和镶嵌情况等各部位都很不一致，造成许多岩体具有不均匀性的特征。

（4）岩石块单元体的可移动性。岩体是由具有不同联结程度的岩石块单元体所镶嵌排列而组成。岩体的变形破坏往往取决于组成岩体的岩石块单元体的移动的影响，它与岩石块本身的变形破坏共同组成岩体的变形破坏。

（5）赋存地质因子的特性。岩体是处于一定的地质环境中，使岩体赋存有不同于自重应力场的地应力场、水、气、温度以及地质历史遗留的形迹等。这些地质因子都会对岩体有一定的作用。

6.2.2 岩体力学的研究任务

岩体力学的研究任务主要有以下四个方面：

（1）基本原理方面。有岩石和岩体的地质力学模型和本构规律，岩石和岩体的连续介质和不连续介质力学原理，岩石和岩体的破坏、断裂、蠕变、损伤的机理及其力学原理，岩石和岩体计算力学。

（2）试验方面。有室内和现场的岩石和岩体的力学试验原理、内容和方法；模拟试验；动、静荷载作用下的岩石和岩体力学性能的反应，各项岩石和岩体物理力学性质指标的统计和分析，试验设备与技术的改进。

（3）实际应用方面。有地下工程、采矿工程、地基工程、斜坡工程、岩石破碎和爆破工程、地震工程、地学、岩体加固等方面的应用。

（4）监测方面。通常量测岩体应力和变形变化、蠕变、断裂、损伤以及承载能力和稳定性等项目及其各自随着时间的延长而变化的特性，预测各项岩体力学数据。

综上所述，岩体力学要解决的任务非常广泛，且具有相当大的难度。要完成这些任务，必须从生产实践中总结岩体工程方面的经验，提高理论知识，再回到实践中去，解决生产中提出的有关岩体工程问题，这就是解决岩体力学任务的最基本的原则和方法。

6.2.3 岩体力学的研究内容及其在岩体工程中的应用

1. 研究内容

（1）岩体的地质力学模型及其特征方面。这是岩体力学分析的基础和依据。研究岩石和岩体的成分、结构、构造、地质特征和分类；岩体的自重应力、天然应力、工程应力以及赋存于岩体中的各类地质因子，如水、气、温度以及各种地质形迹等。它们对岩体的静、动力学特性有影响。

（2）岩石与岩体的物理力学性质方面。这是表征岩石与岩体的力学性能的基础，岩石与岩体的物理力学性质指标是评价岩体工程的稳定性最重要的依据。通过室内和现场试验获取各项物理力学性质数据，研究各种试验的方法和技术，静、动荷载下岩石和岩体力学性能的变化规律。

（3）岩体力学在各类工程上应用方面。岩体力学在岩体工程上应用是非常重要的，许多重大工程更显出其重要性。洞室围岩、岩基和岩坡的稳定与安全皆与岩体力学的恰当应用息息相关。过去由于岩体不稳定而失事的例子实属不少，如著名的法国马尔帕塞拱坝于1959年12月2日坝基岩体位移导致整个拱坝倒塌。意大利瓦依昂水库于1963年10月9日岩坡滑动，在1min内约有2.5亿 m^3 岩石崩入水库内，顿时造成高达150～250m的水浪，致使下游郎加郎市的城镇遭到毁灭性的破坏。在我国的水工史上也曾发生过许多岩石工程事件。如1963年发生梅山连拱坝坝基（花岗岩）滑动；20世纪70年代葛洲坝水电站江基坑开挖，发生岩层沿软弱夹层随时间而发展的水平位移。岩坡失稳事故在我国也常有所闻。如1986年6月湖北省盐池磷矿发生灾难性的大崩塌，高160m的体积约10万 m^3 的山体岩石突然崩落，将四层楼的房子抛至对岸撞碎，造成重大伤亡；1981年4月甘肃舟曲县东南5km白龙江泄流发生重大滑坡，滑动土石方约达4000万 m^3，堵塞了白龙江，形成回水长约4.5km的水库，严重威胁上下游的安全；四川云阳县城东发生的鸡扒子滑坡，滑坡体达1500万 m^3，前缘约180万 m^3 土石方推入长江之中，使长约600余m的江段水位普遍提高20～25m，构成了对长江航运安全的严重威胁。此外，洞室围岩崩塌、矿山地表沉陷和开裂以及房屋岩基的失稳等，在我国的基本建设中也时有发生。从上述事例可认识到，为了选择相对优良的工程场址，防止重大岩体工程事故，保证顺利施工，必须对建筑场地进行系统的岩体力学试验及理论研究和分析；预测岩体的强度、变形和稳定性，为工程设计提供可靠的数据和有关材料。

2. 在工程中的应用

岩体力学在岩体工程中的应用有以下几个方面：

（1）地下洞室围岩的稳定性研究。包括地下开挖引起的应力重分布、围岩变形、围岩压力以及围岩加固等的理论与技术。

（2）岩基的稳定性研究。包括在自然力和工程力作用下，岩基中的应力、变形、承载力和稳定性等的理论与技术。

（3）岩坡的稳定性研究。包括天然斜坡与人工边坡的稳定性，岩坡的应力分布、变形和破坏，岩坡的失稳等的理论与技术。

（4）岩体力学的新理论新方法的研究。当今各门学科发展很快，岩体力学理论的发展要充分利用其他学科的成果。例如，电子计算机的发展带动了能够用于岩体力学的数值计算的发展；岩体本身很复杂，而又加上天然和工程环境的影响，直接力学计算有时难以获取可靠数据，且有些数据是难以一时从试验得到的，因而，岩体力学近年又兴起反演分析技术；此外，流变学、断裂力学、损伤力学及一些软科学近年来发展很快。无疑，岩体力学将利用这些新兴的理论、方法和试验技术来发展自己。

6.2.4　岩体力学的研究方法

岩体力学的研究方法是采用科学试验、理论分析与工程紧密结合的方法。

科学试验是岩体力学研究工作的基础，这是岩体力学研究中的第一手资料。岩体力学工作的第一步就是对现场的地质条件和工程环境进行调查分析，建立地质力学模型，进而开展室内外的物理力学性质试验、模型试验或原型试验，作为建立岩体力学的概念、模型和分析理论的基础。

岩体力学的理论是建立在科学实验的基础上。由于岩体具有结构面和结构体的特点，所以要建立岩体的力学模型，以便分别采用如下的力学理论：连续介质或非连续介质理论；松散介质或紧密固体理论；在此基础上，按地质和工程环境的特点分别采用弹性理论、塑性理论、流变理论以及断裂、损伤等力学理论进行计算分析。采用哪种理论作为岩体力学研究的依据是非常重要的。否则，将会导致理论与实际相脱离。当然，理论的假设条件与岩体实况之间是存在着一定的差距，但应尽量缩小其距离。目前，尚有许多岩体力学问题，应用现有的理论、知识，仍然不能得到完善的解答。因此，紧密地结合工程实际、重视实践中得来的经验，发展上升为理论或充实理论，这是为岩体力学理论和技术发展提供的基本方法。

现代计算技术的迅速发展，计算机已广泛地应用于岩体力学的计算中，这不仅为岩体力学问题的分析解决了复杂的计算，而且为岩体力学的数值法计算提供了有效的计算手段。目前，力学范畴的数值法，如有限元、离散元、边界元等方法，已在岩体力学中得到普遍的应用。

为了有系统地获取各项数据，研究岩体力学采用以下步骤：

（1）要进行地质调查，对工程地质分区，对岩体结构进行划分。

（2）在室内或现场对岩石和岩体进行力学性质试验。包括岩体的初始应力、结构面几何特征、介质的模型化、岩体分类、确定岩体的质量和等级等工作。

（3）根据试验结果对岩体进行工程设计。

（4）采取相应加固措施，现场施工，并要长期监测，对监测结果进行分析，重复步骤（3）、（4），保证岩体工程的安全性、稳定性。

6.3　岩 体 力 学 的 发 展

6.3.1　岩体力学在其他学科中的地位

岩体力学涉及地质学和力学两大学科。

1. 地质学学科在岩体力学中的作用

岩体本身是一种地质材料，这种材料的属性是由于地质历史和地质环境影响形成的，所以在研究岩体的力学问题时，首先要进行地质调查，利用地质学所提供的基本理论和研究方法来帮助解决岩体力学问题。岩体力学与工程地质学紧密相关。此外，岩体中含有节理裂隙，并赋存地应力、水、气及其他地质作用的因子，它们对岩体的力学性质和稳定性影响很大。这就需要运用历史地质学、构造地质学和岩石学以及地球物理学等地质学科的理论技术和研究方法来综合处理岩体的力学问题。

2. 力学学科在岩体力学中的作用

岩体力学是力学学科中的一个分支，属固体力学范畴。但岩体有别于一般的致密固体。在力学学科的历史发展过程中，最初建立的是刚性体的力学规律，这就是理论力学。在自然界中，没有不变形的固体，因此，理论力学在岩体力学中的应用受到约束，但理论力学知识能提供物体运动规律和平衡条件，这为岩体力学奠定了一个非常重要的力学理论基础。

研究变形物体的固体力学有弹性力学、塑性力学和流变学等。岩体力学的变形研究是基于上述力学发展起来的。问题是岩体是一个多相体，且含有结构面和结构体等结构构造，许多岩体的力学性质具有非连续和非均质的特性，因而在利用一般变形物体的力学理论时会受到限制。但是，对于岩石块，采用上述力学作为基础理论来解决问题，一般认为是可行的，与实测结果的数据颇为接近。

天然的地质固体材料有岩石与土，随着经济与建设的发展，土力学在 20 世纪初已成为一门学科，土力学的研究对象是土体。土是一种疏松的物质，具有孔隙和弱连接的骨架，受荷载后容易发生孔隙的减小而变形，而岩石则是致密固体，岩体则含有岩石块和节理裂隙；因而它们与土的结构、构造有很大的不同。岩石与岩体在受荷载后其变形是岩石块本身及节理裂隙的变形以及岩石块的变位。可见岩体力学与土力学各自的研究对象是不同的。但是，土与岩石有时难以区分，例如，某些风化严重的岩石、某些岩性特别软弱或胶结很差的沉积岩，它们既可称岩石，也可称土，它们之间没有明显的区分界线。因而，在此类岩石中，使用土力学的理论和方法往往会得到较为接近实际的结果。岩石力学或岩体力学成为一门学科比土力学要晚，这就是因为 20 世纪后期重大的岩体工程建设增多，仅用土力学的理论和技术已不能解决岩体工程中的力学问题，因而岩石或岩体力学应运而生，解决了土力学所不能解决的岩体力学问题。

6.3.2 岩体力学的发展

一门学科的诞生和发展都与当时的社会状况、经济发展和工业建设等有关。人类早就与岩石有密切关系。原始人曾利用岩石造成简陋的工具和兵器。人类进化后，又进行挖洞采矿石，利用岩石作为建筑材料，建房屋、水坝、防御工事等。可见，人类与岩石打交道由来已久，将岩石或岩体力学作为一门技术学科并持续地发展起来则是在 20 世纪中期以后的事。

20 世纪初期，在国外研究自然地质材料的科学已兴起，土力学已受到工程部门的重视。1925 年，泰沙基所著的《建筑土力学》一书是第一本土力学专著。以后，由于岩石工程的增多，单凭借用土力学的原理和技术来解决岩体工程问题已不很适应。特别是在第二次世界大战后，世界各国在大量兴建各项岩石工程的背景下，促进了岩石力学的研究，并使其逐渐发展成一门独立学科——岩石力学（或岩体力学）。这门学科从 20 世纪 60 年代以来的发展过程中，出现了以地质学为观点的地质力学的岩石力学学派和以工程为观点的工程岩石力学学派。

地质力学的岩石力学派称奥地利学派又称萨尔茨堡学派，这个学派是由缪勒和斯体尼所开创的。此学派偏重于地质力学方面，主张岩石块与岩体要严格区分；岩体的变形不是岩石块本身的变形，而是岩石块移动导致岩体的变形；否认小岩石块试件的力学试验，主张通过现场（原位）力学测定，才能有效地获取岩体力学的真实性。这个学派创立了新奥地利隧道掘进法（新奥法），为地下工程技术作了一项重大的技术革新，促进了岩体力学的发展。

工程岩石力学派以法国塔洛布尔为代表，该学派以工程观点来研究岩石力学，偏重于岩石的工程特性方面，注重以弹塑性理论方面的研究，将岩体的不均匀性概化为均质的连续介质，小岩块试件的力学试验与原位力学测试并举。塔洛布尔 1951 年著有《岩石力学》一书，这是该学派最早的代表著作。而后，英国的耶格于 1969 年按此观点又著有《岩石力学基础》一书，这是一本在国际上较为著名的著作。1959 年法国乌尔帕塞拱坝坝基失事和 1963 年意大利瓦依昂水库岩坡滑动，震动了世界各国从事岩石工程的工作者，因此，成立了"国际岩石力学学会"，并于 1966 年在里斯本召开了第一次国际岩石力学大会。从此，每四年召开一次会议，并出版了相应的刊物，这对促进岩石力学的发展起到了很大的作用。

在我国，岩石力学作为一门专门学科起步较晚，在新中国成立后，随着社会主义建设事业的发展，大规模的厂矿、交通、国防、水利等基本建设的兴起，对岩体力学的发展起了重大的推动作用。回顾我国岩石力学的发展，大体上可划分为以下三个阶段：

第一阶段：20 世纪 50 年代至 60 年代中期。这一时期，我国也建设了一些中、小型的岩石工程，也进行了与其相适应的岩石力学试验研究工作，但这时期的理论和实验研究与国外相似，是运用材料力学、土力学、弹塑性理论等作为基础来开展的。1958 年，三峡岩基组的成立开始了岩体力学研究的系统规划和实施。这一时期是我国岩体力学发展的萌芽阶段。

第二阶段：20 世纪 60 年代中期至 70 年代中期。这一时期由于大部分工程停建和缓建，使岩体力学发展非常缓慢，成为自新中国成立以来岩体力学发展的低谷。

第三阶段：20 世纪 70 年代后期至今。为实现我国四化的宏伟目标，在各项大规模工程的兴建中，提出了许多岩体力学的新课题，使岩体力学进入了一个全面的蓬勃发展的新阶段。我国岩石工程工作者结合我国的重大工程为提高岩体力学的理论水平和测试技术，开展了大规模的室内和原位测试研究工作，总结了一系列成功的经验与失败的教训，不仅成功地解决了像葛洲坝和三峡坝区、湖北的大冶和江西的德兴的露天矿场、秦山核电站岩基与高边坡以及铁道交通上的长隧洞工程等的一系列岩石工程问题，而且在岩体力学理论研究方面（如岩体结构、岩石流变以及岩坡和围岩稳定性研究等）皆有重大的成就，这些成就在国际上占有重要的地位。

自 1978 年以来，我国陆续成立了分属各有关学会的岩石力学专业机构，如中国水利学会岩土力学专业委员会、中国力学学会土力学专业委员会、中国煤炭学会岩石力学专业委员会等。其中，水利水电岩石力学情报网创办起《岩石力学》的专门期刊。1985 年，我国正式成立了中国岩石力学与工程学会，该学会创办了《岩石力学与工程学报》《岩土工程学报》等。以上所述的工作和成就，对推动我国岩体力学学科的发展和学术水平的提高起到了积极的作用。

思 考 题 与 习 题

1. 思考题

（1）什么是岩体力学？岩石与岩体有什么区别？

（2）什么是岩石？岩石如何分类？

（3）什么是岩体？岩体有什么力学特征？

2. 习题

（1）岩体力学的研究方法和思路是什么？

（2）岩体力学在其他学科中处于什么地位？

（3）用自己的语言陈述一下岩体力学发展过程。

第7章 岩体的物理性质及工程分类

7.1 岩石的物理性质

岩石和土一样，也是由固体、液体和气体三相组成的。所谓物理性质是指岩石三相组成部分的相对比例关系不同所表现的物理状态。与工程密切相关的物理性质有密度和空隙性。

7.1.1 岩石的密度

岩石密度是指单位体积内岩石的质量，单位为 g/cm^3。它是研究岩石风化、岩体稳定性、围岩压力预测及建筑材料选择等必需的参数。岩石密度又分为颗粒密度和块体密度，各类常见岩石的密度值见表7.1。

表 7.1　　　　　　　　　　　　　　常见岩石的物理性质指标值

岩石类型	颗粒密度 $\rho_s/(g/cm^3)$	块体密度 $\rho/(g/cm^3)$	空隙率 $n/\%$	吸水率 W_a $/\%$	软化系数 K_R
花岗岩	2.50~2.84	2.30~2.80	0.4~0.5	0.1~4.0	0.72~0.97
闪长岩	2.60~3.10	2.52~2.96	0.2~0.5	0.3~5.0	0.60~0.80
辉绿岩	2.60~3.10	2.53~2.97	0.3~5.0	0.8~5.0	0.33~0.90
辉长岩	2.70~3.20	2.55~2.98	0.3~4.0	0.5~4.0	
安山岩	2.40~2.80	2.30~2.70	1.10~4.5	0.3~4.5	0.81~0.91
玢岩	2.60~2.84	2.40~2.80	2.1~5.0	0.4~1.7	0.78~0.81
玄武岩	2.60~3.30	2.50~3.10	0.5~7.2	0.3~2.8	0.3~0.95
凝灰岩	2.56~2.78	2.29~2.50	1.5~7.5	0.5~7.5	0.52~0.86
砾岩	2.67~2.71	2.40~2.66	0.8~10.0	0.3~2.4	0.50~0.96
砂岩	2.60~2.75	2.20~2.71	1.6~28.0	0.2~9.0	0.65~0.97
页岩	2.57~2.77	2.30~2.62	0.4~10.0	0.5~3.2	0.24~0.74
石灰岩	2.48~2.85	2.30~2.77	0.5~27.0	0.1~4.5	0.70~0.94
泥灰岩	2.70~2.80	2.10~2.70	1.0~10.0	0.5~3.0	0.44~0.54
白云岩	2.60~2.90	2.10~2.70	0.3~25.0	0.1~3.0	
片麻岩	2.63~3.01	2.30~3.00	0.7~2.2	0.1~0.7	0.75~0.97
石英片岩	2.60~2.80	2.10~2.70	0.7~3.0	0.1~0.3	0.44~0.84
绿泥石片岩	2.80~2.90	2.10~2.85	0.8~2.1	0.1~0.6	0.53~0.69
千枚岩	2.81~2.96	2.71~2.86	0.4~3.6	0.5~1.8	0.67~0.96
泥质板岩	2.70~2.85	2.30~2.80	0.1~0.5	0.1~0.3	0.39~0.52
大理岩	2.80~2.85	2.60~2.70	0.1~6.0	0.1~1.0	
石英岩	2.53~2.84	2.40~2.80	0.1~8.7	0.1~1.5	0.94~0.96

1. 颗粒密度

岩石的颗粒密度（ρ_s）是指岩石固体物质的质量与其体积的比值，即

$$\rho_s = \frac{m_s}{V_c} \tag{7.1}$$

式中 V_c——为固体的体积。

岩石的颗粒密度不包括空隙在内，因此其大小仅取决于组成岩石的矿物密度及其含量。如基性、超基性岩浆岩，含密度大的矿物较多，岩石颗粒密度也大，一般 $\rho_s = 2.7 \sim 3.2 \text{g/cm}^3$；酸性岩浆岩含密度小的矿物较多，岩石颗粒密度也小，其 ρ_s 值多在 $2.5 \sim 2.85 \text{g/cm}^3$ 之间变化；而中性岩浆岩则介于上两者之间。又如硅质胶结的石英砂岩，其颗粒密度接近于石英密度；石灰岩和大理岩的颗粒密度多接近于方解石密度等。

岩石的颗粒密度属实测指标，常用比重瓶法进行测定。首先，将岩石粉碎，并使岩粉通过直径为 0.25mm 的筛网筛选，然后，将其烘干至恒重，称出一定量的岩粉，将岩粉倒入已注入一定量煤油（或纯水）的比重瓶内，摇晃比重瓶将岩粉中的空气排出，静置4h 后，由于加入岩粉使液面升高，读出其刻度，得到加入岩粉后体积的增量；最后，必须测量液体的温度，修正由于液体温度的不同而造成的误差。按要求计算出岩石的密度。

2. 块体密度

块体密度（或岩石密度）是指岩石单位体积内的质量，按岩石试件的含水状态，又有干密度（ρ_d）、饱和密度（ρ_{sat}）和天然密度（ρ）之分，在未指明含水状态时一般是指岩石的天然密度。

$$\rho_d = \frac{m_s}{V} \tag{7.2}$$

$$\rho_{sat} = \frac{m_{sat}}{V} \tag{7.3}$$

$$\rho = \frac{m}{V} \tag{7.4}$$

式中 m_s、m_{sat}、m——岩石试件的干质量、饱和质量和天然质量；
　　　　V——试件的体积。

岩石的块体密度除与矿物组成有关外，还与岩石的空隙性及含水状态密切相关。致密而裂隙不发育的岩石，块体密度与颗粒密度很接近，随着孔隙、裂隙的增加，块体密度相应减小。

岩石的块体密度试验通常用称重法。即先测量标准试件的尺寸（可采用规则试件的量积法及不规则试件的蜡封法测定），然后放在感量精度为 0.01g 的天平上称重，并计算密度参数。饱和密度可采用48h 浸水法或抽真空法使岩石试件饱和。而干密度的测试方法为先将试件放入 108℃烘箱中将岩石烘至恒重（一般约为 24h），再进行称重试验。

密度参数是工程中应用最广泛的参数之一。通常应用密度参数计算岩体的自重应力。而在计算岩体的自重应力时，往往将密度转化为重力密度（简称重度 γ）。两者的区别在于后者与重力加速度有关，其采用的单位为 kN/m³。

7.1.2　岩石的空隙性

岩石是有较多缺陷的多晶材料，因此具有相对较多的孔隙。同时，由于岩石经受过多

种地质作用，还发育有各种成因的裂隙，如原生裂隙、风化裂隙及构造裂隙等。所以，岩石的空隙性比土复杂得多，即除了孔隙外，还有裂隙存在。另外，岩石中的空隙有些部分往往是互不连通的，而且与大气也不相通。因此，岩石中的空隙有开型空隙和闭型空隙之分，开型空隙按其开启程度又有大、小开型空隙之分。与此相对应，可把岩石的空隙率分为总空隙率（n）、总开空隙率（n_o）、大开空隙率（n_b）、小开空隙率（n_a）和闭空隙率（n_c）几种。

$$n = \frac{V_v}{V} \times 100\% \tag{7.5}$$

$$n_o = \frac{V_w}{V} \times 100\% \tag{7.6}$$

$$n_b = \frac{V_{vb}}{V} \times 100\% \tag{7.7}$$

$$n_a = \frac{V_{ua}}{V} \times 100\% = n_0 - n_b \tag{7.8}$$

$$n_c = \frac{V_{vc}}{V} \times 100\% = n - n_0 \tag{7.9}$$

式中　V_v，V_w，V_{vb}，V_{ua}，V_{vc}——岩石中空隙的总体积、总开空隙体积、大开空隙体积、小开空隙体积及闭空隙体积；

其他符号意义同前。

一般提到的岩石空隙率系指总空隙率，其大小受岩石的成因、时代、后期改造及其埋深的影响变化范围很大。常见岩石的空隙率见表 7.1，由表 7.1 可知，新鲜结晶岩类的 n 一般小于 3%，沉积岩的 n 较高，为 1%～10%，而一些胶结不良的砂砾岩，其 n 可达 10%～20%，甚至更大。

岩石的空隙性对岩块及岩体的水理、热学性质及力学性质影响很大。一般来说，空隙率越大，岩块的强度越低，塑性变形和渗透性越大，反之越小。同时岩石由于空隙的存在，使之更易遭受各种风化营力作用，导致岩石的工程地质性质进一步恶化。对可溶性岩石来说，空隙率大，可以增强岩体中地下水的循环与联系，使岩溶更加发育，从而降低了岩石的力学强度并增强其透水性。当岩体中的空隙被黏土等物质充填时，则又会给工程建设带来诸如泥化夹层或夹泥层等岩体力学问题。因此，对岩石空隙性的全面研究，是岩体力学研究的基本内容之一。

岩石的空隙性指标一般不能实测，只能通过密度与吸水性等指标换算求得，其计算方法将在 7.2 节中讨论。

7.2　岩石的水理性质

岩石在水溶液作用下表现出来的性质，称为水理性质，主要有吸水性、软化性、抗冻性及透水性等。

7.2.1　岩石的吸水性

岩石在一定的试验条件下吸收水分的能力，称为岩石的吸水性，常用吸水率、饱和吸水率与饱水系数等指标表示。

1. 吸水率

岩石的吸水率（W_a）是指岩石试件在大气压力和室温条件下自由吸入水的质量（m_{w1}）与岩样干质量（m_s）之比，用百分数表示，即

$$W_a = \frac{m_{w1}}{m_s} \times 100\% \tag{7.10}$$

实测时，先将岩样烘干并称出其干质量，然后浸水饱和。由于试验是在常温常压下进行的，岩石浸水时，水只能进入大开空隙，而小开空隙和闭型空隙水不能进入。因此可用吸水率来计算岩石的大开空隙率（n_b），即

$$n_b = \frac{V_{vb}}{V} \times 100\% = \frac{\rho_d W_a}{\rho_w} \tag{7.11}$$

式中 ρ_w——水的密度，取 $\rho_w = 1\text{g/cm}^3$。

岩石的吸水率大小主要取决于岩石中孔隙和裂隙的数量、大小及其开启程度，同时还受到岩石成因、时代及岩性的影响。大部分岩浆岩和变质岩的吸水率多为 0.1%～2.0% 之间，沉积岩的吸水性较强，其吸水率多变化在 0.2%～7.0% 之间。常见岩石的吸水率见表7.1及表7.2。

表 7.2   几种岩石的吸水性指标值

岩石名称	饱和吸水率/%	饱水系数	岩石名称	饱和吸水率/%	饱水系数
花岗岩	0.84	0.55	云母片岩	1.31	0.10
石英闪长岩	0.54	0.59	砂岩	11.99	0.60
玄武岩	0.39	0.69	石灰岩	0.25	0.36
基性斑岩	0.42	0.83	白云质灰岩	0.92	0.80

2. 饱和吸水率

岩石的饱和吸水率（W_p）是指岩石试件在高压（一般压力为15MPa）或真空条件下吸入水的质量（m_{w2}）与岩样干质量（m_s）之比，用百分数表示，即

$$W_p = \frac{m_{w2}}{m_s} \times 100\% \tag{7.12}$$

在高压（或真空）条件下，一般认为水能进入所有开空隙中，因此岩石的总开空隙率可表示为

$$n_0 = \frac{V_{v0}}{V} \times 100\% = \frac{\rho_d W_p}{\rho_w} \times 100\% \tag{7.13}$$

岩石的饱和吸水率也是表示岩石物理性质的一个重要指标。由于它反映了岩石总开空隙的发育程度，因此亦可间接地用它来判定岩石的抗风化能力和抗冻性。常见岩石的饱和吸水率见表7.2。

3. 饱水系数

岩石的吸水率（W_a）与饱和吸水率（W_p）之比，称为饱水系数。它反映了岩石中大、小开空隙的相对比例关系。一般来说，饱水系数越大，岩石中的大开空隙相对越多，而小开空隙相对越少。另外，饱水系数大，说明常压下吸水后余留的空隙就越少，岩石越

易被冻胀破坏，因而其抗冻性差。几种常见岩石的饱水系数见表 7.2。

7.2.2 岩石的软化性

岩石浸水饱和后强度降低的性质，称为软化性，用软化系数（K_R）表示。K_R 定义为岩石试件的饱和抗压强度（σ_{cw}）与干抗压强度（σ_c）的比值，即

$$K_R = \frac{\sigma_{cw}}{\sigma_c} \tag{7.14}$$

显然，K_R 越小则岩石软化性越强。研究表明：岩石的软化性取决于岩石的矿物组成与空隙性。当岩石中含有较多的亲水性和可溶性矿物，且含大开空隙较多时，岩石的软化性较强，软化系数较小。如黏土岩、泥质胶结的砂岩、砾岩和泥灰岩等岩石，软化性较强，软化系数一般为 0.4~0.6，甚至更低。常见岩石的软化系数见表 7.1。由表 7.1 可知，岩石的软化系数都小于 1.0，说明岩石均具有不同程度的软化性。一般认为，软化系数 $K_R > 0.75$ 时，岩石的软化性弱，同时也说明岩石的抗冻性和抗风化能力强；而 $K_R < 0.75$ 的岩石则是软化性较强和工程地质性质较差的岩石。

软化系数是评价岩石力学性质的重要指标，特别是在水工建设中，对评价坝基岩体稳定性时具有重要意义。

7.2.3 岩石的抗冻性

岩石抵抗冻融破坏的能力，称为抗冻性。常用抗冻系数和质量损失率来表示。抗冻系数（R_d）是指岩石试件经反复冻融后的干抗压强度（σ_{c2}）与冻融前干抗压强度（σ_{c1}）之比，用百分数表示，即

$$R_d = \frac{\sigma_{c2}}{\sigma_{c1}} \times 100\% \tag{7.15}$$

质量损失率（K_m）是指冻融试验前后干质量之差（$m_{s1} - m_{s2}$）与试验前干质量（m_{s1}）之比，以百分数表示，即

$$K_m = \frac{m_{s1} - m_{s2}}{m_{s1}} \times 100\% \tag{7.16}$$

试验时，要求先将岩石试件浸水饱和，然后在 -20~20℃ 温度下反复冻融 25 次以上。冻融次数和温度可根据工程地区的气候条件选定。

岩石在冻融作用下强度降低和破坏的原因有以下两个方面：

（1）岩石中各组成矿物的体膨胀系数不同，以及在岩石变冷时不同层中温度的强烈不均匀性，因而产生内部应力。

（2）由于岩石空隙中冻结水的冻胀作用所致。水冻结成冰时，体积增大达 9% 并产生膨胀压力，使岩石的结构和连结遭受破坏。研究表明：冻结时岩石中产生的破坏应力取决于冰的形成速度及其与局部压力消散的难易程度间的关系，自由生长的冰晶体向四周的伸展压力是其下限（约 0.05MPa），而完全封闭体系中的冻结压力，在 -22℃ 温度下可达 200MPa，使岩石遭受破坏。

岩石的抗冻性取决于造岩矿物的热物理性质和强度、粒间连接、开空隙的发育情况以及含水率等因素。由坚硬矿物组成且具强的结晶连接的致密状岩石，其抗冻性较高；反之，则抗冻性低。一般认为 $R_d > 75\%$，$K_m < 2\%$ 时，为抗冻性高的岩石；另外，$W_a <$

5%、$K_R > 0.75$ 且饱水系数小于 0.8 的岩石，其抗冻性也相当高。

7.2.4 岩石的透水性

在一定的水力梯度或压力差作用下，岩石能被水透过的性质，称为透水性。它反映了岩石中裂隙间互相连通的程度。一般认为，水在岩石中的流动，如同水在土中流动一样，也服从于线性渗流规律——达西定律，即

$$q_x = K \frac{\mathrm{d}h}{\mathrm{d}x} A \tag{7.17}$$

式中　q_x——沿 x 方向水的流量，$\mathrm{m^3/s}$；

　　　h——水头的高度；

　　　A——垂直于 x 方向的截面面积；

　　　K——岩石的渗透系数。

渗透系数是表征岩石透水性的重要指标，其大小取决于岩石中空隙的数量、规模及连通情况等，并可在室内根据达西定律测定。某些岩石的渗透系数见表 7.3。由表 7.3 可知：岩石的渗透性一般都很小，远小于相应岩体的透水性，新鲜致密岩石的渗透系数一般均小于 $10^{-7}\mathrm{cm/s}$ 量级。同一种岩石，有裂隙发育时，渗透系数急剧增大，一般比新鲜岩石大 4～6 个数量级，甚至更大，说明空隙性对岩石透水性的影响是很大的。

表 7.3　　　　　　　　　　　　几种岩石的渗透系数值

岩 石 名 称	空 隙 情 况	渗透系数 $K/(\mathrm{cm/s})$
花岗岩	较致密、微裂隙	$1.1 \times 10^{-11} \sim 9.5 \times 10^{-11}$
	含微裂隙	$1.1 \times 10^{-11} \sim 2.5 \times 10^{-11}$
	微裂隙及部分粗裂隙	$2.8 \times 10^{-9} \sim 7 \times 10^{-8}$
石灰岩	致密	$3 \times 10^{-12} \sim 6 \times 10^{-10}$
	微裂隙、孔隙	$2 \times 10^{-9} \sim 3 \times 10^{-6}$
	空隙较发育	$9 \times 10^{-6} \sim 3 \times 10^{-4}$
片麻岩	致密	$< 10^{-13}$
	微裂隙	$9 \times 10^{-9} \sim 4 \times 10^{-7}$
	微裂隙发育	$2 \times 10^{-9} \sim 3 \times 10^{-6}$
辉绿岩、玄武岩	致密	$< 10^{-13}$
砂岩	较致密	$10^{-13} \sim 2.5 \times 10^{-10}$
	空隙发育	5.5×10^{-6}
页岩	微裂隙发育	$2 \times 10^{-10} \sim 8 \times 10^{-9}$
片岩	微裂隙发育	$10^{-9} \sim 5 \times 10^{-5}$
石英岩	微裂隙	$1.2 \times 10^{-10} \sim 1.8 \times 10^{-10}$

应当指出，对裂隙岩体来说，不仅其透水性远比岩块大，而且水在岩体中的渗流规律也比达西定律所表达的线性渗流规律要复杂得多。因此，达西定律在多数情况下不适用于裂隙岩体，必须用裂隙岩体渗流理论来解决其水力学问题。

7.3 岩石的其他性质

7.3.1 岩石耐崩解性

岩石的崩解性是指岩石与水相互作用时失去黏结性并变成完全丧失强度的松散物质的性能。这种现象是由于水化过程中削弱了岩石内部的结构联络引起的。常见于由可溶盐和黏土质胶结的沉积岩地层中。

岩石的崩解性一般用耐崩解性指数表示，该指数是通过对岩石试件进行烘干，浸水循环试验所得的指数。它直接反映了岩石在浸水和温度变化的环境下抵抗风化作用的能力。耐崩解性指数的试验是将经过烘干的试块（约重 500g，且分成 10 块左右），放入一个带有筛孔的圆筒内，使该圆筒在水槽中以 20r/min 的速度，连续旋转 10min，然后将留在圆筒内的岩块取出再次烘干称重。如此反复进行两次后，按下式求得耐崩解性指数

$$I_{d2} = \frac{m_r}{m_s} \times 100\% \tag{7.18}$$

式中　I_{d2}——经两次循环试验而求得的耐崩解性指数，该指数在 0～100% 内变化；

　　　m_s——试验前试块的烘干质量；

　　　m_r——残留在圆筒内试块的烘干质量。

甘布尔认为：耐崩解性指数与岩石成岩的地质年代无明显的关系，而与岩石的密度成正比，与岩石的含水量成反比。并列出了表 7.4 的分类，对岩石的耐崩解性进行评价。

表 7.4　　　　　　　　　　　　甘布尔的崩解耐久性分类

组　　名	一次 10min 旋转后留下的百分数（按干重计）/%	两次 10min 旋转后留下的百分数（按干重计）/%
极高的耐久性	>99	>98
高耐久性	98～99	95～98
中等高的耐久性	95～98	85～95
中等的耐久性	85～95	60～85
低耐久性	60～85	30～60
极低的耐久性	<60	<30

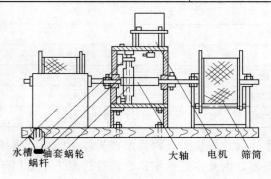

水槽　轴套蜗轮　　　　　大轴　电机　筛筒
　　　蜗杆

图 7.1　耐崩解性试验仪

耐崩解性试验仪如图 7.1 所示。

7.3.2 岩石的膨胀性

岩石的膨胀性是指岩石浸水后体积增大的性质。某些含有黏土矿物的岩石，遇水后会发生膨胀现象。这是因为黏土矿物遇水促使其颗粒间的水膜增厚所致。因此，对于含有黏土矿物的岩石，掌握其经开挖后遇水膨胀的特性是十分必要的。岩石的膨胀特性通常以岩石的自由膨胀率、岩石的侧向约束膨

胀率、膨胀压力等来表述。

1. 岩石的自由膨胀率

岩石的自由膨胀率是指岩石试件在无任何约束的条件下浸水后所产生膨胀变形与试件原尺寸的比值。常用的有岩石的径向自由膨胀率（V_D）和轴向自由膨胀率（V_H）。这一参数适用于不易崩解的岩石。

$$V_D = \frac{\Delta D}{D} \times 100\% \tag{7.19}$$

$$V_H = \frac{\Delta H}{H} \times 100\% \tag{7.20}$$

式中　ΔH、ΔD——浸水后岩石试件轴向、径向膨胀变形量；

　　　　H、D——岩石试件试验前的高度、直径。

自由膨胀率的试验通常是将加工完成的试件浸入水中，按一定的时间间隔测量其变形量，最终按式（7.19）、式（7.20）计算而得。

2. 岩石的侧向约束膨胀率

与岩石自由膨胀率不同，岩石侧向约束膨胀率（V_{HP}）是将具有侧向约束的试件浸入水中，使岩石试件仅产生轴向膨胀变形而求得的膨胀率。其计算式为

$$V_{HP} = \frac{\Delta H_1}{H} \times 100\% \tag{7.21}$$

式中　ΔH_1——有侧向约束条件下所测得的轴向膨胀变形量。

3. 岩石的膨胀压力

岩石的膨胀压力是指岩石试件浸水后，使试件保持原有体积所施加的最大压力。其试验方法类似于膨胀率试验。只是要求限制试件不出现变形而测量其相应的最大压力。

上述三个参数从不同的角度反映了岩石遇水膨胀的特性，进而可利用这些参数，评价建造于含有黏土矿物岩体中的洞室的稳定性，并为这些工程的设计提供必要的参数。

以上所叙述的是岩石常用的指标。除此以外，有关影响岩石可钻性的岩石硬度、影响洞室冷、热流体的储存和地热回收的热传导性、热容量以及热膨胀系数等特性。由于这些指标对于建筑工程而言，并不十分重要，因此不作深入具体的介绍。

7.4　岩石的工程分类

岩体的工程分类是岩体力学中的一个重要研究课题。它既是工程岩体稳定性分析的基础，也是岩体工程地质条件定量化的一个重要途径。岩体工程分类实际上是通过岩体的一些简单和容易实测的指标，把工程地质条件和岩体力学性质参数联系起来，并借鉴已建工程设计、施工和处理等方面成功与失败的经验教训，对岩体进行归类的一种工作方法。其目的是通过分类，概括地反映各类工程岩体的质量好坏，预测可能出现的岩体力学问题，为工程设计、支护衬砌、建筑物选型和施工方法选择等提供参数和依据。

目前，国内外已提出的岩体分类方案有数 10 种之多，其中以考虑各种地下洞室围岩稳定性的居多。有定性的，也有定量或半定量的，有单一因素的分类，也有考虑多种因素的综合分类。各种方案所考虑的原则和因素也不尽相同，但岩体的完整性和成层条件、岩

块强度、结构面发育情况和地下水等因素都不同程度地考虑到了。下面主要介绍几种国内外应用较广、影响较大的分类方法。

7.4.1　岩体完整程度分类

《工程岩体分级标准》（GB 50218—2014）规定岩体完整程度可按表 7.5 分类。《岩土工程勘察规范》（GB 50021—2001）也有类似规定。

表 7.5　　　　　　　　　　　　　岩体完整程度划分表

岩体完整性指数 K_v	>0.75	0.75~0.55	0.55~0.35	0.35~0.15	<0.15
完整程度	完整	较完整	较破碎	破碎	极破碎

注　完整性指数为岩体压缩波速度与岩块压缩波速度之比的平方，选定岩体和岩块测定波速时，应注意其代表性。

7.4.2　岩体地质力学分类（RMR 分类）

对岩体质量的评价有着不同的评价标准，如按裂隙率大小、裂隙间距、岩体的大小以及岩石质量指标等。但是这些指标只能表示岩体的完整程度，不足以反映整个岩体的工程质量。决定岩体质量高低的还应包括节理、裂隙性状特征与充填情况、岩体强度以及地下水的作用等因素。

表 7.6　　　　　　岩体地质力学（RMR）分类表（分类参数及其评分值）

	分类参数		数　值　范　围						
1	完整岩石强度/MPa	点荷载强度指标	>10	4~10	2~4	1~2	对强度较低的岩石宜用单轴抗压强度		
		单轴抗压强度	>250	100~250	50~100	25~50	5~25	1~5	<1
	评分值		15	12	7	4	2	1	0
2	岩芯质量指标 RQD		90~100	75~90	50~75	25~50	<25		
	评分值		20	15	10	8	3		
3	节理间距/cm		>200	60~200	20~60	6~20	<6		
	评分值		20	15	10	8	5		
4	节理条件		节理面很粗糙，节理不连续，节理宽度为零，节理面岩石坚硬	节理面稍粗糙，宽度小于 1mm，节理面岩石坚硬	节理面稍粗糙，宽度小于 1mm，节理面岩石软弱	节理面光滑或含厚度小于 5mm 的软弱夹层，张开度 1~5mm，节理连续	含厚度大于 5mm 的软弱夹层，张开度大于 5mm，节理连续		
	评分值		30	25	20	10	0		
5	地下水条件	每 10cm 长的隧道涌水量/(L/min)	无	<10	10~25	25~125	>125		
		节理水压力与最大主应力的比值	0	<0.1	0.1~0.2	0.2~0.5	>0.5		
		总条件	完全干燥	潮湿	只有湿气（有裂隙水）	中等水压	水的问题严重		
	评分值		15	10	7	4	0		

岩体分类由比尼卫斯基（Bienawski，1973）提出，后经多次修改，于 1989 年发表在《工程岩体分类》一书中。该分类系统由岩块强度、RQD 值、节理间距、节理条件及地下水 5 类指标组成。分类步骤如下：

（1）根据各类指标的数值，按表 7.6 的标准评分，求和得总分 RMR 值。

（2）按表 7.7 和表 7.9 的规定对总分作适当的修正。

（3）用修正后的总分对照表 7.8 求得岩体的类别及相应的无支护地下洞室的自稳时间和岩体强度指标（c，ϕ）值。

表 7.7　　　岩体地质力学（RMR）分类表（按节理方向修正评分值）

节理走向或倾向		非常有利	有利	一般	不利	非常不利
评分值	隧道	0	−2	−5	−10	−12
	地基	0	−2	−7	−15	−25
	边坡	0	−5	−25	−50	−60

表 7.8　　岩体力学（RMR）分类表按总评分值确定的岩体级别及岩体质量评价

评分值	100～81	80～61	60～41	40～21	<20
分级	I	II	III	IV	V
质量描述	非常好的岩体	好岩体	一般岩体	差岩体	非常差岩体
平均稳定时间	（15m 跨度）20a	（10m 跨度）1a	（5m 跨度）7d	（2.5m 跨度）10h	（1m 跨度）30min
岩体内聚力/kPa	>400	300～400	200～300	100～200	<100
岩体内摩擦角/(°)	>45	35～45	25～35	15～25	<15

表 7.9　　　　　　　节理走向和倾角对隧道开挖的影响

走向与隧道轴垂直				走向与隧道轴平行		与走向无关
沿倾向掘进		反倾向掘进				
倾角/(°)	倾角/(°)	倾角/(°)	倾角/(°)	倾角/(°)	倾角/(°)	倾角/(°)
45～90	20～45	45～90	20～45	20～45	45～90	0～20
非常有利	有利	一般	不利	一般	非常不利	不利

7.4.3　岩体工程分类的发展趋势

为了既全面地考虑各种影响因素，又能使分类形式简单、使用方便，岩体工程分类将向以下方向发展：

（1）逐步向定性和定量相结合的方向发展。对反映岩体性状固有地质特征的定性描述，是正确认识岩体的先导，也是岩体分类的基础和依据。然而，如果只有定性描述而无定量评价是不够的，因为这将使岩体类别的判定缺乏明确的标准，应用时随意性大，失去分类意义。因此，应采用定性与定量相结合的方法。

（2）采用多因素综合指标的岩体分类。为了比较全面地反映影响工程岩体稳定性的各种因素，倾向于用多因素综合指标进行岩体分类。在分类中，主要考虑的是岩体结构、结构面特征、岩块强度、岩石类型、地下水、风化程度、天然应力状态等。在进行岩体分类时，都力图充分考虑各种因素的影响和相互关系，根据影响岩体性质的主要因素和指标进行综合分类评价。近年来，许多分类都很重视岩体的不连续性，把岩体的结构和岩石质量因素作为影响岩体质量的主要因素和指标。

（3）岩体工程分类与地质勘探结合起来。利用钻孔岩心和钻孔等进行简易岩体力学测试（如波速测试，回弹仪及点荷载试验等）研究岩体特性，初步判别岩体类别，减少费用昂贵的大型试验，使岩体分类简单易行，这也是国内外岩体分类的一个发展趋势。

（4）新理论、新方法在岩体分类中的应用。计算机等先进手段的出现，使一些新理论、新方法（如专家系统、模糊评价等）也相继应用于岩体分类中，出现了一些新的分类方法。可以预见这也是岩体工程分类的一个新的发展趋势。

（5）强调岩体工程分类结果与岩体力学参数估算的定量关系的建立，重视分类结果与工程岩体处理方法、施工方法相结合。

思 考 题 与 习 题

1. 思考题

（1）岩石的密度有哪几种？有什么区别？

（2）岩石的空隙性有哪几种？对岩石的水理性质、力学性质有什么影响？

（3）岩石的软化性是什么？

（4）岩石在冻融作用下强度降低和破坏的原因有哪几个方面？

2. 习题

（1）岩石的常用物性指标有哪些？请给出各指标的定义、计算公式、试验方法、相互关系。

（2）岩土是如何进行工程分类的？

（3）已知岩样的重度 $\gamma = 24.5 \text{kN/m}^3$，相对密度 $G_s = 2.85$，天然含水量 $w_0 = 8\%$，试计算该岩样的孔隙率 n，干重度 γ_d 及饱和重度 γ_{sat}。

（4）有一长 2.0m、截面积 0.5m^2 的大理石岩柱。求在环境骤然下降 40℃ 条件下，岩柱散失的热量及因温差引起的变形大小 ［已知大理岩比热容 $c = 0.85\text{J/(g·℃)}$，线膨胀系数 $\alpha = 1.5 \times 10^{-5}℃^{-1}$］。

第8章 岩体的基本力学性质

8.1 概 述

岩体是由岩块和结构面组成的。因此，研究岩体的力学性质，首先要研究岩块的力学性质。在某种特定条件下，如岩体中结构面不发育，岩体呈整体状或块状结构时，岩块的变形与强度性质往往可以近似地代替岩体的变形与强度性质。这时岩体的性质与岩块比较接近，常可通过岩块力学性质的研究外推岩体的力学性质，并解决有关岩体力学问题。另外，岩块强度还是评价建筑材料和岩体工程分类的重要指标。因此，开展对岩块变形与强度性质的研究，必然有助于更全面、深入地了解岩体的力学性质。

岩块的力学性质研究主要通过室内岩块试验方法进行。根据岩块、岩体的应力-应变及其与时间之间关系，可将其力学属性作如下划分：

（1）弹性（elasticity）。在一定的应力范围内，物体受外力作用产生全部变形，而去除外力（卸荷）后能够立即恢复其原有的形状和尺寸大小的性质，称为弹性。产生的变形称为弹性变形，并把具有弹性性质的物体称为弹性介质。弹性按其应力-应变关系又可分为两种类型：一种为线弹性或虎克型弹性（或称理想弹性），应力-应变呈直线关系；另一种为应力应变呈非直线的非线性弹性。实际上，理想的弹性岩体是根本不存在的。因此，利用弹性理论解决岩体力学问题时，必须注意这种理论的应用条件，以及由于应用条件与实际岩体性状之间的差别可能造成的误差。

（2）塑性（plasticity）。物体受力后产生变形，在外力去除（卸荷）后不能完全恢复原状的性质，称为塑性。不能恢复的那部分变形称为塑性变形，或称永久变形、残余变形。在外力作用下只发生塑性变形，或在一定的应力范围内只发生塑性变形的物体，称为塑性介质。

（3）黏性（viscosity）。物体受力后变形不能在瞬时完成，且应变速率随应力增加而增加的性质，称为黏性。理想的黏性材料（如牛顿流体），其应力-应变速率关系为过坐标原点的直线，应变速率随应力变化的变形称为流动变形。

（4）脆性（brittle）。物体受力后，变形很小时就发生破裂的性质，称为脆性。材料的塑性与脆性是根据其受力破坏前的总应变及全应力-应变曲线上负坡的坡降大小来划分的。破坏前总应变小，负坡较陡者为脆性，反之为塑性。工程上一般以5％为标准进行划分，总应变大于5％者为塑性材料，反之为脆性材料。赫德以3％和5％为界限，将岩石划分三类：总应变小于3％为脆性岩石；总应变为3％～5％为半脆性或脆-塑性岩石；总应变大于5％为塑性岩石。按以上标准，大部分地表岩石在低围压条件下都是脆性或半脆性的。当然，岩石的塑性与脆性是相对的，在一定的条件下可以相互转化，如在高温高压条件下，脆性岩石可表现很高的塑性。

（5）延性（ductile）。物体能承受较大塑性变形而不丧失其承载力的性质，称为延性。

岩石是矿物的集合体，具有复杂的组成成分和结构，因此其力学属性也是很复杂的。一方面受岩石成分与结构的影响；另一方面还和它的受力条件，如荷载的大小及其组合情况、加载方式与速率及应力路径等密切相关。例如，在常温常压下，岩石既不是理想的弹性材料，也不是简单的塑性和黏性材料，而往往表现出弹-塑性、塑-弹性、弹-黏-塑或黏-弹性等性质。此外，岩体所赋存的环境条件，如温度、地下水与天然应力对其性状的影响也很大。

8.2　岩石的强度特性

在外荷载作用下，当荷载达到或超过某一极限时，岩石就会产生破坏。根据破坏时的应力类型，岩石的破坏有受拉破坏、剪切破坏和流动破坏三种基本类型。岩石抵抗外力破坏的能力称为岩石的强度（strength of rock）。由于受力状态的不同，岩石的强度也不同，如单轴抗压强度、单轴抗拉强度、剪切强度、三轴压缩强度等，分别讨论如下。

8.2.1　岩石的单轴抗压强度

岩石的单轴抗压强度是指岩石试件在无侧限条件下，受轴向力作用破坏时单位面积上所承受的荷载。

$$R_c = \frac{P}{A} \tag{8.1}$$

式中　R_c——单轴抗压强度，也称为无侧限强度；

　　　P——在无侧限条件下，轴向的破坏荷载；

　　　A——试件的截面面积。

1. 单轴抗压强度的试验方法

在岩体力学中，岩石的单轴抗压强度是研究最早、最完善的特性之一。按照《工程岩体试验方法标准》（GB/T 50266—2013）的要求，单轴抗压强度的试验方法是在带有上、下块承压板的试验机内，按一定的加载速度单向加压直至试件破坏。此外，对试件的加工也有一定的要求。即试件的直径或边长为 4.8～5.2cm，高度为直径的 2.0～2.5 倍，试件两端面的不平整度不得大于 0.05mm，在试件的高度上直径或边长的误差不得大于 0.3mm，两端面应垂直于试件轴线，最大偏差不得大于 0.25°。由于试件尺寸和加工精度统一，使试验结果具有较好的可比性。

2. 在单向压缩荷载作用下试件的破坏形态

在荷载作用下，岩石试件的破坏形态是表现岩石破坏机理的重要特征。它不仅表现了岩石受力过程中的应力分布状态，同时还反映了不同试验条件对强度的影响。因此，岩石的破坏形态备受重视，岩石在单轴压缩应力作用下的主要破坏形态有以下两种情况：

（1）圆锥形破坏。其破坏形态如图 8.1（a）所示。据分析这种破坏形态是由于试件两端面与试验机承压板之间摩擦力增大造成的。在试验加压的过程中，试件的应力分布如图 8.2 所示。与承压板接触的两个三角形区域内为压应力，而其他区域内的表现为拉应力。由于试件端面与承压板之间的摩擦力使试件端面部分形成了一个箍的作用，而这一作用随远离承压板而减弱，使其表现为拉应力。在无侧限的条件下，由于侧向的部分岩石可自由地向外变形、剥离，最终形成圆锥形破坏的形态。

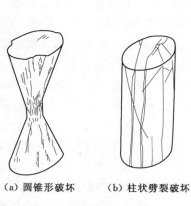

（a）圆锥形破坏　　（b）柱状劈裂破坏

图 8.1　单轴压缩破坏形态

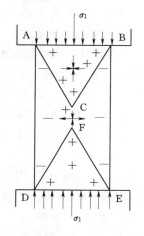

图 8.2　在两个金属板之间压缩
圆柱体样品的应力-应变分布

（2）柱状劈裂破坏。其破坏形态如图 8.1（b）所示。若采用有效方法消去岩石试件两端面的摩擦力，则试件的破坏形态成为柱状劈裂破坏。试件在破坏时，主要出现平行于试件轴线的垂直裂缝，使试件丧失了抵抗外力的能力。由于在试验过程中消除了试验机所给予的影响而形成了柱状劈裂破坏。因此，可以说柱状劈裂破坏是岩石在单轴压缩应力作用下自身所固有的破坏特性的表现。据此，可见利用岩石破坏时的性态特征来分析试验结果的可靠性。

3. 单轴抗压强度的影响因素

试验研究表明，岩块的抗压强度受一系列因素影响和控制。这些因素主要包括两个方面：一是岩石本身性质方面的因素，如矿物组成、结构构造（颗粒大小、连接及微结构发育特征等）、密度及风化程度等；二是试验条件方面的因素，如试件大小、尺寸相对比例、形状、试件加工情况和加荷速率等。

（1）结晶程度和颗粒大小。岩石的结晶程度和颗粒大小对其抗压强度的影响十分显著。一般来说，结晶岩石比非结晶岩石强度高，细粒结晶的岩石比粗粒结晶的岩石强度高。如粗晶方解石组成的大理岩强度为 $80 \sim 120$ MPa，而晶粒为千分之几毫米组成的致密石灰岩的强度能达到 260MPa；细晶花岗岩的强度能达到 260MPa，而粗晶花岗岩的强度则低至 120MPa。

（2）胶结情况。对沉积岩来说，胶结情况和胶结物对强度的影响很大。石灰质胶结的岩石强度较低，如石灰质胶结的砂岩的强度在 $20 \sim 100$ MPa 之间。而硅质胶结的岩石具有很高强度，例如，致密的砂岩和胶结物为硅质的砂岩的强度都很高，有时可达到 200MPa，泥质胶结的岩石强度最低，软弱岩石往往属于这一类。以黏土颗粒而论，由硅质胶结的泥板岩的强度可达到 200MPa，而由泥质胶结的泥质页岩的强度最高也不会超过 100MPa。

（3）矿物成分。不同矿物组成的岩石具有不同的抗压强度，这是矿物本身的特点，不同的矿物有着不同的强度。但即使相同矿物组成的岩石，因受到颗粒大小、连接胶结情况、生成条件等影响，它们的抗压强度也相差很大。例如，石英是已知造岩矿物中强度较高的矿物，如果石英的颗粒在岩石中相互连接成骨架，则随着石英含量的增加岩石的强度也增加。石英岩中石英颗粒是成结晶状，所以石英岩的强度很高（大于 300MPa）。而在花岗岩中如果石英颗粒是分散的，未组成骨架，则石英含量的增加对花岗岩强度的影响也相对地要小些。而且，花岗岩中含有云母类的片状矿物以及在两个方向上有很发育的解理面的长石，使花岗岩具有隐蔽的软弱面，从而使强度降低。所以，花岗岩中这类矿物含量较多且颗粒较大时，对花岗岩的强度起着显著不良的影响，成为决定花岗岩强度的主要因素。

（4）生成条件。岩石的生成条件直接影响其强度。在岩浆岩结构中，形成具有非结晶物质则会大大地降低岩石的强度。例如，细粒橄榄玄武岩的强度达到 300MPa 以上，而玄武质熔岩的强度却低至 30～150MPa。生成条件影响的另一方面是埋藏深度，例如，埋藏在深部的岩石的强度比接近地面的岩石强度要高。由于埋藏越深，岩石受压越大，孔隙率越小，因而岩石强度增加。

（5）湿度和温度。水对岩石的抗压强度起着明显的影响。当水侵入岩石时，水就顺着裂隙、孔隙进入润湿岩石全部自由面上的每个矿物颗粒。由于水分子的侵入改变了岩石的物理状态，削弱了粒间联系，使强度降低，其降低程度取决于孔隙和裂隙的状况、组成岩石的矿物成分的亲水性和水分含量、水的物理化学性质等。因此，岩石受水饱和状态试件的抗压强度（湿抗压强度）和干燥状态试件的抗压强度是不同的，它们的比值称为软化系数。

温度对岩块强度也有明显的影响。一般来说，随温度升高，岩石的脆性降低，黏性增强，岩块强度也随之降低。

（6）块体密度的影响。块体密度也常常是反映强度的因素，如石灰岩的块体密度从 1500kg/m³ 增加到 2700kg/m³，其抗压强度就由 5MPa 增加到 180MPa。

（7）风化作用。风化作用对岩石的强度有重要影响。例如，未风化的花岗岩的抗压强度一般超过 100MPa，而强风化的花岗岩的抗压强度可降至 4MPa。

以上是岩石本身方面的影响因素，下面讨论试验方面的影响因素。

（8）试件的几何形状及加工精度。试件的几何形状的影响表现在当试件断面积和高径比相同的情况下，断面为圆形的试件强度大于多边形试件强度。在多边形试件中，边数增多，试件强度降低。其原因是由于多边形试件的棱角处易产生应力集中，棱角越尖应力集中越强烈，试件越易破坏，岩块抗压强度也就越低。

试件尺寸越大，岩块强度越低，这被称为尺寸效应。尺寸效应的核心是结构效应。因为大尺寸试件包含的细微结构面比小尺寸试件多，结构也复杂一些，因此，试件的破坏概率也大。

试件的高径比即试件高度（h）与直径或边长（D）的比值，它对岩块强度也有明显的影响。一般来说，随 h/D 的增大，岩块强度降低，其原因是随 h/D 的增大导致试件内应力分布及其弹性稳定状态不同所致。当 h/D 很小时，试件内部的应力分布趋于三向应力状态，因而试件具有很高的抗压强度；相反，当 h/D 很大时，试件由于弹性不稳定而易于破坏，降低了岩块的强度；而 $h/D=2\sim3$ 时，试件内应力分布较均匀，且容易处于弹性稳定状态。因此，为了减少试件的尺寸影响及统一试验方法，国内有关试验规程规定：抗压试验应采用直径或边长为 5cm，高径比为 2 的标准规则试件。

试件加工精度的影响主要表现在试件端面平整和平行度的影响上。端面粗糙和不平行的试件容易产生局部应力集中，降低了岩块强度。因此试验对试件加工精度要求较高。

(9) 加荷速率。岩块的强度常随加荷速率增大而增高。这是因为随加荷速率的增大，若超过了岩石的变形速率，即岩石变形未达稳定就继续增加荷载，则在试件内将出现变形滞后于应力的现象，使塑性变形来不及发生和发展，增大了岩块强度。因此，为了规范试验方法，现行的试验规程都规定了加荷速率，一般约为 0.5~0.8MPa/s。

(10) 端面条件。端面条件对岩块强度的影响，称为端面效应。其产生原因一般认为是由于试件端面与压力机压板间的摩擦作用改变了试件内部的应力分布和破坏方式，进而影响岩块的强度。

试件受压时，轴向趋于缩短，横向趋于扩张，而试件和压板间的摩擦约束作用则阻止其扩张。其结果使试件内的应力分布趋于复杂化，在端面效应下试件两端各有一个锥形的三向应力状态分布区，其余部分除轴向仍为压应力外，径向和环向均处于受拉状态。由于三向压应力引起强度硬化，拉应力产生强度软化效应，致使试件产生对顶锥破坏。这种破坏实质上是端面效应的反应，并不是岩块在单轴压缩条件下所固有的破坏形式。如果改变其接触条件，消除端面间的摩擦作用，则岩块的破坏将变为受拉应力控制的劈裂破坏和剪切破坏型式。消除或减少端面摩擦的常用方法是在试件与压板间插入刚度与试件相匹配、断面尺寸与试件相同的垫块。

8.2.2 岩石的单轴抗拉强度

岩块试件在单向拉伸时能承受的最大拉应力，称为单轴抗拉强度，简称抗拉强度。虽然在工程实践中一般不允许拉应力出现，但受拉破坏仍是工程岩体及自然界岩体的主要破坏形式之一，而且岩石抵抗拉应力的能力较低。因此，抗拉强度是一个重要的岩体力学指标。它还是建立岩石强度判据、确定强度包络线以及建筑石材选择中不可缺少的参数。

岩块的抗拉强度是通过室内试验测定的，其方法包括直接拉伸法和间接法两种。间接法包括劈裂法、抗弯法及点荷载法等。其中以劈裂法和点荷载法最常用。

1. 直接拉伸法

直接拉伸法是将圆柱状试件两端固定在材料试验机的拉伸夹具内，然后对试件施加轴向拉荷载直至破坏。试件抗拉强度 R_t 为

$$R_t = \frac{P}{A} \tag{8.2}$$

式中　R_t——岩石的单轴抗拉强度，MPa；

　　　P——试件受拉破坏时的极限拉力；

　　　A——与所施加拉力相垂直的横截面积。

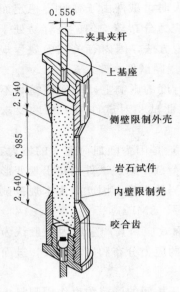

图 8.3　单轴拉伸试验

岩石试件与夹具连接的方法如图 8.3 所示。进行直接拉伸法试验的关键在于：一是岩石试件与夹具间必须有足够的黏结力或者摩擦力；二是所施加的拉力必须与岩石试件同轴心。否则，就会出现岩石试件与夹具脱落，或者由于偏心荷载，使试件的破坏断面不垂直于岩石试件的轴心等现象，致使试验失败。

该法的缺点是：试件制备困难，它不易与拉力机固定，而且在试件固定处往往有应力集中现象，同时难免在试件两端有弯曲力矩。因此，这个方法用得不多。

2. 间接法

（1）抗弯法。抗弯法是利用结构试验中梁的三点或四点加载的方法，使梁的下沿产生纯拉应力的作用而使岩石试件产生断裂破坏的原理，间接地求出岩石的抗拉强度值。此时，其抗拉强度为

$$R_t = \frac{MC}{I} \tag{8.3}$$

式中　R_t——由三点或四点抗弯试验所求得的最大拉应力，它相当于岩石的抗拉强度 R_t；

　　　M——作用在试件截面上的最大弯矩；

　　　C——梁的边缘到中性轴的距离；

　　　I——梁截面绕中性轴的惯性矩。

式（8.3）的成立是建立在以下四个基本假设基础之上：

1）梁的截面严格保持为平面。

2）材料是均质的，服从胡克定律。

3）弯曲发生在梁的对称面内。

4）拉伸和压缩的应力-应变特性相同。

对于岩石而言，假设 4）与岩石的特性存在着较大的差别。因此，利用抗弯法求得的抗拉强度也存在着一定的偏差，且试件的加工也远比直接拉伸法麻烦，故此方法应用要比直接拉伸法相对少些。

（2）劈裂法（巴西法）。劈裂法也称径向压裂法，因为是由巴西人杭德罗斯提出的试验方法，故被人称为巴西法。这种试验方法是：用一个实心圆柱形试件，使它承受径向压缩线荷载至破坏，求出岩石的抗拉强度（图 8.4）。按我国岩石力学试验方法标准规定：试件的直径应为 5cm，其厚度为直径的一倍。根据布辛奈斯克半无限体上作用着集中力的解析解，求得试件破坏时作用在试件中心的最大拉应力为

$$R_t = \frac{2P}{\pi Dt} \tag{8.4}$$

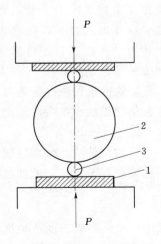

图 8.4　劈裂法试验示意图
1—承压板；2—试件；3—钢丝

式中　R_t——试件中心的最大拉应力，即为抗拉强度 R_t；

　　　P——试件破坏时的极限压力；

　　　D——试件的直径；

　　　t——试件的厚度。

根据解析解分析的结果，要求试验时所施加的线荷载必须通过试件的直径，并在破坏时其破裂面亦通过该试件的直径；否则，试验结果将带来较大的误差。

这种方法的优点是简便易行，不需特殊设备，只要有普通的压力机即可，因此，该法在生产实践中被广泛应用。

（3）点荷载试验法。点荷载试验法是在 20 世纪 70 年代发展起来的一种简便的现场试验方法。该试验方法最大的特点是可利用现场取得的任何形状的岩块，可以是 5cm 的钻孔岩芯，也可以是开挖后掉落下的不规则岩块，不作任何岩样加工直接进行试验。该试验装置是一个极为小巧的设备，其加载原理类似于劈裂法，不同的是劈裂法所施加的是线荷载，而点荷载法是施加的点荷载，点荷载强度指数 I 为

$$I = \frac{P}{D^2} \tag{8.5}$$

式中　P——试件破坏的极限荷载；

　　　D——荷载施加点之间的距离。

经过大量试验数据的统计分析，提出了表征一个点荷载强度指数与岩石抗拉强度之间的关系为

$$R_t = 0.96 \frac{P}{D^2} \tag{8.6}$$

由于点荷载试验的结果离散性较大，因此要求每组试验必须达到一定的数量，通常进行 15 个试件的试验，最终按其平均值求得其强度指数并推算出岩石的抗拉强度。最近，由于许多岩体工程分类中都采用了荷载强度指数作为一个定量的指标，因此有人建议采用直径为 5cm 的钻孔岩芯作为标准试样进行试验，使点荷载试验的结果更趋合理，且具有较强可比性。

8.2.3　岩石的剪切强度

岩石的剪切强度是指岩石在一定的应力条件下（主要指压应力）所能抵抗的最大剪应力，通常用 τ 表示。

岩石的剪切强度有三种：抗剪断强度、抗切强度和弱面抗剪切强度（包括摩擦试验）。这三种强度试验的受力条件不同，如图 8.5 所示。

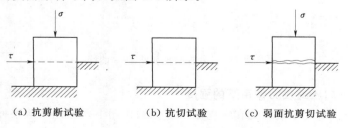

（a）抗剪断试验　　　　（b）抗切试验　　　　（c）弱面抗剪切试验

图 8.5　岩石的三种受剪方式示意图

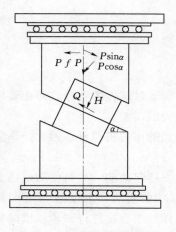

图 8.6　岩石的抗剪断试验

室内的岩石剪切强度测定，最常用的是测定岩石的抗剪断强度。一般用楔形剪切仪，其主要装置如图 8.6 所示。把岩石试件置于楔形剪切仪中，并放在压力机上进行加压试验，则作用于剪切平面上的法向压力 N 与切向力 Q 为

$$\left. \begin{array}{l} N=P(\cos\alpha+f\sin\alpha) \\ Q=P(\sin\alpha-f\cos\alpha) \end{array} \right\} \tag{8.7}$$

式中　P——压力机施加的总压力；

　　　α——试件倾角；

　　　f——圆柱形滚子与上下盘压板的摩擦系数。

以试件剪切面积 F 除以式（8.7），即可得到受剪面上的法向应力 σ 和剪应力 τ（试件受剪破坏时，即为岩石的抗剪断强度）为

$$\left. \begin{array}{l} \sigma=\dfrac{N}{F}=\dfrac{P}{F}(\cos\alpha+f\sin\alpha) \\[2mm] \tau=\dfrac{Q}{F}=\dfrac{P}{F}(\sin\alpha-f\cos\alpha) \end{array} \right\} \tag{8.8}$$

以不同的 α 值的夹具进行试验，一般采用 α 角度为 $30°\sim70°$（以采用较大的角度为好），按式（8.8）求出相应的 σ 及 τ 值，就可以在 $\sigma\text{-}\tau$ 坐标纸上作出它们的关系曲线，如图 8.7（a）所示。岩石的抗剪断强度关系曲线是一条弧形曲线，一般把它简化为直线形式 [图 8.7（b）]。这样，岩石的抗剪断强度 τ 与压应力 σ 之间就建立了以下关系式

$$\tau=\sigma\tan\varphi+c \tag{8.9}$$

式中　$\tan\varphi$——岩石抗剪断内摩擦系数；

　　　c——岩石的黏结力（内聚力）。

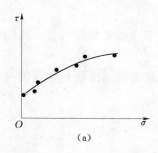
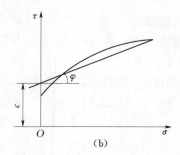

图 8.7　岩石的抗剪断 $\sigma\text{-}\tau$ 曲线

8.2.4　岩石在三向压缩应力作用下的强度

地层中的岩石绝大多数都处在三向压缩应力的作用下，因此，从某种意义上来说，岩石在三向压缩应力作用下的强度特性是岩石本性的反映，并显得更为重要。

三向压缩应力作用下的强度是指在不同的三向压缩应力作用下岩石抵抗外荷载的最大应力。由于三向应力状态由许多不同的应力组合而成，因此，岩石的三向压缩强度通常用一个函数式表示，其通式为

$$\sigma_1 = f(\sigma_2, \sigma_3)$$

或

$$\tau = f(\sigma) \tag{8.10}$$

式中　σ_1——最大主应力；

σ_2、σ_3——中间主应力和最小主应力。

从式（8.10）可知，岩石的三向压缩应力的强度可用两种不同的表达式，且两种不同的表达式是等价的。由于岩石三向压缩强度是根据试验的结果而建立的，从目前的研究成果来说，很难用一个具体的显式函数形式给予精确的描述。此外，由试验的结果可知，随着所施加的围压的增大，其相应的极限最大主应力也将随之增大。因此，从总体上来说，它是一个单调函数。

1. 三向压缩试验方法

三向压缩应力试验根据施加围压状态的不同，可分成真三轴试验（$\sigma_1 > \sigma_2 > \sigma_3$）和假三轴试验（$\sigma_1 > \sigma_2 = \sigma_3$），两者的区别在于围压。前者两个水平方向施加的围压不等，而后者相等。由于真三轴试验对试验机的特殊要求，使这试验要花费很大的人力、物力和财力。而假三轴试验要比真三轴试验容易得多，成为岩石力学中最常用的试验方法之一。图8.8所示为岩石三向压力试验基本原理，它是假三轴试验机施加三向压力的装置示意图，围压是通过液体施加在试件上。通常假三轴试验先施加按一要求设定的围压值，并保持不变。随后施加竖向荷载直至破

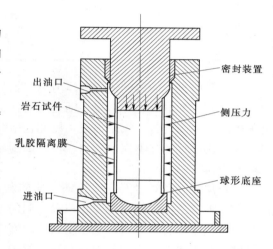

图 8.8　岩石三向压力试验基本原理

坏，而真三轴试验都要求能够分别施加三个方向上的荷载。

2. 三向压缩试验的破坏类型

表8.1给出了假三轴试验在不同围压作用下的破坏类型。岩石试件在低围压作用下（表中情况1和情况2），其破坏形式主要表现为劈裂破坏。这一破坏形式与单轴压缩破坏很接近，说明围压对其破坏形态影响并非很大。在中等围压的作用下，试件主要表现为斜面剪切破坏，其剪切破坏角与最大应力的夹角通常约为$45° + \varphi/2$（φ为岩石的内摩擦角）。而当在高围压作用下，试件则会出现塑性流动破坏，试件出现宏观上的破坏断裂面而呈腰鼓形。因此可见，围压的增大改变了岩石试件在三向压缩应力作用下的破坏形态。若从变形特性的角度分析，围压的增大使试件从脆性破坏向塑性流动过渡。

3. 岩石三向压缩强度的影响因素

岩石在三向压缩应力作用下的影响因素，除了类似于前节所叙述的单轴强度的影响因素（包括尺寸、加载速率等因素）以外，还有以下其特有的影响因素：

表 8.1　　　　　　　　　　假三轴试验岩石破坏类型

情　况	1	2	3	4	5
破裂或断裂前的典型应变/%	<1	1~5	2~8	5~10	>10
压缩 $\sigma_1 > \sigma_2 = \sigma_3$					
拉伸 $\sigma_3 < \sigma_1 = \sigma_2$					
典型的应力-应变曲线 $(\sigma_1 - \sigma_3)$	破裂				

（1）侧向压力的影响。侧向压力对三轴强度的影响规律为：随着侧向压力（亦称为围压）的增大，其最大主应力也将随之增大，且大应力的变化率随围压的增大而减小。若用莫尔极限应力圆的包络线来描述，则此包络线的斜率具有前陡后缓的特性。当然对于不同的岩性，这一特性并不完全一致。但是随围压的增大最大主应力也增大这一特性则是一个普遍的规律。

（2）加荷途径对岩石三向压缩强度的影响。三向压缩试验可以有三种不同的加压途径，根据大量的试验结果可知，三种不同的加载途径对岩石的三向压缩强度影响并不大。

（3）孔隙压力对岩石三向压缩强度的影响。对于一些具有较大孔隙的岩石，孔隙水压力将对岩石的强度有很大的影响。这一影响可用"有效应力"的原理给予解释。由于岩石中存在着孔隙水压力，而使得真正作用在岩石上的围压值减少，因而降低了与其相对应的极限应力值（峰值应力）。若用莫尔极限应力圆来表示，由于孔隙压力的存在使应力圆向左侧移动，即向强度包络线方向平移，因此降低了岩石的极限应力。

8.3　岩石的强度准则

岩石的强度准则是在大量的试验基础上，并加以归纳、分析描述才建立起来的。即在某一应力或组合应力的作用下，岩石产生破坏的判据。由于岩石的成因不同和矿物成分不同，使岩石的破坏特性会存在着许多差别。此外，不同的受力状态也将影响其强度特性。因此，有人根据岩石的不同破坏机理，建立了多种强度准则。本节将着重介绍在岩石力学中最常用的强度理论。

8.3.1　基本应力公式

受力物体内任一点的应力状态通常可用 σ_x、σ_y、σ_z 三个主应力表示。在岩体力学中，经常把三向应力状态简化为二向应力状态来研究，并且按习惯规定：法向应力以压应力为正，拉应力为负；剪应力以使物体产生逆时针方向转动为正，反之为负。

如图 8.9 所示，对于平面问题，如果已知岩石内一点的两个主应力 σ_x、σ_y，剪应力 τ_{xy}，则与 σ_x 夹角为 α 的斜截面上的法向应力 σ_n 和剪应力 τ_n 为

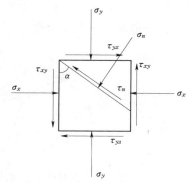

$$\sigma_n = \frac{\sigma_x + \sigma_y}{2} + \frac{\sigma_x - \sigma_y}{2}\cos\alpha - \tau_{xy}\sin2\alpha$$

$$\tau_n = \frac{\sigma_x - \sigma_y}{2}\sin2\alpha + \tau_{xy}\cos2\alpha \qquad (8.11)$$

若式（8.11）对 α 求导，即可求得最大主应力和最小主应力为

图 8.9 二维的应力状态

$$\left.\begin{array}{c}\sigma_1 \\ \sigma_3\end{array}\right\} = \frac{\sigma_x + \sigma_y}{2} \pm \sqrt{\left(\frac{\sigma_x - \sigma_y}{2}\right)^2 + \tau_{xy}^2} \qquad (8.12)$$

最大主应力与 σ_x 作用面的夹角 θ 可按下式求得

$$\tan2\theta = \frac{-2\tau_{xy}}{\sigma_x - \sigma_y} \qquad (8.13)$$

此外，在分析任意角度的应力状态时，法向应力 σ_n 和剪应力 τ_n 也常用最大、最小主应力的表示方法，即

$$\sigma_n = \frac{\sigma_1 + \sigma_3}{2} + \frac{\sigma_1 - \sigma_3}{2}\cos2\alpha$$

$$\tau_n = \frac{\sigma_1 - \sigma_3}{2}\sin2\alpha \qquad (8.14)$$

用莫尔应力圆的表示方法为

$$\left(\sigma_n - \frac{\sigma_1 + \sigma_3}{2}\right)^2 + \tau_n^2 = \left(\frac{\sigma_1 - \sigma_3}{2}\right)^2 \qquad (8.15)$$

式中，圆心为 $\frac{\sigma_1 + \sigma_3}{2}$，半径为 $\frac{\sigma_1 - \sigma_3}{2}$。

8.3.2 莫尔强度理论

莫尔强度理论是岩石力学中应用最广泛的强度理论。在此不仅介绍莫尔强度理论的计算公式，同时介绍莫尔强度理论的基本思想以及莫尔强度理论的不足之处，以便能灵活、正确地运用该公式。

1. 基本思想

莫尔强度理论是建立在试验数据的统计分析基础之上的。莫尔认为：岩石不是在简单的应力状态下发生破坏，而是在不同的正应力和剪应力的组合作用下，才使其丧失承载能力。或者说，当岩石某个特定的面上作用着的正应力、剪应力达到一定的数值时，随即发生破坏。莫尔同时对其破坏特征作了一些近似的假设。他认为：岩石的强度值与中间主应力 σ_2 的大小无关，同时，岩石宏观的破裂面基本上平行于中间主应力的作用方向。据此，莫尔强度理论可在以剪应力 τ 为纵轴，正应力 σ 为横轴的直角坐标系下，用极限莫尔应力

圆加以描述。在上述坐标轴下，无数个极限应力圆上，破坏应力点的轨迹线被称为莫尔强度线，也可称作为莫尔包络线。

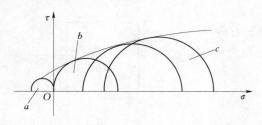

图 8.10　莫尔强度包络线

a—单向抗拉；b—单向抗压；c—三向受压

2. 莫尔强度包络线

通过大量的三向压缩试验（包括 $\sigma_1 = 0$ 和 $\sigma_3 = 0$ 的试验）可求得许多组用极限应力表示的莫尔圆，如图 8.10 所示。那么，所谓莫尔强度包络线就是指有各极限应力圆的破坏点所组成的轨迹线。由于岩石存在着明显的不均一性，使得莫尔强度包络线的数字代表式仅能用以下的一个普遍的函数形式表示

$$\tau = f(\sigma) \tag{8.16}$$

而无法用一个显式正确地表征岩石的莫尔强度包络线。由图 8.10 可知，莫尔强度包络线的主要特性为：在正应力较小的范围内，其曲线斜率较陡；而在较大的正应力作用下，其斜率将平缓。如果掌握了某种岩石的莫尔强度包络线，即可对该类岩石的破坏状态进行评价。根据莫尔强度包络线的含意，只要作用在某种岩石上某个特定的作用面上的应力与包络线上的应力值相等时，该岩石即沿这特定的作用面产生宏观的断裂面而破坏。若用极限应力圆来表示，则极限应力圆上的某一点与强度包络线相切，即表示在该应力状态下，岩石发生破坏。

3. 莫尔-库仑强度理论

库仑为了克服莫尔强度包络线中的不足之处，使莫尔强度包络线更加简洁，提出了用直线公式所表示的强度包络线，即

$$\tau_f = c + \sigma \tan\varphi \tag{8.17}$$

式中　　τ_f——在正应力 σ 作用下的极限剪应力，MPa；

　　　　c——该类岩石的内聚力；

　　　　φ——该类岩石的内摩擦角。

在工程的实际应用过程中，为了更灵活地应用莫尔-库仑直线型强度包络线，也有人采用以下形式表示的强度表达式（由图 8.11 中的几何实际关系可得），即

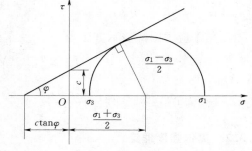

图 8.11　莫尔-库仑强度条件

$$\frac{\sigma_1 - \sigma_3}{\sigma_1 + \sigma_3 + 2c\cot\varphi} = \sin\varphi \tag{8.18}$$

通过三角运算，可以将它写成另一种形式，即

$$\sigma_1 = \sigma_3 N_\varphi + R_c \tag{8.19}$$

其中

$$\frac{1}{N_\varphi} = \tan^2\left(45° - \frac{\varphi}{2}\right)$$

式中　　R_c——岩石的单轴抗压强度。

当 σ_1 与 σ_3 的组合满足式（8.18）和式（8.19）的关系时，岩石就开始破坏。

在莫尔-库仑强度理论中，破裂面的方位可根据 σ_1 与 σ_3 的几何关系得到破坏面法线与大主应力方向间的夹角为 $\alpha = 45° + \dfrac{\varphi}{2}$。

综上所述，莫尔强度理论是使用方便、物理意义明确的强度理论。但是不可否认，莫尔强度理论还存在着不足之处。首先，它不能从岩石的破坏机理上解释其破坏的特征；其次，中间主应力对岩石的强度也存在着一定的影响。据试验结果分析，其影响程度约为 15%。因此，莫尔强度理论忽略了中间主应力的影响，是值得商榷的问题。

8.3.3 格里菲斯强度理论

格里菲斯在研究脆性材料（玻璃）的基础上，提出了评价脆性材料的强度理论。格里菲斯强度理论大约在 20 世纪 70 年代末 80 年代初被引进了岩石力学研究领域。格里菲斯强度理论的引进，从理论上解释了岩石内部的裂纹扩展等现象，并能较正确地说明岩石的破坏机理。

格里菲斯脆性破坏理论是在微裂纹控制破坏和渐进式破坏的概念基础上提出来的。格里菲斯认为：实际的固体在结构构造上既不是绝对均匀的，也不是绝对连续的，其内部包含有大量的微裂纹和微孔洞。这种固体在外力作用下，即使作用的平均应力不大，但由于微裂纹或微孔洞边缘上的应力集中，很可能在边缘局部产生很大的拉应力。当这种拉应力达到或超过其抗拉强度时，微裂纹便开始扩展，当许多这样的微裂纹扩展、联合、迁就时，最后使固体沿某一个或若干个平面或曲面形成宏观破裂。岩石就是这样一种包含大量微裂纹和微孔洞的固体材料，因此，格里菲斯理论为岩石破坏判据提供了一个重要的理论基础。

格里菲斯在研究玻璃材料过程中发现，在该材料内部存在着许多微裂纹。在外力作用下，正是这些微裂纹的存在，改变了材料内部的应力状态，产生裂纹的扩展、连接、贯通等现象，最终导致了材料的破坏，因此提出了著名的格里菲斯强度理论。有关格里菲斯强度理论的基本思想可归纳为以下三点：

（1）在脆性材料的内部存在着许多扁平的裂纹。通常将这些微小的裂纹，在数学上用一个扁平的椭圆来描述，而这些裂纹随机地分布在材料之中。当在外力作用下，微裂纹的尖端附近的最大应力很大时，将使裂纹开始扩展。由此可见，脆性材料中裂纹的扩展是由于在外力作用下，内部裂纹的存在促使岩石开裂、破坏。

（2）根据理论分析，裂纹将沿着与最大拉应力成直角的方向扩展。当在单轴压缩的情况下，裂纹尖端附近处（图 8.12 中的 pp' 与裂纹交点）为最大拉应力。此时，裂纹将沿与 pp' 垂直的方向扩展，最后，逐渐向最大主应力方向过渡。这一分析结果，很形象地解释了在单轴压缩应力作用下劈裂破坏是岩石破坏本质的现象。

（3）格里菲斯认为：当作用在裂纹尖端处的有效应力达

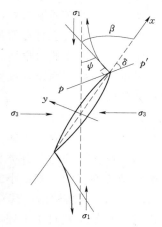

图 8.12 在压应力条件下裂隙
开始破裂及扩展方向

到形成新裂纹所需的能量时，裂纹开始扩展，其表达式为

$$\sigma_t = \left(\frac{2\rho E}{\pi c}\right)^{\frac{1}{2}} \tag{8.20}$$

式中　σ_t——裂纹尖端附近，所作用的最大拉应力；

　　　ρ——裂纹的比表面能；

　　　c——裂纹长半轴。

格里菲斯强度理论的三点基本思想很明确地阐明了脆性材料破裂的原因，破裂所需的能量以及破裂扩展的方向。为了进一步分析具有裂纹的介质中应力的分布规律，有人利用弹性力学中椭圆孔的应力解，推演得到了格里菲斯的强度判据，以便使该强度理论能够在工程实际中加以应用。

8.4　岩石强度分析

8.4.1　结构面的概述

一个天然岩体，从宏观上来说，它是由节理或裂隙切割成一块一块的、互相排列与咬合着的岩块所组成的。岩体中往往具有明显的地质遗迹，如假整合、不整合、褶皱、断层、节理、劈理等，它们在岩体力学中一般都统称为节理。由于节理的存在，造成了介质的不连续，因而，这些界面又称为不连续面或结构面。它造成了岩体的不连续性和各向异性，同时还反映了区域地质构造和自然应力场的特征。

由于岩体中有结构面的存在，使岩体与岩石的力学特性之间有很大的差异。从岩体的力学属性来看，可认为完整的岩体属连续介质力学范畴；而碎屑岩体或糜棱岩体则属土力学范畴；介于上列两者之间的裂隙体或破裂体也统称节理岩体，因它受节理切割的影响，可认为是有地质力学的属性即由地质的特点而决定其力学性能的，其力学属性被认为部分属非连续介质力学的范畴。

从岩体的力学强度来看，岩石的强度与组成此岩体的岩块和节理的力学性能有很大不同，节理的强度低于岩石的强度，而节理岩体的强度在节理的强度和岩块的强度之间。所以，研究节理岩体的力学性能要从非节理岩石、节理及节理岩体这三方面的力学性能来考虑。可见，如果工程设计仅凭室内岩样试验指标来代表野外天然岩体的力学性能，将会造成很大的误差。

1. 结构面的分类

按照工程的要求，岩体中结构面的分类有以下几方面：

（1）结构面的绝对分类和相对分类。绝对分类是建立于结构面的延展长度基础上的。一般将结构面分为：①细小的结构面，其延长小于 1m；②中等的结构面，其延长为 1～10m；③巨大的结构面，其延长大于 10m。绝对分类的缺点是没有与工程结构相结合。结构面的大小都是相对于工程而言的。相对分类是建立于地质不连续面尺寸的基础上。而相对是指结合工程结构类型而言。按工程结构类型和大小的不同，可将结构面分为细小的、中等的及大型的（表 8.2）。

表 8.2 结构面的相对分类

工程结构	尺寸 L /m	影响带直径 D /m	结构面的长度/m		
			细小	中等	大型
平洞	$\phi=3$	10	0～0.2	0.2～2	＞2
小型基础	$b=3$	10			
隧洞	$\phi=30$	100	0～2	2～20	＞20
斜坡	$b=100$	100			
洞穴	$h=40$	＞100	0～2.5	2.5～25	＞25
小型水坝	$h=40$	＞100			
大型水坝	$h=100$	300	0～6	6～60	＞60
高斜坡	$h=100$	300			

注 ϕ 为洞径；b 为基础宽度；h 为工程结构体高度。

（2）按力学观点的结构分类。一个自然地质体，当其形成和受到地质因素作用后，特别是受到构造力作用后，在地质体内产生的各种结构面，它可以是稀疏的，也可以是密集的；可以是充填各种各样的砂砾黏土，也可以是互相有规律地排列或贯通。总之，自然地质体内存在有各种各样的结构面，千变万化，而且又在很大的程度上决定了岩体的力学性能。为了便于研究岩体的力学性能，按力学观点可将岩体的地质破坏分为以下三大类：

第一类为破坏面，它是属于大面积的破坏，以大的和粗的节理为代表。一般认为这种破坏是由缓慢的地质作用所形成。

第二类为破坏带，它是属于小面积的密集的破坏，以细节理、局部节理、风化节理等为代表。一般认为是由快速的地质作用所形成。

第三类为破坏面与破坏带的过渡类型，它具有破坏面和破坏带的力学特点。缪勒按上述地质破坏特点将结构面分为如图 8.13 所示的五大类型，即单个节理、节理组、节理群、节理带以及破坏带或糜棱岩。

在此三大类型基础上，又按充填节中的材料性质和程度以及糜棱岩化程度将每种类型分成三个纲类。这样，共将结构面分为 15 个细类。这里应注意到：粗节理可以成单个节理形式出现，也可以成节理组出现。对于后一种情况，粗节理经常地很明显占有主要位置，因而可作为主要破坏被确定，而其他则作为伴随破坏。在粗节理（和大的节理）中经常发现有磨碎的充填物，如裂隙黏质土和细粒粉状岩石（糜棱岩）与其他充填物，它们的形成往往由于节理或断层两壁发生重复和相反方向运动而使其间的岩体被压碎和磨碎。其破碎程度，在带状破坏情况时，占优势的块体直径为 10～100mm；在粗糜棱岩中，其颗粒直径一般为 0.02～1.0mm；糜棱岩中，颗粒直径为 0.002～0.02cm 或更小些。

2. 结构面的几何特征

结构面的几何特征是反映节理的外貌，它由下列要素所组成：

（1）走向。它是指节理面与水平面相交的交线方向。一般用方位角表示，例如 N30°E。

（2）倾斜。它包括节理面的倾斜角度与倾斜方向。倾斜角度是指水平面与节理面间所夹的最大角度，它是垂直节理面走向的倾角。而倾斜方向是与走向成垂直的方向，它是节

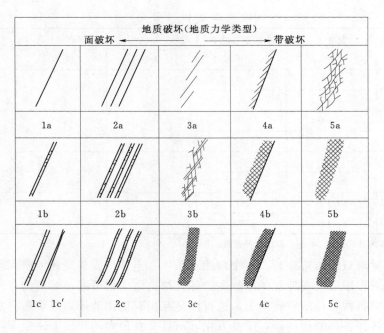

图 8.13　按力学观点的破坏面和破坏带分类

1a—粗节理；2a—粉节理组；3a—巨节理群；4a—带有羽毛状节理的粗节理；5a—破裂带；
1b—充填风化物的粗节理；2b—充填风化物的粗节理组；3b—带有巨节理的破坏带；
4b—带有边缘粗节理的破坏带；5b—近糜棱岩（构造角砾）带；1c—有黏土填充的
粗节理；1c'—由黏土组成的破坏带的粗节理；2c—填充黏土的粗节理群；3c—带
有糜棱岩的巨节理；4c—带有粗节理的糜棱岩带；5c—糜棱岩带

理面上倾斜线最陡的方位，也等于节理面的走向加上或减去 90°而得。

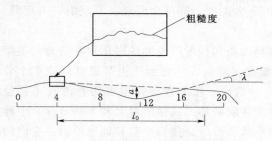

图 8.14　节理面的起伏度与粗糙度

（3）连续性。它包括节理倾斜连续性和走向连续性。它是根据现场节理面沿着节理走向和倾斜方向而测量的尺寸。连续性是给切割度的计算作为依据。

（4）粗糙度。它指节理表面的粗糙程度。平滑的表面较粗糙表面有较低的摩擦角。

（5）起伏度。节理表面经常成波状起伏。它可增加岩体滑移时的爬坡或顺坡的能力，因而建立了起伏度的概念。起伏度包括幅度及长度两个要素（图 8.14）。起伏波的幅度是指相邻两波峰连线与其下波槽的最大距离 a，起伏波的长度是指两相邻波峰之距离 l_0。当幅度越大而波长越小，则表示节理表面起伏越急峻。

8.4.2　均质岩体强度分析

岩体大体上分为以下两种情况：

（1）接近均质的，例如，同一种岩石组成的岩体，其岩性十分软弱，以致岩体内各种

138

软弱结构面（节理、裂隙、层理等）对岩体强度的影响甚微；又如，岩体的岩性虽然非常坚硬，但结构面远未能组成分离的块体，或者结构面所处位置及产状不能造成不利于岩体稳定的情况等，这些都可视作均质岩体来进行强度分析。

（2）岩体的强度主要由结构面的特征（强度、产状、粗糙度、充填物等）所决定，例如，岩石很坚硬，但结构面已将岩体切割成各种分离块体，或其产状造成不利于岩体稳定的情况等，这时就不能把它们视作均质岩体来进行强度分析了。

对于第（1）种情况，岩体的强度基本上可用室内外求得的岩石强度指标，按前面强度理论中所述的破坏准则来判断岩体的稳定性。目前用得最多的还是莫尔-库仑准则［式（8.18）］。

当岩体内某点的两个主应力 σ_1 和 σ_3 达到式（8.18）表示的关系，该点就处于极限平衡状态。当然，如果 σ_1 比式（8.18）中的 σ_1 更大，或者 σ_3 比式（8.18）中的 σ_3 更小，则岩体就不稳定了。为了判断岩体的稳定或不稳定，可以采用下列判别式

$$\frac{\sigma_1-\sigma_3}{\sigma_1+\sigma_3+2c\cot\varphi}<\sin\varphi（稳定） \tag{8.21}$$

$$\frac{\sigma_1-\sigma_3}{\sigma_1+\sigma_3+2c\cot\varphi}=\sin\varphi（极限平衡） \tag{8.22}$$

$$\frac{\sigma_1-\sigma_3}{\sigma_1+\sigma_3+2c\cot\varphi}>\sin\varphi（不稳定） \tag{8.23}$$

当岩体内有孔隙水压力 p_w 时，判别式为

$$\frac{\sigma_1-\sigma_3}{\sigma_1+\sigma_3-2p_w+2c\cot\varphi}<\sin\varphi（稳定） \tag{8.24}$$

$$\frac{\sigma_1-\sigma_3}{\sigma_1+\sigma_3-2p_w+2c\cot\varphi}=\sin\varphi（极限平衡） \tag{8.25}$$

$$\frac{\sigma_1-\sigma_3}{\sigma_1+\sigma_3-2p_w+2c\cot\varphi}>\sin\varphi（不稳定） \tag{8.26}$$

如果主应力为负值（拉应力），则判别式为

$$\sigma_3>-R_t（稳定） \tag{8.27}$$

$$\sigma_3=-R_t（极限平衡） \tag{8.28}$$

$$\sigma_3<-R_t（断裂） \tag{8.29}$$

当有孔隙水压力 p_w 时，判别式为

$$\sigma_3>-R_t+p_w（稳定） \tag{8.30}$$

$$\sigma_3=-R_t+p_w（极限平衡） \tag{8.31}$$

$$\sigma_3<-R_t+p_w（不稳定） \tag{8.32}$$

8.4.3 节理岩体强度分析

在实际工程中遇到均质岩体的情况不多，绝大多数情况下，岩体的强度主要由结构面（不连续面）所决定。这些结构面有大到如断层、小到如裂隙细微裂隙的各种各样分布。一般而言，小的裂隙和细微裂隙可在研究岩块强度性质中加以考虑。宽度大于 20m 的结构面应当加以单独考虑，具体分析。其余的结构面则在研究岩体强度中考虑。这些结构面有的是单独出现或多条出现，有的是成组出现，有的有规律，有的无规律。把成组出现的

有规律的裂隙称为节理，其相应的岩体称为节理岩体。如图 8.15 所示为工程中存在的结构面示意图。

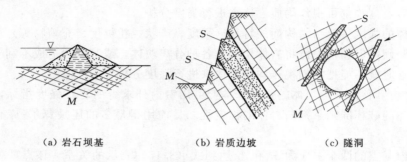

（a）岩石坝基　　　　　（b）岩质边坡　　　　（c）隧洞

图 8.15　工程中存在的结构面示意图
S—结构面；M—节理

　　节理或其他结构面的强度指标都可以通过室内外的抗剪试验求得。试验方法与一般岩石的试验相同，只是要求得的剪切面必须是节理面，试验结果的整理也同一般岩石强度试验，要求得出节理面的内摩擦角 φ_j 以及凝聚力 c_j。求出节理面的强度指标后，就可根据节理面的产状来分析岩体的稳定性。

　　在均质岩体内岩体破坏面与主应力面总是成一定的关系。当剪切时，破裂面总是与大主应力面（法线）成 $\alpha = 45° + \dfrac{\varphi}{2}$ 角。当拉断时，破裂面就是主应力面。可是，当有软弱结构面时，情况就不同了，剪切破坏时，破裂面可能是 $45° + \dfrac{\varphi}{2}$ 的面，但绝大多数情况下破裂面就是软弱结构面（节理面）。在后一情况中，破裂面与主应力面的夹角就是软弱结构面与主应力面的夹角。不管是哪种类型的节理面，它们都可用莫尔-库仑强度条件来判定节理面上的稳定情况。当节理面上的剪应力 τ 达到节理面的抗剪强度 τ_j 时，节理面处于极限平衡状态，即

$$\tau = \tau_j = c_j + \sigma \tan \varphi_j \tag{8.33}$$

式中　　σ——节理面上的正应力。

　　节理面的抗剪强度一般总是低于岩石的抗剪强度，如图 8.16 所示的直线 2 低于直线 1。但需注意，当岩体内代表某点应力状态的应力圆与节理面强度线相切或甚至相割时，岩体是否破坏还要看应力圆代表该节理面上应力的点在哪一段圆周上而定。设岩体内有一节理面 mm，其倾角为 β，如图 8.17 所示，根据该处岩体的应力状态 σ_1 和 σ_3 可以绘制一应力圆，如图 8.16 中的 O_1 圆所示，从该圆的 m_1 点（圆与横轴的交点）作 mm（图 8.17）的平行线交圆周于 A 点，则 A 点就代表节理面上的应力。由于 A 点在节理面强度线的上方，说明节理面上的应力已大于节理面的抗剪强度，即 $\tau > \tau_j$，节理面早已滑动，是不稳定的。如果根据 σ_1 和 σ_3 绘出的莫尔应力圆为 O_2 圆，从该圆的 m_2 点作 mm 线的平行线交圆周于 B 点，B 点就代表节理面上的剪应力。由于 B 点在节理面强度线的下方，所以说明节理面上的剪应力小于节理面的强度，即 $\tau \leqslant \tau_j$，尽管莫尔应力圆已于节理面强度线相割，节理面却还是稳定的。显然，如果代表节理面应力的点刚好落在 B' 点，则节

理面上就处于极限平衡状态。利用这种图解方法，很容易判断结构面的稳定性。下面再来导出判断节理面稳定与否的具体判别式。

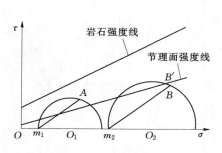

图 8.16 节理面稳定情况判别

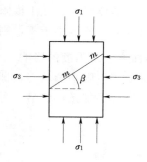

图 8.17 节理面 mm

参见图 8.16 上以 O_1 圆代表的应力状态，当节理面处于稳定状态和极限平衡状态时，节理面上的剪应力 τ 就应当满足下列条件

$$|\tau| \leqslant c_j + \sigma \tan\varphi_j \tag{8.34}$$

从材料力学中知道

$$\tau = \frac{1}{2}(\sigma_1 - \sigma_3)\sin 2\beta = (\sigma_1 - \sigma_3)\sin\beta\cos\beta$$

$$\sigma = \frac{1}{2}(\sigma_1 + \sigma_3) + \frac{1}{2}(\sigma_1 - \sigma_3)\cos 2\beta$$

$$= \sigma_1 \cos^2\beta + \sigma_3 \sin^2\beta$$

将上式中的 τ 和 σ 代入式（8.34）得到

$$(\sigma_1 - \sigma_3)\sin\beta\cos\beta \leqslant (\sigma_1 \cos^2\beta + \sigma_3 \sin^2\beta)\tan\varphi_j + c_j$$

或 $$\sigma_1 \sin\beta\cos\beta - \sigma_3 \sin\beta\cos\beta \leqslant \sigma_1 \cos^2\beta\tan\varphi_j + \sigma_3 \sin^2\beta\tan\varphi_j + c_j$$

移项整理后可得

$$\sigma_1 \cos\beta(\cos\beta\tan\varphi_j - \sin\beta) + \sigma_3 \sin\beta(\cos\beta + \sin\beta\tan\varphi_j) + c_j \geqslant 0$$

通过三角运算，得出

$$\sigma_1 \cos\beta\sin(\varphi_j - \beta) + \sigma_3 \sin\beta\cos(\varphi_j - \beta) + c_j \cos\varphi_j \geqslant 0 \tag{8.35}$$

这就是判断节理面稳定情况的判别式（式中等号表示极限平衡状态）。如果式（8.35）的左端小于零，则节理面处于不稳定状态。

【例 8.1】 假设洞室边墙处的节理面倾角 $\beta = 50°$（图 8.18），内摩擦角 $\varphi_j = 40°$，凝聚力 $c = 0$，由实测知道洞室处平均的垂直应力 $\sigma_y = 2\text{MPa}$。试计算：若要维持边墙的平衡，岩石锚杆在边墙处应提供的水平应力 σ_x。

解： 由式（8.35）可得

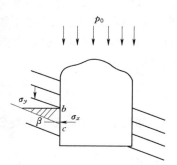

$$\frac{\sigma}{\sigma_y} = \frac{\tan(\beta - \varphi_j)}{\tan\beta} = \frac{\tan(50° - 40°)}{\tan 50°} = \frac{0.176}{1.191} = 0.148$$

$$\sigma_x = (0.148 \times 2)\text{MPa} = 0.296\text{MPa}$$

当节理面内有孔隙（裂隙）水压力时，可用下列判别

图 8.18 节理岩体稳定举例

式来判断节理岩体的稳定情况

$$\sigma_1 \cos\beta\sin(\varphi_j - \beta) + \sigma_3 \sin\beta\cos(\varphi_j - \beta) + c_j \cos\varphi_j - P_W \sin\varphi_j \geqslant 0 \quad (8.36)$$

因此，节理岩体稳定，处于极限平衡状态。

如果式（8.36）左端小于零，则岩体处于不稳定状态。

8.4.4 结构面方位对强度的影响

当结构面处于极限平衡状态，即式（8.35）取等号时，经过三角运算，可以求得结构面（节理面）极限平衡条件的另一种表示形式（结构面方位用倾角 β 表示）

$$\sigma_1 - \sigma_3 = \frac{2c_j + 2\sigma_3 \tan\varphi_j}{(1 - \tan\varphi_j \cot\beta)\sin 2\beta} \quad (8.37)$$

式中 c_j、φ_j——常数。

假如 σ_3 固定不变，则式（8.37）的 $\sigma_1 - \sigma_3$ 随着 β 而变化。式（8.37）是当 σ_3 固定时，破坏时应力差 $\sigma_1 - \sigma_3$ 随 β 而变化的方程式。

当结构面移向 σ_1 的方向时，即当 $\beta = \pi/2$ 时，$\sigma_1 - \sigma_3 \to \infty$；又当 $\beta \to \varphi_j$ 时，$\sigma_1 - \sigma_3 \to \infty$。这表明，当结构面为平行于 σ_1 时或结构面法线与 σ_1 成 φ_j 角时，在 σ_3 固定的条件下，σ_1 可无限增大，结构面不致破坏。只有当结构面的倾角 β 满足 $\varphi_j < \beta < \pi/2$ 时，才可能沿着结构面发生破坏，并且发生在式（8.35）所给出的 $\sigma_1 - \sigma_3$ 值的情况。

将式（8.35）对 β 求导，并令导数 $\dfrac{d(\sigma_1 - \sigma_3)}{d\beta} = 0$，得到当 $\beta = 45° + \dfrac{\varphi_j}{2}$ 时，$\sigma_1 - \sigma_3$ 有最小值，且相应的 σ_1 的最小值为

$$\sigma_{1,\min} = \sigma_3 + \sigma_3(N_{\varphi j} - 1) + 2c_j \sqrt{N_{\varphi j}} \quad (8.38)$$

其中
$$N_{\varphi j} = \tan^2\left(45° + \frac{\varphi_j}{2}\right)$$

图 8.19 给出了 $\tan\varphi_j = 0.5$ 的情况下 σ_1 随倾角 β 的变化。

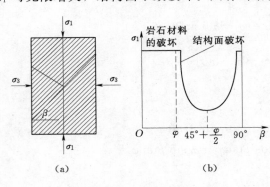

图 8.19 σ_1 随 β 变化

8.4.5 结构面粗糙度对强度的影响

从微观而言，绝大多数结构面既不光滑，也不是平面，它总是凸凹起伏的，也就是相当粗糙的，在剪应力作用下滑动时，并不各处严格平行于作用剪应力的方向。设不连续面的表面以角 i 倾斜于剪切方向的情况，如图 8.20 所示，这时，作用于破坏面上的剪应力和正应力为

$$\tau_i = \tau\cos^2 i - \sigma\sin i\cos i \quad (8.39)$$

$$\sigma_i = \sigma\cos^2 i + \tau\sin i\cos i \quad (8.40)$$

如果假定结构面上的凝聚力 c 为零，则倾斜面上的抗剪强度为

$$\tau_i = \sigma_i \tan\varphi_j \quad (8.41)$$

进而可得

$$\tau = \tau_f = \sigma\tan(\varphi_j + i) \quad (8.42)$$

式中 i——结构面的粗糙角。

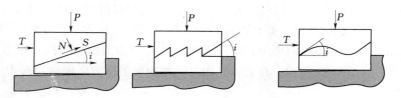

图 8.20 结构面的粗糙角 i 模型

帕顿用带有规则突起面的模型做试验证实了方程式（8.42）的合理性，并且从不稳定石灰岩边坡的层面迹线的照片上测量了 i 的平均值。认为层面迹线越粗糙，坡角则越陡。帕顿发现层面迹线的倾角近似地等于平均的有效粗糙角 i 与基本摩擦角 φ_j 之和。角 φ_j 是用平面型表面所作的试验求得的。φ_j 的数值大多在 $21°\sim40°$ 范围内，一般为 $30°$。当结构面上存在云母、滑石、绿石泥或其他片状硅酸盐矿物时，或者当有黏土地质断层泥时，φ_j 值可以降低很多。结构面内饱和黏土中的孔隙水一般不易排除，充填有蒙脱质黏土的结构面的 φ_j 可低到 $6°$。结构面的粗糙角 i 变化范围很大，可从 $0°\sim40°$。在无试验资料可以应用时，可用表 8.3 来估计基本摩擦角 φ_j。

帕顿提出了预估节理抗剪强度的方法，他提出以下经验公式

$$\tau_f = \sigma \tan\left(\varphi_j + J_{RC}\lg\frac{R_{Cj}}{\sigma}\right) \tag{8.43}$$

式中 J_{RC}——节理粗糙度系数，对粗糙起伏（张节理、粗糙页理、粗糙层理）为 20；对光滑起伏（光滑页理、非平面型页理、起伏的层理）为 10；对光滑且近于平面的结构面（平面型剪切节理、平面型叶理、平面型层理）为 5；

R_{Cj}——靠近结构面的岩石的单轴抗压强度，由于表面风化松散，此强度一般都低于完整岩石的单轴抗压强度 R_c；

其余符号意义同前。

实际上，式（8.43）是在方程式（8.42）中用 $J_{RC}\lg\dfrac{R_{Cj}}{\sigma}$ 代替粗糙角 i。

表 8.3 各种岩石结构面基本摩擦角 φ_j 的近似值

岩 石	$\varphi_j/(°)$	岩 石	$\varphi_j/(°)$
闪岩	32	花岗岩（粗粒）	$31\sim35$
玄武岩	$31\sim38$	石灰岩	$33\sim40$
砾岩	35	斑岩	31
白垩	30	砂岩	$25\sim35$
白云岩	$27\sim31$	页岩	27
片麻岩（片状的）	$23\sim29$	粉砂岩	$27\sim31$
花岗岩（细粒）	$29\sim35$	板岩	$25\sim30$

帕顿等人研究证明，岩体结构面上的粗糙角所起的作用一般是随着结构面上的正应力的大小而改变的。当滑动时，结构面以上的块体可能平行于表面的凹凸轮廓移动，或者剪

掉这些凹凸部分并平行于结构面的平均坡度移动。当结构面的正应力小时，则块体很可能平行于表面的凹凸轮廓移动；在正应力高时，凹凸部分很可能被剪断。对这种结构面的摩擦角的研究指出，在低应力及小剪切位移时，方程式（8.42）才是正确的，即这时摩擦角为 $\varphi_j + i$；随着正应力及位移的增加，结构面的凹凸部分被剪断。因此，通常结构面强度曲线为双线型，如图 8.21 所示。在具体应用时，结构面的抗剪强度应当写为：

对于低的正应力 σ

$$\tau_f = \sigma \tan(\varphi_j + i) \tag{8.44}$$

对于高的正应力 σ

$$\tau_f = c_j + \sigma \tan\varphi \tag{8.45}$$

如果结构面内有水压力，则由于这种水压力使有效正应力降低，结构面强度也相应降低。有意义的是计算引起结构面滑动所需的水压力，这时必须确定从代表结构面原来应力状态的莫尔圆到代表极限状态的莫尔圆向左移动的距离（图 8.22）。现在除了初始应力和强度参数之外，还需考虑结构面的方位（结构面法线与大主应力成 β 角）。如果初始应力状态为 σ_1 和 σ_3，则可推导出造成结构面开始破坏的水压力为

$$P_w = \frac{c_j}{\tan\varphi_j} + \sigma_3 + (\sigma_1 - \sigma_3)\left(\cos^2\beta - \frac{\sin\beta\cos\beta}{\tan\varphi_j}\right) \tag{8.46}$$

计算时，可以先用 $c_j = 0$ 和 $\varphi_j = \varphi + i$ 代入式（8.48）求得一个 P_w，再用 $c_j \neq 0$ 和 $\varphi_j \neq \varphi$ 代入式（8.46）计算另一个 P_w，从中取较小的一个 P_w。

由有效应力定律导得式（8.46），曾经用来解释美国科罗拉多州丹佛市（Denver）附近由于注水入深污水井引起的地震获得成功，曾用来解释科罗拉多州兰奇利（Rangely）油田地震也得到满意结果。式（8.46）可以用来预估在靠近活动断层地区修建水库时诱发地震的可能性。然而，地壳内的初始应力场以及断层的摩擦性质必须知道。

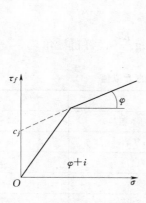

图 8.21　结构面强度曲线

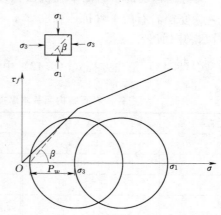

图 8.22　水作用下结构面破坏

8.5　岩石的变形特征

与岩石的强度特性一样，岩石的变形特性也是岩石的重要力学特性，只有对岩石的变

形特性的变化规律有了足够的了解，才能应用某些数学表达式表征岩石的变形特性，因而运用这些表达式计算岩石在外荷载作用下所产生的变形特性，评价岩石的稳定性。近几年来，人们加强了岩体工程的现场测量。通常，现场测量所获得的数据大都是岩体的变形值。为了能够更好、更全面地利用这些数据，必须要掌握岩石的变形规律及其特征，并在此基础上综合结构面的力学特性，分析岩体的稳定性。随着对变形特性的深入研究，有人提出用变形表示的破坏判据代替以往常用的应力强度判据。可以说，这是一个更切合实际的新的研究方向。由此可见，变形特性是极为重要的。在实际的工程中，经常遇到岩石在单轴和三轴压缩状态下的变形问题。因此，本节着重介绍上述两种受力状态下的变形特性。

8.5.1 岩石在单轴压缩应力作用下的变形特性

岩石的变形特性通常可从试验时所记录下来的应力-应变曲线中获得。岩石的应力-应变曲线反映了各种不同应力水平下所对应的应变（变形）规律。以下介绍具有代表性的典型的应力-应变曲线。

（1）典型的岩石应力-应变曲线分析。图 8.23 所示为典型的应力-应变曲线。根据应力-应变曲线的形态变化。可将其分成 OA、AB、BC 三个阶段，三个阶段各自显示了不同的变形特性。

1）OA 阶段，通常被称为压密阶段。其特征是应力-应变曲线呈上凹型，即应变随应力的增加而减少。形成这一特性的主要原因是：存在于岩石内的微裂隙在外力作用下发生闭合所致。

2）AB 阶段，也就是弹性阶段。从图 8.23 可知，这一阶段的应力-应变曲线基本呈直线。若在这一阶段卸荷，其应变可以恢复，由此而称为弹性阶段。

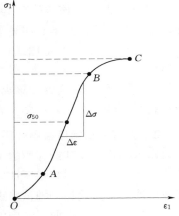

图 8.23　典型的应力-应变曲线

3）BC 阶段，也称作塑性阶段。当应力值超出屈服应力之后，随着应力的增大曲线呈下凹状，明显地表现出应变增大（软化）的现象。进入了塑性阶段，岩石将产生不可逆的塑性变形。

（2）反复循环加载曲线。若改变加载的方式，采用反复循环加-卸载，可得到如图

图 8.24　岩石在反复加荷和卸载时的应力-应变曲线

8.24 所示的应力-应变曲线。岩石是一种带有缺陷的介质，其内部存在着许多微裂隙。当其受力后这些裂隙会产生扩展、连接等现象。因此，从某种意义上来说，岩石并不具有理想的弹性特性，图 8.24 说明了这个问题。当进行加-卸载试验后，岩石的应力-应变曲线将成了一个环，通常将它称为塑性滞环。经研究发现，塑性滞环的形成反映了经过加-卸载试验后，消耗于裂隙的扩展和裂隙面之间的摩擦所做的功。因此，随着卸载点的应力增大，所需的能量也将增大，进而促使了塑性滞环面积的增大。此外，由加-卸载

曲线可知，整个加-卸载过程对岩石的变形特性影响并不大，尤其是再加载后的曲线似乎始终沿着原应力-应变曲线的轨迹发展。有人将这样的特性形象地称为岩石的"记忆"功能。

（3）岩石应力-应变曲线形态的类型。岩石在成岩过程中，由于矿物成分、胶结物质的不同以及后期所经历的地质作用的差异，使岩石具有不同的变形特性。根据大量的结果分析，可将反映不同种类的变形特性的应力-应变曲线大致归纳为以下六种类型：

1）直线型曲线。该类曲线主要表征具有很明显的弹性特性的岩石，且绝大多数有很强的脆性性态，其代表性岩石主要有石英岩、玄武岩等很坚硬的岩石。

2）下凹型曲线。也被称作弹塑性曲线，该曲线主要反映具有较明显的塑性变形的岩石。该类岩石较坚硬而少裂隙，石灰岩和粉砂岩是该类曲线的代表性岩石。

3）上凹型曲线。具有较大的孔隙但其岩石又比较坚硬往往会表现出具有该类曲线的特性。据此也有人称其为塑弹性曲线，具有这类特性的主要岩石有片麻岩。

4）S形曲线。该类曲线主要表征呈塑弹塑性的岩石。其实质是上凹型与下凹型的组合，表现多孔质且又具有明显塑性的岩石。大理岩是这类曲线所描述的代表性岩石。

5）中部较缓的S形曲线，是某些压缩性较高的岩石如垂直片理加荷的片岩常见的曲线类型。

6）弹—塑—蠕变性。该类型开始为一很小的直线段，随后就出现不断增长的塑性变形和蠕变变形，是盐岩等蒸发岩、极软岩等的特征曲线。

8.5.2　岩石在三轴压缩条件下的变形性质

作为建筑物地基或环境的工程岩体，一般处于三向应力状态之中。为此研究岩石在三轴压缩条件下的变形与强度性质，将具有更重要的实际意义。三轴压缩条件下的岩块变形与强度性质主要通过三轴试验进行研究。本节主要以三轴试验为基础介绍岩块三轴压缩变形与破坏特性。在三向压缩应力作用下的变形特性与岩石的强度一样，也将与单向压缩状态存在着比较大的差异。

1. 当 $\sigma_2 = \sigma_3$ 时，岩石的变形特性

在 $\sigma_2 = \sigma_3$ 的条件下，即经常所说的假三轴的试验条件下，岩石的变形特性将受到围压的影响。岩石的变形特性具有以下几条规律：

（1）随着围压（$\sigma_2 = \sigma_3$）的增加，岩石的屈服应力将随之提高。

（2）总体来说，岩石的弹性模量变化不大，有随围压增大而增大的趋势。

（3）随着围压的增加，峰值应力所对应的应变值有所增大。其变形特性表现出低围压下的脆性向高围压的塑性转换的规律。

2. 当 σ_3 为常数时岩石的变形特性

当 σ_3 为常数时，在不同的 σ_2 作用下，岩石的变形特性具有以下几条规律：

（1）随着 σ_2 的增大，岩石的屈服应力有所提高。

（2）弹性模量基本不变，不受 σ_2 变化的影响。

（3）当 σ_2 不断增大时，岩石由塑性逐渐向脆性转换。

3. 当 σ_2 为常数时，岩石的变形特性

当 σ_2 为较大值且为常数时，在不同的 σ_3 作用下，岩石的主要变形特征如下：

（1）其屈服应力几乎不变。

（2）岩石的弹性模量也基本不变。

（3）岩石始终保持塑性破坏的特性，只是随 σ_3 的增大，其塑性变形量也随之增大。

8.5.3　岩石的蠕变性质

岩石的变形和应力受时间因素的影响。在外部条件不变的情况下，岩石的变形或应力随时间而变化的现象称为流变，主要包括蠕变、松弛和弹性后效。

蠕变是指岩石在恒定的荷载作用下，变形随时间逐渐增大的性质。岩石蠕变是一种十分普遍的现象，在天然斜坡、人工边坡及地下洞室中都可以直接观测到。由于蠕变的影响，将在岩体内及建筑物内产生应力集中而影响其稳定性。另外，岩石因加荷速率不同所表现的不同变形性状、岩体的累进性破坏机制和剪切黏滑机制等都与岩蠕变有关。地质构造中的褶皱、地壳隆起等长期地质作用过程，也都与岩石的蠕变性质有关。

1. 典型的蠕变曲线

图 8.25 所示典型的蠕变曲线。从曲线形态上看，可将该曲线分成以下三个阶段：

（1）初始蠕变阶段（AB 段）或称减速蠕变阶段。在施加外荷载之后，首先岩石将产生瞬时的弹性应变，这一应变是与时间无关的，如图 8.25 中所示的 OA 段。当外荷载维持一定的时间后，岩石将产生一部分随时间而增大的应变，此时的应变速率将随时间的增长逐渐减小，曲线呈下凹型，并向直线状态过渡。在此阶段，若卸去外荷载则岩石的瞬时弹性应变最先恢复，如图 8.25 中

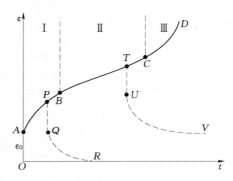

图 8.25　典型蠕变曲线的三个阶段

的 PQ 段。之后，随着时间的增加，其剩余应变亦能逐渐地恢复，如图 8.25 中的 QR 段。QR 段曲线的存在，说明岩石具有随时间的增长应变逐渐恢复的特性，这一特性称为弹性后效。

（2）等速蠕变阶段（BC 段）或称稳定蠕变阶段。在这一阶段最明显的特点是应变与时间的关系近似地呈直线变化，应变速率为一常数。若在这个阶段将外荷载卸去，则也会出现与初始蠕变阶段卸载时一样的特性，弹性后效仍然存在，但是这时的应变已无法全部恢复，存在着部分不能恢复的永久变形。等速蠕变阶段的曲线斜率与作用的外荷载的大小和介质的黏滞系数目有关。

（3）加速蠕变阶段（CD 段）。至本阶段蠕变加速发展直至岩块破坏（D 点）。当应变达到 C 点后，岩石将进入非稳态蠕变阶段。这时岩石的应变速率剧烈增加，整个曲线呈上凹型，经过短暂的时间后试件将发生破坏。C 点往往被称作为蠕变极限应力，其意义类似于屈服应力。

2. 岩石蠕变的影响因素

（1）岩性。岩石本身性质是影响其蠕变性质的内在因素。图 8.26 所示为花岗岩等三种性质不同的岩石在室温和 10MPa 压应力下的蠕变曲线。由图 8.26 可知，像花岗岩一类坚硬岩石，其蠕变变形相对很小，加荷后在很短的时间内变形就趋于稳定，这种蠕变常可

忽略不计；而像页岩、泥岩一类软弱岩石，其蠕变就很明显，变形以常速率持续增长直至破坏，这类岩石的蠕变在工程实践中必须引起重视，以便更切实际地评价岩体变形及其稳定性。此外，岩石的结构构造、孔隙率及含水性等对岩石蠕变性质也有明显的影响。

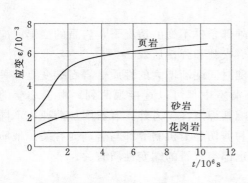
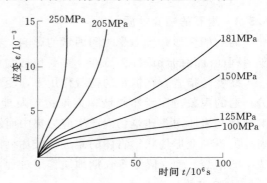

图 8.26　性质不同的岩石蠕变曲线（10MPa，室温）　　图 8.27　雪花石膏在不同压力下的蠕变曲线

（2）应力。对同一种岩石来说，应力大小不同，蠕变曲线的形状及各阶段的持续时间也不同。图 8.27 所示为在不同应力水平作用下的雪花石膏的蠕变曲线。

由图 8.27 中曲线可知，当在稍低的应力作用下，蠕变曲线只存在着前两个阶段，并不产生非稳态蠕变。它表明了在这样的应力作用下，试件不会发生破坏。变形最后将趋向于一个稳定值；相反，在较高应力作用下，试件经过短暂的第二阶段，立即进入非稳态蠕变阶段，直至破坏。而只有在中等应力水平（大约为岩石峰值应力的 $60\%\sim80\%$）的作用下，才能产生完整的蠕变曲线。这对于进行蠕变试验而言，选择试验应施加的应力水平是必定要给予考虑的重要条件，以避免这种试验得不到预期结果的现象出现。

（3）温度、湿度。不同的温度将对蠕变的总变形量以及稳定蠕变的曲线斜率产生较大的影响，有人在相同荷载、不同温度条件下进行了蠕变对比试验，得到如下结论：①在高温条件下，总应变量低于较低温度条件下的应变量；②蠕变曲线第二阶段的斜率则是高温条件下要比低温时小得多。

在不同湿度条件下，同样对蠕变特性产生较大的影响。通过实验可知，饱和试件的第二阶段蠕变应变速率和总应变量都将大于干燥状态下试件的试验结果。

因此，对于岩石蠕变试验，由于试验时所测得的应变量级都很小，故要求严格控制实验室的温度和湿度，以免由于环境的变化而改变了岩石的蠕变特性。

8.5.4　岩石变形指标的室内测定

岩石变形指标以及应力-应变关系可以在实验室内测定，也可在现场测定。目前用得较多的方法是：实验室的单轴压缩试验、实验室或现场的波速测定法、室内三轴试验等，有时候还可以做弯曲试验、现场水压试验等。

1. 单轴压缩试验

在单轴压缩试验时，试样大多采用圆柱形，一般要求试样的直径为 5cm，高度为 10cm，两端磨平光滑，按照试验要求，在侧面粘贴电阻丝片，以便观测变形，然后用压力机对试样加压，如图 8.28 所示。在任何轴向压力下都测量试样的轴向应变和侧向应变。

设试样的长度为 l，直径为 d，试样在荷载 P 作用下轴向缩短 Δl，侧向膨胀 Δd，则试样的轴向应变为

$$\varepsilon_y = \frac{\Delta l}{l}$$

侧向应变为

$$\varepsilon_x = \frac{\Delta d}{d}$$

如果试样截面积为 A，则应力为

$$\sigma = \frac{P}{A}$$

假如岩石服从胡克定律（线性弹性材料），则压缩时的弹性模量 E 为

$$E = \frac{\sigma}{\varepsilon} = \frac{P/A}{\Delta l/l} = \frac{Pl}{\Delta lA} \tag{8.47}$$

泊松比为

$$\mu = \frac{\varepsilon_x}{\varepsilon_y} = \frac{\Delta dl}{d\Delta l} \tag{8.48}$$

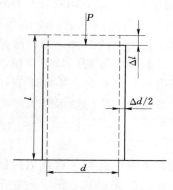

图 8.28　岩石单轴压缩试验

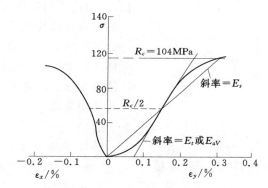

图 8.29　岩石单轴压缩试验结果

图 8.29 所示为单轴压缩试验得到的岩石在轴向力作用下轴向应力 σ 与轴向应变 ε_y 的关系曲线，以及轴向应力 σ 与侧向应变 ε_x 的关系曲线。由图 8.29 可见，要精确地定义 E 是比较困难的。曲线的坡度（斜率）分别代表 E 和 μ，它们都是随着应力（或应变）而变化的。

2. 三轴压缩试验

用岩石三轴仪也可直接测定岩石试件的弹性模量。设施加在试件上的轴向应力为 σ_1，压力室的侧压力为 σ_3，测得的轴向应变为 ε_1，则弹性模量为

$$E = \frac{\sigma_1 - 2\mu\sigma_3}{\varepsilon_1} \tag{8.49}$$

如测得侧向应变 ε_3，令 $\varepsilon_3/\varepsilon_1 = B$，则泊松比为

$$\mu = \frac{B\sigma_1 - \sigma_3}{\sigma_3(2B-1) - \sigma_1} \tag{8.50}$$

某些岩石的 E 和 μ 值的参考值列见表 8.4，利用该表，结合岩石的物理性质，借经验可以估计出任何岩石的弹性模量，一般误差为 $\pm 20\%$。

表 8.4　　　　　　　　　　　　零荷载时岩石的弹性常数

岩石	$E/(10^4\,\mathrm{MPa})$	μ	岩石	$E/(10^4\,\mathrm{MPa})$	μ
花岗岩	2～6	0.25	砂岩	0.5～8	0.25
细粒花岗岩	3～8	0.25	页岩	1～3.5	0.30
正长岩	6～8	0.25	泥岩	2～5	0.35
闪长岩	7～10	0.25	石灰岩	1～8	0.30
粗玄岩	8～11	0.25	白云岩	4～8.4	0.25
辉长岩	7～11	0.25	煤	1～2	0.30
玄武岩	6～10	0.25			

8.5.5　岩石现场变形试验

　　岩体的野外现场试验，虽然在仪器设备及操作过程中所耗费的时间、人力、物力等方面都比室内试验大得多，但对自然条件下的岩体所施加的应力大小、方向及其与节理的相对位置等都比较符合实际，这是室内试验所不能代替的。岩体现场变形试验有静力法及动力法两种。静力法是指岩体现场变形试验时以静力荷载进行加荷，如千斤顶，使岩体的变形是因静力荷载而引起的。动力法施加于岩体上的荷载则为动力荷载，如地震法，岩体的变形是因动力荷载引起的。

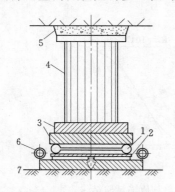

图 8.30　承压板试验装置图
1—加压钢枕；2—测力钢枕；3—传压钢板；4—传力柱；5—顶板；
6—千分表；7—垫板

　　1. 承压板法

　　试验可以在平地上或在平硐中进行，就是通过刚性或柔性承压板将荷载加在岩面上以测定其变形。先在已选择好的有代表性的地段上清除爆破影响深度内的破碎岩石，并且把岩面整平，然后安装油压千斤顶，通过承压板对岩面施加静荷载，定时测量岩体表面的变形。试验装置如图8.30所示。

　　试验采用的承压板多半是刚性承压板，其尺寸大小是根据岩体中裂隙的间距和试验所选用的最大压力来确定的，通常采用的是 $2000\sim2500\,\mathrm{cm}^2$。施加荷载的方法视岩体结构和工程实际使用的情况而定。当岩体比较完整时，采用分级加荷，每级荷载作一次加荷、卸荷过程，称为逐级一次循环，用以确定岩体在不同荷载条件下的变形特性；当岩体内有断层、裂隙和软弱夹层时，采用逐级多次循环加荷的方法，即在每一级荷载条件下，作多次加荷、卸荷过程，借以了解各种结构面的存在对岩体变形的影响。

　　试验时，根据施加的单位压力 P 和实测的岩面变形 s，绘制 P-s 关系曲线，如图 8.31 所示。然后，按照所采用的承压板的刚度和形状，用以下弹性力学公式计算变形（弹性）模量

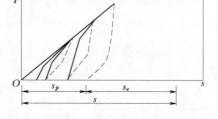

图 8.31　承压板试验的 P-s 曲线

$$E=\frac{PD(1-\mu^2)\omega}{s} \tag{8.51}$$

式中　E——岩体的变形（弹性）模量；

　　　P——作用在岩面上的压力；

　　　s——岩面的变形（或受截面积的平均变形），当用弹性变形 s_e 代入式（8.51）时，得弹性模量 E；当用总变形 s 代入时，得变形模量 E_0；当用永久变形 s_p 代入时，得永久变形模量 E_p；

　　　D——承压板尺寸（圆形板为直径，方形板为边长）；

　　　ω——与承压板的刚度和形状有关的系数，刚性圆形板取 $\omega=0.79$，方形板取 $\omega=0.88$；柔性圆形板若按板中心变形计算，取 $\omega=1$；柔性环形板如按中心变形计算，ω 取 2 倍的内、外直径之差；

　　　μ——泊松比，一般通过室内试验决定。

2. 环形加荷法

环形加荷法是一种适用于测定岩体处于压、拉两种应力状态下的变形特征的试验方法。为了进行这种试验，必须先选择与建筑物的地质条件相近的、有表性的地段，开凿一条试验隧洞。洞径大小一般是 2～3m，洞长不小于 3 倍洞径。然后对洞壁岩面加压，并量测洞壁变形。对洞壁加压，可以采用各种不同的方法，目前应用较多的是水压法和径向千斤顶法。

（1）水压法。就是利用高压水对洞壁加压的一种方法。在试验进行之前，需要在试验洞内选定几个测量断面，并且安装测量洞径变形的仪器（如钢弦测微计、电阻测微计等），再在试验洞端用钢筋混凝土加以封闭。在试验时向洞中充灌高压水，对洞壁进行加压。与此同时，测其相应的径向变形值。根据实际测定的资料，可以绘制出压力与变形关系曲线。水压法试验的装置如图 8.32 所示。

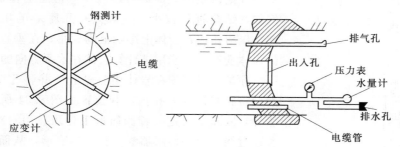

图 8.32　水压法试验示意图

水压法试验的特点是岩石的受荷面积大、压力分布均匀、能测得各个方向上的变形。另外，它的受力条件与压力隧道的受力条件完全一样，所以它是研究压力隧洞岩体变形的较好方法。水压法还可以用来确定岩体的弹性抗力系数，为隧洞的衬砌设计提供依据。不过，这种试验方法在破碎岩体中或透水性大的地段不宜采用，而且比起其他方法来，费用大、时间长。所以，一般只是在重要工程的设计阶段进行。

（2）径向千斤顶法（奥地利法）。在这个方法中，不是用水压力对洞壁加压，而是借助于一个圆形的钢支撑圈（国内有的单位采用十二边形反力框架）与洞壁间安放的扁千斤顶加压。扁千斤顶是沿着环向均匀布置，每个断面一般放 12～16 个。以试验洞的中心轴为基准，沿径向布置测杆，使之呈辐射状，测杆上装有测量仪表。此外，在传力的衬砌外部也要预先埋置各种量测仪表。扁千斤顶逐级增加压力，就可以测定洞壁岩体的相应变形。试验装置如图 8.33 所示。

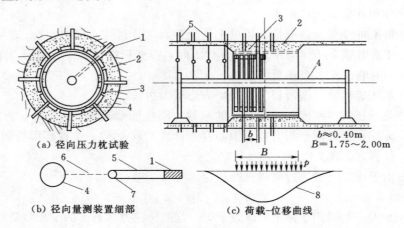

图 8.33　径向荷载试验装置

1—锚固点；2—混凝土村砌；3—压力枕；4—钢筒；5—钢测杆；6—钢丝；7—测表；8—岩石弹性位移

3. 钻孔膨胀计法

钻孔膨胀计法又称为钻孔弹模计法，自 20 世纪 60 年代起发展很快，它的优点为：设备简单、轻便，可以装拆供多次使用和进行大量试验，特别是可以在岩体的深部和有水的地方进行（例如，可在地下 200m 或更深的钻孔中进行试验），扰动岩体小；不需专门开挖试验洞，因而费用较少。但是也存在一些缺点，例如，钻孔直径较小，一般只有几厘米至几十厘米，因此，压力作用在岩体上影响范围较小；在垂直钻孔中测定的岩体变形，只能用来计算岩体在水平方向的模量等。

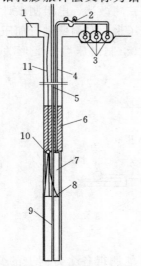

图 8.34　钻孔膨胀计法装置

1—测站；2—调压器；3—压缩空气瓶；4—高压管；5—分压计；6—承压板；7—钢柱部分；8—止水塞；9—岩底探头；10—确定钻孔直径变化的电感式传感器；11—信号线

在试验时，先在岩体中打钻孔，并将孔壁修整光滑，然后将膨胀计放入孔内，其装置如图 8.34 所示。这种膨胀计，实质上就是一种圆筒形千斤顶。用它对孔壁加压，并通过线性差动传感器测出孔壁的变形，从而计算岩体的变形常数。

根据上述三种环形法试验的结果，岩体的变形（弹性）模量均可按下式计算

$$E=\frac{P\gamma(1+\mu)}{y} \qquad (8.52)$$

式中　P——作用在围岩岩面上的压力；

　　　y——岩面的径向变形值（水压法可取直径伸长量的一半）；

　　　γ——试验洞（或钻孔）的半径；

其余符号意义同前。

上面介绍了几种测定岩体变形的现场试验方法，在实际应用时究竟用哪一种方法为适宜，这要根据建筑物设计的需要、现场地质条件和现有设备与技术条件来定。例如，当研究大坝和船闸的地基、拱坝的拱座变形时，一般可采用承压板法；当研究船闸的侧墙变形或研究岩体的各向异性时，则采用狭缝法；当研究软弱夹层、断层、裂隙密集带的变形特性时，一般可采用单、双轴加压法。应当说明，什么条件采用什么方法，并不是严格规定了的。例如，用单、双轴加压法也可以去研究岩体的各向异性；又如，在岩壁上切槽，用狭缝法试验也可以测定闸、坝地基的垂向变形特征等。

思 考 题 与 习 题

1. 思考题

（1）什么是岩石的抗压强度？其测试方法有哪些？

（2）什么是岩石的抗拉强度？其测试方法有哪些？

（3）什么是岩石的抗剪强度？其测试方法有哪些？

（4）岩石的蠕变定义是什么？有哪些类型？各有什么力学意义？

2. 习题

（1）将一个岩石试件进行单轴试验，当压应力达到 120MPa 时即发生破坏，破坏面与大主应力平面的夹角（即破坏所在面与水平面的仰角）为 60°，假定抗剪强度随正应力呈线性变化（即遵循莫尔-库仑破坏准则）。试计算：

1）内摩擦角。

2）在正应力等于零的那个平面上的抗剪强度。

3）在上述试验中与最大主应力平面成 30°夹角的那个平面上的抗剪强度。

4）破坏面上的正应力和剪应力。

5）预计一下单轴拉伸试验中的抗拉强度。

6）岩石在垂直荷载等于零的直接剪切试验中发生破坏，试画出这时的莫尔圆。

7）假若岩石的抗拉强度等于其抗压强度的 10%，如何改变莫尔强度包络线去代替那种直线型的破坏包络线？

8）假若将一个直径为 8cm 的圆柱形试件进行扭转试验，试预计一下要用多大的扭矩才能使它破坏？

（2）将直径为 3cm 的岩心切成厚度为 0.7cm 的薄岩片，然后进行劈裂试验，当荷载达到 10000N 时，岩片即发生开裂破坏。试计算试件的抗拉强度。

（3）设岩体内有一组节理，其倾角为 β，节理面上的凝聚力为 c_j，内摩擦角为 φ_j，孔隙水压力为 P_w，岩体内大主应力为垂直方向。试推导节理面上达到极限平衡时所满足的公式。

（4）在三轴压缩试验中，如果要使平均应力 σ_m 保持为常量的条件下进行试验。试问如何进行加荷？列出逐级荷载的式子。

第9章　岩体初始应力及其测量

9.1　岩体的初始应力

9.1.1　概述

岩体的初始应力是指岩体在天然状态下所存在的内在应力，在地质学中，通常又称它为地应力。

岩体的初始应力主要是由岩体的自重和地质构造运动所引起的。显然，岩体的地质构造应力是与岩体的特性（如岩体中的裂隙发育密度与方向，岩体的弹性、塑性、黏性等）有密切关系，也与正在发生过程中的地质构造运动以及与历次构造运动所形成的各种地质构造现象（如断层、褶皱等）有密切关系。因此，岩体中每一单元的初始应力状态都是随该单元的位置不同而有所变化。此外，影响岩体初始应力状态的因素还有地形、地震力、水压力、热应力等，但这些因素所产生的地应力大都是次要的，只是在特定的情况下才需考虑。因此，对于地下工程来说，主要还应考虑自重应力和地质构造应力。

地面和地下工程的稳定状态与岩体的初始应力状态密切相关。岩体的初始应力状态可以指在没有进行任何地面或地下工程之前，在岩体中各个位置及各个方向所存在的应力的空间分布状态。它是不取决于人类开挖活动的自然力场。

在岩体中进行开挖以后，改变了岩体的初始应力状态，使岩体应力重新分布，有可能使得岩体中与工程相关的那些部位形成应力集中，从而引起岩体的变形或破坏。对于地下洞室工程，与洞室本身稳定密切相关的周围岩体称为围岩。洞室的开挖引起围岩的应力和变形，这不仅会影响洞室本身的稳定状态，而且为了维持围岩的稳定，必须进行人工支护，建造一定的支护结构或衬砌，合理地设计支护结构，确定经济合理的衬砌尺寸，都与岩体的初始应力状态紧密相关。所以，研究岩体的初始应力状态，就是为了正确地确定开挖岩体过程中的岩体内部应力变化，合理地设计地下工程的支护尺寸。

9.1.2　岩体自重应力场

岩体自重应力场的计算大都是建立在假定岩体为均匀连续介质基础之上的，因此，可以应用连续介质力学的原理来计算岩体的自重应力场。

设岩体为半无限体，地面为水平面，在距地表深度为 H_m 处，有一单元体，其上作用的应力为 σ_x、σ_y、σ_z，形成岩体单元的自重应力状态如图 9.1 所示。

岩体自重在地下深为 H_m 处产生的垂直应力为单元体上覆

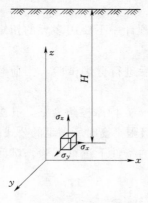

图 9.1　岩体自重垂直应力

岩体的质量，则

$$\sigma_z = \gamma H \tag{9.1}$$

式中　γ——上覆岩体的平均重力，kN/m^3；

　　　　H——岩体单元的深度，m。

在均匀岩体中，岩体的自重初始应力状态为

$$\sigma_z = \gamma H \tag{9.2}$$

$$\sigma_x = \sigma_y = \lambda \sigma_z \tag{9.3}$$

$$\tau_{xy} = 0 \tag{9.4}$$

式中　λ——常数，称为侧压力系数。

若把岩体视为各向同性的弹性体，由于岩体单元在各个方向都受到与其相邻岩体的约束，不可能产生横向变形，即 $\varepsilon_x = 0$，$\varepsilon_y = 0$，则由广义胡克定律，并令 $\varepsilon_x = \varepsilon_y = 0$，可以求出 σ_x、σ_y 为

$$\varepsilon_x = \frac{1}{E} = \sigma_x - \mu(\sigma_y + \sigma_z) = 0 \tag{9.5}$$

$$\varepsilon_y = \frac{1}{E} = \sigma_y - \mu(\sigma_x + \sigma_z) = 0 \tag{9.6}$$

由式（9.3）、式（9.5）和式（9.6）可得到

$$\sigma_x = \sigma_y = \frac{\mu}{1-\mu}\sigma_z = \frac{\mu}{1-\mu}\gamma H \tag{9.7}$$

则侧压力系数 $\lambda = \dfrac{\mu}{1-\mu}$。由于岩石的泊松比 μ 一般为 0.2～0.3，因此在岩体自重应力场中，垂直应力 σ_z 和水平应力 σ_x、σ_y 都是主应力，σ_x 约为 σ_z 的 25% ～43%。

若岩体由多层不同重力密度的岩层所组成（图 9.2）。每层岩层的厚度依次为 h_1、h_2、…、h_i、…、h_n，各层的重力密度依次分别为 γ_1、γ_2、…、γ_i、…、γ_n，则岩体的自重初始应力为

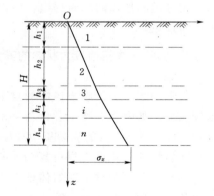

图 9.2　自重垂直应力分布

$$\left.\begin{aligned} \sigma_z &= \sum_{i=1}^{n} \gamma_i h_i \\ \sigma_x &= \sigma_y = \lambda \sigma_z \end{aligned}\right\} \tag{9.8}$$

由式（9.8）可知，岩体的自重应力随着深度呈线性增长。在一定的深度范围内，岩体基本上处于弹性状态，式（9.7）和式（9.8）能成立。但当埋深较大且超过一定深度时，岩体的自重应力就会超过岩体的弹性限度，岩体将转化为处于潜塑性状态或塑性状态。岩石的塑性特性是随着应力状态不同而变化的。在三向等压状态下，大多数岩石处于弹性状态，在三向不等压状态下，σ_1 超出屈服应力时，岩石呈现明显的塑性特性；而在

单向应力状态下，岩石大多数呈脆性状态。如果应用最大剪应力理论，则塑性条件可以写成

$$\tau_{max} = \tau_0 \tag{9.9}$$

或

$$\frac{1}{2}(\sigma_z - \sigma_x) = \tau_0 \tag{9.10}$$

由式（9.7）、式（9.8）可知，σ_x、σ_y、σ_z 都是埋深 H 和岩体物理力学参数的函数，当埋深 H 达到某一极限深度 H_0 时，就会满足式（9.10），这就意味着岩体会处于塑性状态。这就意味着存在着一个临界深度 H_0，在深度 H_0 以上，岩体处于弹性状态；而在深度 H_0 以下，岩体则处于塑性状态。根据估算，砂岩由弹性状态转变为塑性状态的深度约为 500m，花岗岩约为 2500m。但在实际工作中，所见并非完全如此，塑性状态的岩体也可能位于地表下不深的地方，例如，黏土岩或饱水带中的页岩地层，水的软化作用以及黏土岩的易变形性，往往会表现为很典型的塑性特征。也有人注意到，在不同侧压力作用下，岩石的泊松比并不是一个常数，侧压力系数 λ 也会相应变化，它随垂直应力 σ_z 的大小而变化。因此，不同岩层进入潜塑状态的深度也不同，有可能某深度（如 700m）以上的页岩岩层已处于潜塑性状态，而在此深度的坚硬基岩，仍处于弹性状态。

有人认为，在大深度下，垂直压应力很大，岩石呈现明显的塑性，泊松比近于 0.5，侧压力系数为 1.0，此时

$$\sigma_z = \sigma_x = \sigma_y = \gamma H \tag{9.11}$$

这种应力状态为静水压力状态，这种观点首先为地质学家海姆（Heim）在研究阿尔卑斯山深大隧道的地质问题时提出，所以有人称之为海姆假说，又称为岩体初始应力状态的静水压力理论。

9.1.3　影响岩体初始应力状态的其他因素

1. 地形

地形的起伏会影响岩体内的自重应力。但这种地形的影响只是在地表下一定深度范围内较明显。如图 9.3 所示。山谷谷底的应力由于凹口的应力集中而很大。在均质岩层中［图 9.3（a）］，凹口的应力集中现象还比较规则，而在非均质岩层中，岩体中的应力变化还会随岩性的变化而变得更复杂［图 9.3（b）］。

图 9.4 所示为地形对岩体地应力影响的另一特征。即在水平地表附近的地应力，其主应力几乎与地面线平行，第一主应力为沿地面方向，与第二、第三主应力有较大差异；在深处，则呈静水压力状态，如图 9.4（a）所示。而斜坡的垂直方向上应力则几乎等于零。在斜坡上的局部上凸部位，其应力急骤减小，而在斜坡下凹地方则应力增大。在山谷的尖槽底下，则现场地应力会很大，接近或达到岩石强度，如图 9.4（b）所示。

2. 地质条件对自重应力的影响

地质构造对自重应力也有影响。图 9.5 所示为背斜褶曲对地应力的影响，在褶曲两翼显示出地应力增大，而在褶曲中部则地应力降低。也可以推测，在斜向的两翼会出现地应力降低，而在斜向核部显示出地应力增大的现象。

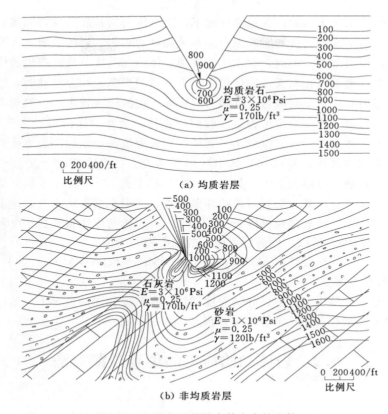

（a）均质岩层

（b）非均质岩层

图 9.3 山谷底下的最大剪应力的比较

注：剪应力单位 1bf/ft²

$1lbf/in^2 = 6.89476kPa$，$1lbf/ft^3 = 0.1571kN/m^3$，$1ft = 0.3048m$

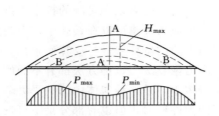

（a）　　　　　　　（b）

图 9.4 地形对地应力的影响

图 9.5 背斜褶曲对地应力的影响

图 9.6 所示为断层对地应力的影响。由于断层两侧的岩块形成了应力传递，使上大下小的楔体 A 产生了卸荷作用，致使地应力降低；而下大上小的楔体 B 产生了加荷作用，致使应力升高，同时也产生了山峰处地应力低、沟谷处地应力高的现象。

3. 水压力和热应力

存在于岩体裂隙或孔隙中的水，静止时呈现静

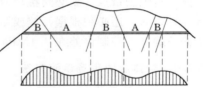

图 9.6 断层对地应力的影响

水压力，流动时产生动水压力。在通常情况下，静水压力只是起到减轻岩体质量的浮力作用，浮力的大小等于水的密度与所考虑点的水头高度的乘积。岩体中地下水位的升降可引起岩体重量的减少或增加，因此，静水压力要视具体情况具体分析其产生的作用。

动水压力是指地下水在水头差的作用下，沿岩体的裂隙或孔隙流动时，给予周围岩块表面的动水摩擦力和动水流向应力。这种力对岩体工程的影响较小，一般可不予考虑。

岩体受局部加温或冷却会产生膨胀或收缩，这样，会在岩体内部产生热应力。例如，无论是大块侵入岩体还是侵入岩流或小型岩脉，岩浆融流都会使周围岩体受热膨胀，周围岩体限制受热岩体的膨胀，从而在岩体中增加了热应力；当冷却时，又会产生收缩，这样，会在岩内部造成一些成岩裂隙（如玄武岩的柱状节理），并在岩石本身及周围岩体中保留部分残余热应力。此外，随着岩体的埋深增加，地温也会逐渐上升，地温升高也会使岩体内部地应力增加，一般地温梯度 $\alpha = 3℃/100m$，岩体的体膨胀系数 β 约为 10^{-5}，一般弹性模量 $E = 10^4 MPa$，所以，地温梯度引起的温度应力约为

$$\sigma^T = Z\alpha\beta E = 0.03 \times 10^{-5} \times 10^4 ZMPa = 0.003ZMPa$$

式中　Z——研究点深度，m。

岩体的地温应力是压缩应力，并随深度增加。在深度相同的情况下，地温应力约为垂直重力应力的 1/9 左右，并且呈静水压力状态，即 $\sigma_x^T = \sigma_y^T = \sigma_z^T = \sigma^T$。

9.2　岩体初始应力的现场量测方法

9.2.1　概述

岩体应力现场量测的目的是为了了解岩体中存在的应力大小和方向，从而为分析岩体工程的受力状态以及为支护及岩体加固提供依据。岩体应力量测还可以是预报岩体失稳破坏以及预报岩爆的有力工具。岩体应力量测可以分为岩体初始应力量测和地下工程应力分布量测，前者是为了测定岩体初始地应力场，后者则为测定岩体开挖后引起的应力重分布状况。从岩体应力现场量测的技术来讲，这两者并无原则区别。

岩体应力量测可以在钻孔中、露头上和地下洞室的岩壁上进行，也可以在地下工程中根据两点间的位移来进行反算而求得。通常应用较多的三种方法是水压致裂法、应力解除法和应力恢复法。每种方法都有不同的优点和缺点，可以相互取长补短。因为岩体应力存在于岩体中，是一种岩体内部的受力，并在受力过程中产生变形，这种变形大部分是可以恢复的弹性变形，但也有部分是不可恢复的变形，所以，每一种应力量测技术都要扰动岩石，以便产生能够进行现场量测的"量"（大部分是测量位移值或应变值），然后根据一定的理论模式进行分析计算。为了量测岩体中某个位置的应力，必须使用钻具钻孔或开挖，以便到达该测量点，就必然扰动岩体。因此，对某个测点进行位移量测并根据理论模型进行计算以后，还必须根据开挖或钻进的方法或尺度，进行修正。如果说，某种应力量测方法的精确度能控制误差在 0.4MPa 以内，其结果通常认为是令人满意的。

9.2.2　岩体应力现场量测方法

1. 水压致裂法

水压致裂法的基本点是通过液压泵向钻孔内拟定测量深度处加液压将孔壁压裂，测定

压裂过程中的各特征点压力及开裂方位，然后根据测得的压裂过程中泵压表头读数，计算测点附近岩体中地应力大小和方向。压裂点上、下用止水封隔器密封，止水、压裂工作原理如图 9.7 所示。水压致裂过程中泵压变化及其特征压力如图 9.8 所示。

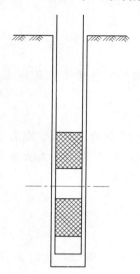

图 9.7　止水、压裂
工作原理

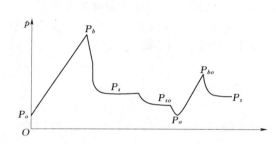

图 9.8　水压至裂过程中泵压变化及其特征压力

P_o—岩体内孔隙水压或地下水压力；P_b—注入钻孔内液压将孔壁压裂的初始压裂压力；P_s—液体进入岩体内连续地将岩体劈裂的液压，称为稳定开裂压力；P_{so}—关泵后压力表上保持的压力，称为关闭压力。如果围岩渗透性大，该压力将逐渐衰减；P_{bo}—停泵后重新开泵将裂缝压开的压力，称为开启压力

（1）基本理论和计算公式。大量室内及现场试验资料证明，不论垂直地应力 σ_v 是最小主应力还是中间主应力，还是最大主应力，钻孔壁在液压下的初始开裂经常都是垂直的。所以，水压致裂法的计算基本理论是以垂直向的地应力 σ_v 为主应力之一，则其他两个地主应力为在水平面的平面内。当孔壁出现垂直裂缝时，设孔周两个水平地应力分别为 σ_{1h} 和 σ_{2h}，孔壁还受有水压 P_b（图 9.9）。此时，钻孔周围岩体内应力为

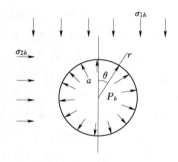

图 9.9　孔壁开裂力学模型

$$\left.\begin{array}{l}\sigma_r=\dfrac{1}{2}(\sigma_{1h}+\sigma_{2h})\left(1-\dfrac{a^3}{r^2}\right)+P_b\dfrac{a^2}{r^3}+\dfrac{1}{2}(\sigma_{1h}-\sigma_{2h})\left(1-\dfrac{4a^2}{r^2}+\dfrac{3a^4}{r^4}\right)\cos2\theta \\[4mm] \sigma_\theta=\dfrac{1}{2}(\sigma_{1h}+\sigma_{2h})\left(1+\dfrac{a^2}{r^2}\right)-P_b\dfrac{a^2}{r^2}-\dfrac{1}{2}(\sigma_{1h}-\sigma_{2h})\left(1-\dfrac{3a^4}{r^4}\right)\cos2\theta\end{array}\right\} \tag{9.12}$$

当 $r=a$ 时，即孔壁处，则

$$\sigma_r=P_b$$

$$\sigma_\theta=(\sigma_{1h}+\sigma_{2h})-P_b-2(\sigma_{1h}-\sigma_{2h})\cos2\theta \tag{9.13}$$

当 $\theta = 0$ 时，σ_θ 有最小值，即

$$\sigma_\theta = 3\sigma_{2h} - \sigma_{1h} - P_b$$

按最大拉应力理论，有 $\sigma_\theta \leqslant -T_o$（$T_o$ 为岩体抗拉强度）时，孔壁产生开裂，据此可求得孔壁破裂的应力条件为

$$3\sigma_{2h} - \sigma_{1h} - P_b + T_o = 0 \tag{9.14}$$

或

$$\sigma_{1h} = 3\sigma_{2h} - P_b + T_o \tag{9.15}$$

同时，孔壁开裂处在 $\theta = 0$ 处，即在与 σ_{2h} 垂直的面上。如果岩体中有孔隙水压力 P_w 时，则式（9.15）变为

$$\sigma_{1h} = 3\sigma_{2h} - P_b + T_o - P_w \tag{9.16}$$

若岩体在水压下已经开裂，岩体裂缝的扩展使水压由 P_b 下降至 P_s，P_s 称为稳定开裂压力。停泵后水压继续下降至 P_{so}，此时，表示裂缝已闭合，称为关闭压力。水泵重新加压使裂缝重新开裂的压力 P_{bo} 称为开启压力。则式（9.12）变为

$$\sigma_{1h} = 3\sigma_{2h} - P_{bo} - P_w \tag{9.17}$$

对比式（9.16）与式（9.17），可得

$$P_b - P_{bo} = T_o \tag{9.18}$$

另外，在关闭压力 P_{so} 这一特征点上，孔壁已开裂，即 $T_o = 0$，所以，此时 P_{so} 等于与裂隙面垂直的应力，亦即

$$\sigma_{2h} = P_{so} \tag{9.19}$$

至此，通过图 9.8 上的各特征点压力及理论分析求得主应力及岩体抗拉强度 T_o 值为

$$\left.\begin{array}{l} \sigma_{2h} = P_{so} \\ P_b - P_{bo} = T_o \\ \sigma_{1h} = 3\sigma_{2h} - P_{bo} + T_o \end{array}\right\} \tag{9.20}$$

（2）根据水压致裂法试验结果计算地应力。水压致裂法的缺点是地应力的主应力方向难以确定。在式（9.20）的基础上，可以通过分析的方法来初步解决。

一般来讲 $\sigma_z = \gamma h$，作为地应力的主应力之一。可以将 σ_z 与 σ_{1h} 及 σ_{2h} 作比较，若 $\sigma_z \geqslant \sigma_{1h}$，则可以肯定此时 σ_{2h} 即为最小地应力的主应力；进一步将 σ_{1h} 与 σ_z 作比较，也就可以依次确定地应力的三个主应力。因为开裂点方位或开裂裂缝方向可以确定 σ_{2h} 的方位或 σ_{1h} 的方向，所以三个地应力的主应力的方位也可以相应确定。

（3）水压致裂法的特点。

1）设备简单。只需用普通钻探方法打钻孔，用双止水装置密封，用液压泵通过压裂装置压裂岩体，不需要复杂的电磁测量设备。

2）操作方便。只通过液压泵向钻孔内注液压裂岩体，观测压裂过程中泵压、液量即可。

3）测值直观。可根据压裂时泵压（初始开裂泵压、稳定开裂泵压、关闭压力、开启压力）计算出地应力值，不需要复杂的换算及辅助测试，同时还可求得岩体抗拉强度。

4）测值代表性大。所测得的地应力值及岩体抗拉强度是代表较大范围内的平均值，有较好的代表性。

5）适应性强。这一方法不需要电磁测量元件，不怕潮湿，可在水孔及孔中有水的条

件下做试验，不怕电磁干扰，不怕震动。

因此，这一方法越来越受到重视和推广。但它存在一个较大的缺陷，即主应力方向定不准。

2. 应力解除法

应力解除法是岩体应力量测中应用较广的方法。它的基本原理是：当需要测定岩体中某点的应力状态时，人为地将该处的岩体单元与周围岩体分离，此时，岩体单元上所受的应力将被解除。同时，该单元体的几何尺寸也将产生弹性恢复。应用一定的仪器，测定这种弹性恢复的应变值或变形值，并且认为岩体是连续、均质和各向同性的弹性体，于是就可以借助弹性理论的解答来计算岩体单元所受的应力状态。

应力解除法的具体方法很多，按测试深度可以分为表面应力解除、浅孔应力解除及深孔应力解除。按测试变形或应变的方法不同，又可以分为孔径变形测试、孔壁应变测试及钻孔应力解除法等。下面主要介绍常用的钻孔应力解除法。

钻孔应力解除法可分为岩体孔底应力解除法和岩体钻孔套孔应力解除法。

（1）岩体孔底应力解除法。该方法是向岩体中的测点先钻进一个平底钻孔，在孔底中心处粘贴应变传感器（如电阻应变花探头或双向光弹应变计），通过钻出岩芯，使受力的孔底面完全卸载，从应变传感器获得的孔底平面中心的恢复应变，再根据岩石的弹性常数，可求得孔底中心处的平面应力状态。由于孔底应力解除法只需钻进一段不长的岩芯，所以对于较为破碎的岩体也能应用。

岩体孔底应力解除法的主要工作步骤如图 9.10 所示，应变观测系统如图 9.11 所示，并将应力解除钻孔的岩芯，在室内测定其弹性模量 E_s 和泊松比 μ，即可应用公式计算主应力的大小和方向。由于深孔应力解除测定岩体全应力的六个独立的应力分量需用三个不同方向的共面钻孔进行测试，其测定和计算工作都较为复杂，在此不再介绍。

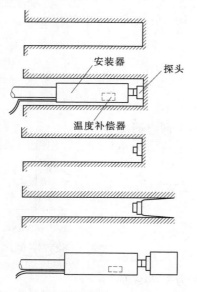

图 9.10 孔底应力解除法主要工作步骤

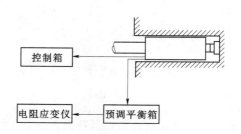

图 9.11 孔底应变观测系统简图

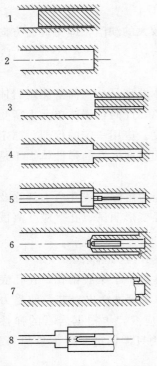

图 9.12　钻孔套孔应力解除的
主要工作步骤
1—套钻大孔；2—取岩芯并孔底磨平；
3—套钻小孔；4—取小孔岩芯；
5—粘贴元件测初读数；6—应
力解除；7—取岩芯；
8—测终读数

（2）岩体钻孔套孔应力解除法。采用本方法对岩体中某点进行应力量测时，先向该点钻进一定深度的超前小孔，在此小钻孔中埋设钻孔传感器，再通过钻取一段同心的管状岩芯而使应力解除，根据恢复应变及岩石的弹性常数，即可求得该点的应力状态。

该岩体应力测定方法的主要工作步骤如图 9.12 所示。

应力解除法所采用的钻孔传感器可分为位移（孔径）传感器和应变传感器两类。以下主要阐述位移传感器量测方法。

中国科学院湖北岩土力学研究所设计制造的钻孔变形计是上述第一类位移传感器，测量元件分钢环式和悬臂钢片式两种。

该钻孔变形计用来测定钻孔中岩体应力解除前后孔径的变化值（径向位移值）。钻孔变形计置于中心小孔需要测量的部位，变形计的触头方位由前端的定向系统来确定。通过触头测出孔径位移值，其灵敏度可达 1×10^{-4} mm。

由于本测定方法是量测垂直于钻孔轴向平面内的孔径变形值，所以它与孔底平面应力解除法一样，也需要有三个不同方向的钻孔进行测定，才能最终得到岩体全应力的六个独立的应力分量。在大多数试验场合下，往往进行简化计算。例如，假定钻孔方向与 σ_3 方向一致，并认为 $\sigma_3 = 0$，则此时通过孔径位移值计算应力的公式为

$$\frac{\delta}{d} = \left\{ (\sigma_1 + \sigma_2) + 2(\sigma_1 - \sigma_2)(1 - \mu^2)\cos 2\theta \right\} \frac{1}{E} \qquad (9.21)$$

式中　δ——钻孔直径变化值；

　　　d——钻孔直径；

　　　θ——测量方向与水平轴的夹角（图 9.13）；

E、μ——岩石弹性模量与泊松比。

根据式（9.17），如果在 $0°$、$45°$、$90°$ 三个方向上同时测定钻孔直径变化，则可计算出与钻孔轴垂直平面内的主应力大小和方向为

$$\frac{\sigma_1}{\sigma_2} = \frac{E}{4(1 - \mu^2)} \left[(\delta_0 + \delta_{90}) \pm \frac{1}{\sqrt{2}} \sqrt{(\delta_0 - \delta_{15})^2 + (\delta_{15} - \delta_{90})^2} \right]$$

$$\alpha = \frac{1}{2} \cot \frac{2\delta_{45} - (\delta_0 + \delta_{90})}{\delta_0 - \delta_{90}}$$

$$\frac{\cos 2\alpha}{\delta_0 - \delta_{90}} > 0 \qquad (9.22)$$

式中　α——δ_0 与 σ_1' 的夹角，当判别式小于 0 时，则为 δ_0 与 σ_2' 的夹角。

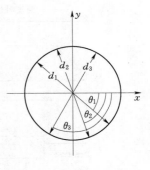

图 9.13　孔径变化的测量

式（9.18）中用符号 σ_1'、σ_2' 而不用 σ_1、σ_2，表示它并不是真正的主应力，而是垂直于钻孔轴向平面内的似主应力。

在实际计算中，由于考虑到应力解除是逐步向深处进行的，实际上不是平面变形而是平面应力问题，所以式（9.19）可改写为

$$\left.\begin{array}{c}\sigma_1'\\\sigma_2'\end{array}\right\}=\frac{E}{4}\left[(\delta_0+\delta_{90})+\frac{1}{\sqrt{2}}\sqrt{(\delta_0-\delta_{45})^2+(\delta_{45}-\delta_{90})^2}\right]$$

3. 应力恢复法

应力恢复法是用来直接测定岩体应力大小的一种测试方法，目前，此法仅用于岩体表层，当已知某岩体中的主应力方向时，采用本方法较为方便。

如图 9.14 所示，当洞室某侧墙上的表层围岩应力的主应力 σ_1、σ_2 方向各为垂直与水平方向时，就可用应力恢复法测得 σ_1 的大小。

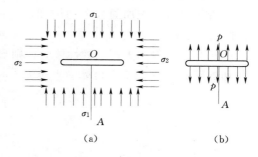

图 9.14 应力恢复法原理

基本原理：在侧墙上沿测点 O，先沿水平方向（垂直所测的应力方向）开一个解除槽，则在槽的上下附近，围岩应力得到部分解除，应力状态重新分布。根据 H. N. 穆斯海里什维里理论，可把槽看作一条缝，得到槽的中垂线 OA 上的应力状态为

$$\left.\begin{array}{l}\sigma_{1x}=2\sigma_1\dfrac{\rho^4-4\rho^2-1}{(\rho^2+1)^3}+\sigma_2\\[4mm]\sigma_{1y}=\sigma_1\dfrac{\rho^6-3\rho^4+\rho^2-1}{(\rho^2+1)^3}\end{array}\right\} \tag{9.23}$$

式中　σ_{1x}、σ_{1y}——OA 线上某点 B 的应力分量；

　　　ρ——点 B 离槽中心 O 的距离的倒数。

当在槽中埋设压力枕，并由压力枕对槽加压，若施加压力为 p，则在 OA 线上点 B 产生的应力分量为

$$\left.\begin{array}{l}\sigma_{2x}=-2P\dfrac{\rho^4-4\rho^2-1}{(\rho^2+1)^3}\\[4mm]\sigma_{2y}=2P\dfrac{3\rho^4+1}{(\rho^2+1)^3}\end{array}\right\} \tag{9.24}$$

当压力枕所施加的力 $p=\sigma_1$ 时，这时点 B 的总应力分量为

$$\left.\begin{array}{l}\sigma_x=\sigma_{1x}+\sigma_{2x}=\sigma_2\\\sigma_y=\sigma_{1y}+\sigma_{2y}=\sigma_1\end{array}\right\}$$

可见，当压力枕所施加的力 $P=\sigma_1$ 时，则岩体中的应力状态已完全恢复，所求的应力 σ_1 即由 p 值而得知，这就是应力恢复法的基本原理。

主要试验过程简述如下：

（1）在选定的试验点上，沿解除槽的中垂线上安装好量测元件。量测元件可以是千分表、钢弦应变计或电阻应变片等（图 9.15），若开槽长度为 b，则应变计中心一般距槽 $b/$

3，槽的方向与预定所需测定的应力方向垂直。槽的尺寸根据所使用的压力枕大小而定。槽的深度要求大于 $b/2$。

（2）记录量测元件——应变计的初始读数。

（3）开凿解除槽，岩体产生变形并记录应变计上的读数。

（4）在开挖好的解除槽中埋设压力枕，并用水泥砂浆充填空隙。

（5）待充填水泥浆达到一定强度以后，即将压力枕联结油泵，通过压力枕对岩体施压。随着压力枕所施加的力 p 的增加，岩体变形逐步恢复。逐点记录压力 p 与恢复变形（应变）的关系。

（6）当假设岩体为理想弹性体时，则当应变计回复到初始读数时，此时压力枕对岩体所施加的压力 p 即为所求岩体的主应力。

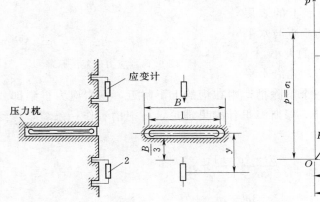

图 9.15　应力恢复法布置示意图　　　　图 9.16　由应力-应变曲线求岩体应力

如图 9.16 所示，ODE 为压力枕加荷曲线，压力枕不仅加压到使应变计回到初始读数（点 D），即恢复了弹性应变 ε_0。而且继续加压到点 E，这样，在点 E 得到全应变 ε；由压力枕逐步卸荷，得卸荷曲线 EF，并得知 $\varepsilon_1 = GF + FO = \varepsilon_{1e} + \varepsilon_{1p}$。

这样，就可以求得产生全应变 ε_1 所相应的弹性应变 ε_{1e} 与残余塑性应变 ε_{1p} 之值。为了求得产生 ε_{0e} 所相应的全应变量，可以作一条水平线 KN 与压力枕的 OE 和 EF 线相交，并使 $MN = \varepsilon_{0e}$，则此时 KM 就为残余塑性应变 ε_{0p}，相应的全应变量 $\varepsilon_0 = \varepsilon_{0p} + \varepsilon_{0e} = KM + MN$。由 ε_0 值就可在 OE 线上求得点 C，并求得与点 C 相对应的 p 值，此即所求的 σ_1 值。

思 考 题 与 习 题

1. 思考题

（1）什么是岩体的地应力？

（2）地应力由哪些应力构成？

（3）地应力的分布规律是什么？

（4）地应力有哪些量测方法？原理是什么？

2. 习题

（1）影响地应力状态的因素有哪些？

（2）应力恢复法的基本原理是什么？

（3）用自己的语言陈述应力恢复法的试验过程。

第 10 章　地下洞室围岩稳定性分析

10.1　概　　述

由于在岩体内开挖洞室，洞室围岩各质点的原有应力的平衡状态就受到破坏，各质点就要产生位移调整，以达到新的平衡位置。岩体内某个方向原来处于紧张压缩状态，现在可能发生松胀，另一个方向可能反而挤压的程度更大了。相应地，围岩内的应力大小和主应力方向也发生了改变，这种现象称为围岩应力重分布。围岩应力重分布只限于围岩一定范围内，在离洞壁较远的岩体内应力重分布甚微，可以略去不计。地下开挖引起的围岩变形是有一定规律的。变形终止时围岩内的应力就是重新分布的应力。这个重新分布的应力对于评价围岩的稳定性具有重要意义。

为了便于说明，对最简单的条件下的围岩应力重分布问题作定性分析，以便理解应力重分布的概念。例如，设岩体为连续的、均质的以及各向同性的，其侧向压力系数为 $K_o=1$，洞室的长度远较横截面的尺寸为大，所以可作为平面应变问题来研究。

在地下开挖前，岩体内任一点 A 的应力即等于该点的自重应力 P_v，而且由于 $K_o=1$，所以通过该点任何方向的应力都是 P_v。如果用极坐标来表示该点的应力状态，则该点的应力为

$$\sigma_{r0}=P_v$$
$$\sigma_{\theta0}=P_v$$

式中　σ_{r0}——岩体的径向应力；

　　　$\sigma_{\theta0}$——岩体的切向应力。

地下开挖以后，应力就重新分布，某点的应力分别变为 σ_r 和 σ_θ，如图 10.1 所示。由于未开挖前岩体内均为压应力，所以每点均处于挤压状态。地下开挖后，洞室周围岩体就向洞室这个空间松胀。显然，松胀方向必然是沿着半径指向洞室中心的，这就必然引起径向应力的减小，如图 10.2 所示。径向松胀最充分的地方是在洞壁上。由于洞壁没有任何约束，所以径向应力完全解除。同时可以推测，围岩松胀后洞壁上的径向应力为零。越深入围岩内部，径向松胀就越困难，因为径向松胀的阻力是越来越大的。在离开洞壁的一定距离处，松胀已经很小，基本上没有松胀，在该处的径向应力与原来未开挖时的初始应力相等，即 $\sigma_r=\sigma_{r0}$。因此，地下开挖后，围岩松胀完成，围岩各点的径向应力 σ_r 和原来初始的径向应力应力 σ_{r0} 的关系为

$$\sigma_r \leqslant \sigma_{r0}$$

或

$$\sigma_r = \sigma_{r0} - \Delta\sigma_r$$

式中　$\Delta\sigma_r$——地下开挖后围岩内质点径向应力的变化值，当 $r=r_0$（r_0 为洞室半径）时，σ_r $=0$，即 $\Delta\sigma_r=\sigma_{r0}$；当 $r=r_D$（r_D 为松胀范围的半径）时，$\sigma_r=\sigma_{r0}$，即 $\Delta\sigma_r=0$。

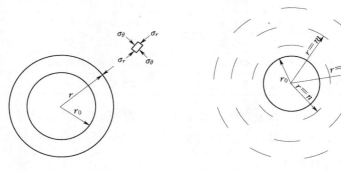

图 10.1　围岩中的应力状态　　　图 10.2　洞室围岩的径向位移

洞室围岩中的切向应力则有相反的变化规律。地下开挖后围岩洞室中心松胀，实际上就是围岩内每个圆周上的质点均向洞室中心移动了一段距离。例如，半径为 $r=m$ 的圆移动以后就变动到半径为 $r=n$ 的另一个圆的位置，此时周长缩短，这就说明围岩中的切向应力 σ_θ 显然增大了，切向应力的增量以 $\Delta\sigma_\theta$ 表示。

径向松胀是越靠近洞壁越充分，越深入围岩内部越困难。相应地越靠近洞壁的圆，径向移动就越大；而越深入围岩内部的圆，其径向移动就越小。也就是说，围岩内越靠近洞壁的点，其切向应力增加值越大。假定地下开挖前岩体的初始切向应力为 $\sigma_{\theta0}$，开挖后为 σ_θ，则

$$\sigma_\theta \geqslant \sigma_{\theta0}$$

或

$$\sigma_\theta = \sigma_{\theta0} + \Delta\sigma_\theta$$

当 $r=r_0$ 时，σ_θ 为最大；当 $r=r_D$ 时，$\sigma_\theta=\sigma_{\theta0}$。

从以上分析可知，围岩应力重分布主要是因为地下开挖后围岩向洞室中心径向松动所引起的，径向应力与切向应力的改变是互相关联的。通过这一简单分析，可以建立有关应力重分布的定性概念。

10.2　地下洞室围岩的变形破坏

围岩变形破坏的形式与特点除与岩体内的初始应力状态和洞形有关外，主要取决于围岩的岩性和结构，通常有表 10.1 所列的类型。

表 10.1　　　　　　　　　　围岩的变形破坏形式及其产生机制

岩性	岩体结构	变形、破坏形式	产　生　机　制
脆性围岩	块体状结构及厚层状结构	张裂崩落	拉应力集中造成的张裂破坏
		劈裂剥落	压应力集中造成的压裂
		剪切滑移及剪切破裂	压应力集中造成的剪切破裂及滑移拉裂
		岩爆	压应力高度集中造成的突然而猛烈的脆性破坏
	中薄层状结构	弯折内鼓	卸荷回弹或压应力集中造成的弯曲拉裂

续表

岩性	岩体结构	变形、破坏形式	产生机制
塑性围岩	层状结构	塑性挤出	压应力集中作用下的塑性流动
		膨胀内鼓	水压重分布造成的吸水膨胀
	散体结构	塑性挤出	压应力作用下的塑流
		塑流涌出	松散饱水岩体的悬浮塑流
		重力坍塌	重力作用下的坍塌

围岩变形破坏由外向内逐步发展的结果，常可在洞室周围形成松动圈，围岩内的应力状态也将因松动圈内的应力被释放而重新调整，形成一定的应力分布带。

10.2.1　脆性围岩的变形破坏

脆性围岩变形破坏的形式和特点除与由岩体初始应力状态及洞形所决定的围岩压力状态有关外，主要取决于围岩的结构。脆性围岩的变形破坏有不同的类型，简要分述如下。

1. 张裂坍落

当在具有厚层状或块状结构的岩体中开挖宽高比较大的地下洞室时，在其顶拱常产生切向拉应力。如果此拉应力值超过围岩的抗拉强度，在顶拱围岩内就会产生近于垂直的张裂缝。被垂直裂缝切割的岩体在自重作用下变得很不稳定，特别是当有近水平方向的软弱结构面发育，岩体在垂直方向的抗拉强度很低时，往往造成顶拱的坍落，由于岩体的抗拉强度通常较低，且这类地区又常发育有近于垂直的以及其他方向的裂隙，所以在这类隧洞的顶拱常发生严重的张裂坍落，有的甚至一直坍到地表。

2. 劈裂

劈裂多发生在地应力较高的厚层状或块体状结构的围岩中，一般出现在有较大切向压应力集中的边壁附近。在这些部位，过大的切向压应力往往使围岩表部发生一系列平行于洞壁的破裂，将洞壁岩体切割成为板状结构。当切向压应力大于劈裂岩板的抗弯折强度时，这些裂板就可能被压弯、折断并造成塌方。

3. 剪切滑动或破坏

在厚层状或块体状结构的岩体中开挖地下洞室时，在切向压应力集中较高，且有斜向断裂发育的洞顶或洞壁部位往往发生剪切滑动类型的破坏，这是因为在这些部位沿断裂面作用的剪应力一般比较高，而正应力却比较小，故沿断裂面作用的剪应力往往会超过其抗剪强度，引起沿断裂面的剪切滑动。我国西南某水电站地下厂房上游边墙在施工过程中失稳下滑并将下部压力隧道的衬砌剪断（图 10.3），就是这类破坏的一个典型实例。

另外，围岩表部的应力集中有时还会使围岩发生

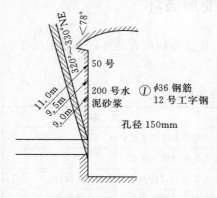

图 10.3　西南某水电站地下厂房上游边坡失稳及加固情况示意图

局部的剪切破坏，造成顶拱坍塌或边墙失稳。

4. 岩爆

岩爆是围岩的一种剧烈的脆性破坏，常以"爆炸"的形式出现。岩爆发生时能抛出大小不等的岩块，大型者常伴有强烈的震动、气浪和巨响，对地下开挖和地下采掘事业造成很大的危害。

岩爆的产生需要具备两方面的条件：高储能体的存在，其应力接近于岩体强度是岩爆产生的内因；某附加荷载的触发则是其产生的外因。就内因来看，具有储能能力的高强度、块体状或厚层状的脆性岩体就是围岩内的高储能体，岩爆往往也就发生在这些部位。从岩爆产生的外因方面看主要有两个方面：①机械开挖、爆破以及围岩局部破裂所造成的弹性振荡；②开挖的迅速推进或累进性破坏所引起的应力突然向某些部位的集中。

在地下开挖的实际进程中，如果在围岩的某些部位形成了高储能体，且其应力已接近于岩体的强度时，则上述一些因素所引起的应力急剧变化，即使其量级很小，也可能使高储能体内的应力迅速超载，从而使其发生剧烈的脆性破坏，突然释放的弹性能一部分消耗于破碎岩石，其余部分则转化为动能，将岩片抛出。

四川绵竹天地煤矿曾多次发生岩爆，最大的一次将 20 余 t 煤抛出 20m 远。四川南桠河三级电站隧洞（埋深 350～400m）开挖过程中通过花岗岩整体结构岩体段时就曾发生过岩爆。开挖后不久，洞壁表部岩石发出了劈劈啪啪的响声，同时有"洋葱"状剥片自岩壁上弹射出。

5. 弯折内鼓

在层状特别是在薄层状岩中开挖地下洞室，围岩变形破坏的主要形式是弯折内鼓。从力学机制来看，这类破坏主要是卸荷回弹和应力集中使洞壁处的切向压应力超过薄层状岩层的抗弯折强度所致。但在水平产状岩层中开挖大跨度的洞室时，顶拱处的弯折内鼓变形也可能只是重力作用的结果。

由卸荷回弹和应力集中所造成的这类变形破坏主要发生在初始应力较高的岩体内。在区域最大主应力垂直于陡倾薄层状岩层的走向地区，平行于岩层走向开挖地下洞室时，两壁附近的薄层状围岩往往发生如图 10.4 所示的弯曲、拉裂和折断，最终挤入洞内而坍倒。显然，这种弯折内鼓型变形破坏的产生是与卸荷回弹相联系的，主要发生在薄层状岩体的层面平行分布有较大压应力集中的洞室周边部位。

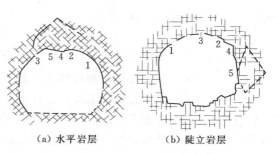

（a）水平岩层　　（b）陡立岩层

图 10.4　走向平行于洞轴的薄层状围岩的弯折内鼓破坏

1—设计断面；2—破坏区；3—崩塌；
4—滑动；5—弯曲、张裂及折断

白龙江碧口水电站在一些水工隧洞的施工中就曾多处发生上述类型的变形破坏。这些水工隧洞都是修建在碧口群千枚岩层中，当洞径大于 6m 的洞体平行或近于平行陡倾的岩层走向时，在平行于层面的洞壁上经常发生比较强烈的弯折内鼓破坏，而且都是在开挖后不久迅即发生。例如，排沙洞在 0＋360～0＋470 段的施工过程中，洞体两侧壁发生严重的弯折内鼓变形，开挖中曾用锚杆和工字钢联合封锁支护，半个月之后，500m³ 的变形岩体连同锚杆及工字钢突然坍塌，不得不停工处理。

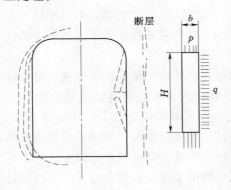

图 10.5 有利于产生弯折内鼓破坏的局部构造条件

值得注意的是，一些局部构造条件有时也有利于这类变形破坏的产生。例如图 10.5 所示的情况，平行于洞室侧壁的断层使洞壁和断层之间的薄层岩体内应力集中有所增高，因此洞壁附近的切向应力高于正常情况的平均值，造成弯折内鼓破坏。

在平缓层状岩层中开挖大跨度地下洞室时，顶拱的问题往往比较严重，因为平缓岩层在洞顶形成类似组合梁结构，如果层面间的结合比较弱，特别是当有软弱夹层发育时，抗拉强度就会大为削弱，在这种条件下，洞室的跨度越大，在自重作用下越易于发生向洞内的弯折变形。

综上可以看出，脆性围岩的变形破坏主要与卸荷回弹及应力重分布相联系，水压重分布对其虽也有一定影响，但不起主要作用。

与应力重分布相联系的变形破坏又可分为两类：一类变形破坏是由于洞室周边拉应力集中所造成的，在一般情况下，这类变形破坏由于其所引起的洞形变化会使洞周边拉应力趋向减小，故通常仅局限在一定范围之内；另一类变形破坏则是由于洞室周边压应力集中所引起的，此类变形破坏的形式除与岩体结构有关外，还与轴向应力的相对大小有关，例如，当轴向应力的大小与切向应力相近时，围岩的变形破坏形式表现为劈裂，相反，当其与径向应力相近时，则表现为剪切破坏。除此之外，值得注意的是此类变形破坏所引起的洞形变化通常趋向于使破坏部位的切向压力集中程度进一步增大，故如不及时采取防治措施，这类破坏作用必将累进性地加速发展，造成严重的后果。

10.2.2 塑性围岩的变形破坏

1. 挤出

洞室开挖后，当围岩应力超过塑性围岩的屈服强度时，软弱的塑性物质就会沿最大应力梯度方向挤出。易于被挤出的岩体主要是那些固结程度差、富含泥质的软弱岩层，以及挤压破碎或风化破碎的岩体。未经构造或风化扰动，且固结程度较高的泥质岩层则不易被挤出。挤出变形能造成很大的压力，足以破坏强固的钢支撑。但其发展通常都有一个时间过程，一般要几周至几个月之后方能达到稳定。

2. 膨胀

膨胀变形有吸水膨胀和减压膨胀两类不同的机制。

(1) 吸水膨胀。洞室开挖后，围岩表部减压区的形成往往促使水分由内部高应力区向围岩表部转移，结果可使某些易于吸水膨胀的岩层发生强烈的膨胀变形。这类膨胀变形显然是与围岩内部的水分重分布相联系的。除此之外，开挖后暴露于表部的这类岩体有时也会从空气中吸收水分而膨胀。

遇水后易于强烈膨胀的岩石主要有富含黏土矿物（特别是蒙脱石）的塑性岩石和硬石膏。有些富含蒙脱石黏土质岩石吸水后体积可增大 14%～25%，而硬石膏水化后转化为石膏，其体积可增大20％，所以这些岩石的膨胀变形能造成很大的压力，足以破坏强固的支护结构，给各类地下建筑物的施工和运营带来很大的危害。

（2）减压膨胀。减压膨胀型的变形通常发生在一些特殊的岩层中。例如，一些富含橄榄石的超基性岩在近地质时期内由于遭热液、水解的作用而生成蛇纹石，这种转变通常要伴有体积的膨胀，但在有侧限而不能自由膨胀的天然条件下，新生成的矿物只能部分地膨胀，并于地层内形成一种新的体积压力平衡状态。洞体开挖所造成的卸荷减压必然使附近这类地层的体积随之而增大，从而对支护结构造成强大的膨胀压力。日本就有这类实例，几天之内，强大的支衬结构全部被压断。

3. 涌流和坍塌

涌流是松散破碎物质和高压水一起呈泥浆状突然涌入洞中的现象，多发生在开挖揭穿了饱水断裂破碎带的部位。严重的涌流往往会给施工造成很大的困难。

坍塌是松散破碎岩石在重力作用下自由垮落的现象，多发生在洞体通过断层破碎带或风化破碎岩体的部位。在施工过程中，如果对于可能发生的这类现象没有足够的预见性，往往也会造成很大的危害。

10.2.3 围岩变形破坏的累进性发展

大量的实践表明，地下工程围岩的变形破坏通常是累进性发展的。由于围岩内应力分布的不均匀性以及岩体结构、强度的不均匀性及各向异性，那些应力集中程度高而结构强度又相对较低的部位往往是累进性破坏的突破口，在大范围围岩尚保持整体稳定性的情况下，这些应力-强度关系中的最薄弱部位就可能发生局部破坏，并使应力向其他部位转移，引起另一些次薄弱部位的破坏，如此逐次发展连锁反应，终将导致大范围围岩的失稳破坏。因此，在进行围岩稳定性分析、评价时，必须充分考虑围岩累进性破坏的过程和特点，针对控制围岩失稳破坏的关键部位采取有效措施，以防止累进性破坏的发生和发展，这正是支护设计的关键所在。

一般说来，地下工程围岩变形破坏累进性发展的过程和特点主要取决于以下三个方面的因素：

（1）原岩应力的方向及大小。

（2）地下洞室的形状和尺寸。

（3）岩体结构及其强度。

具体条件不同，围岩累进性破坏的过程和特点也不同。每一特定条件下围岩累进性破坏能否发生，其特点如何以及什么样的支护方案才是最经济而有效的，这些问题通常可以通过数值模拟方法来加以形容和解决。

10.2.4 地下工程岩体稳定性的影响因素

地下工程岩体稳定性的影响因素主要有岩土性质、地质构造与岩体结构、地下水、地应力等。此外，还应考虑地下工程的规模等因素。

1. 岩土性质

岩土性质是控制地下洞室围岩稳定、隧洞掘进方式和支护类型及其工作量等的重要因素，也是影响工期和工程造价的一个重要因素。理想的岩体洞室围岩包括岩体完整、厚度较大、岩性单一、成层稳定的沉积岩，规模很大的侵入岩（花岗岩、闪长岩等）或区域变质片麻岩。岩体内软弱夹层及岩脉不发育，岩石的饱和单轴抗压强度在 70MPa 以上。一般坚硬完整岩体，由于岩体完整，洞壁围岩稳定性好，施工也较顺利，支护也简单快速。而破碎岩体或松散岩层，由于围岩自身稳定性差，施工过程容易产生变形破坏，因而施工速度较慢，支护工程量及难度也较大，严重时还会产生较大规模的塌方，影响施工安全，延误工期。

2. 地质构造与岩体结构

地质构造与岩体结构是影响地下工程岩体稳定性的控制性因素，首先表现在建洞岩体必须区域构造稳定，第四纪以来无明显的构造活动，历史上无强烈地震。其次是在洞址洞线选择时一定要避开大规模的地质构造，并考虑构造线及主地应力方向而合理布置。断裂构造由于其有一定宽度，因此洞轴线穿越破碎岩体时一般都产生一定规模塌方，严重时产生地下泥石流或碎屑流，或者产生洞室涌水，威胁施工安全。岩体结构对地下工程岩体稳定性的影响主要表现在岩体结构类型与结构面的性状等方面。同一类型岩体结构对不同规模地下工程其自稳能力不同。比如在某一层状结构岩体中挖掘直径为 2m 的探洞和修建几十米跨度的地下厂房，顶板岩体的自稳能力显然不一样，前者可能安全、稳定，后者稳定性可能很差。另外，结构面的相互组合切割成的结构体很可能向洞心方向产生位移，轻者掉块，重者塌方，更严重者可能造成冒顶。因此，在地下工程岩体稳定分析中，一定要注意各种结构面的分布及其组合，尤其是一些大规模断层破碎带。

3. 地下水

地下水对洞室围岩稳定性的影响是很不利的，其影响主要表现在使岩石软化、泥化、溶解、膨胀等，使其完整性和强度降低。另外，当地地下水位较高时，地下水以静水压力形式作用于衬砌上，形成一个较高的外水压力，对洞室稳定不利。地下水对地下工程的最大危害莫过于洞室涌水、地下岩溶、导水构造等。洞室往往是地下水富集的场所，地下水一旦在洞室中出露，往往形成一定规模的涌水、涌砂或者形成碎屑流涌入，轻者影响施工，严重者造成人身伤亡事故。因此，地下工程宜选在不穿越地下水涌水及富水区、地下水影响较小的非含水岩层中。

4. 地应力

岩体中的初始应力状态对洞室围岩的稳定性影响很大。地下洞室开挖后，岩体中的地应力状态重新调整，调整后的地应力称为重分布应力或二次应力。应力的重新分布往往造成洞周应力集中。当集中后的应力值超过岩体的强度极限或屈服极限时，洞周岩石首先破坏或出现大的塑性变形，并向深部扩展形成一定范围的松动圈。在松动圈形成过程中，原来洞室周边应力集中向松动圈外的岩体内部转移，形成新的应力升高区，称为承载圈（图10.6）。重分布应力一般与初始应力状态及洞室断面的形状等有关。在静水压力状态下的圆形洞室，开挖后应力重分布的主要特征是径向应力（σ_r）向洞壁方向逐渐减小至洞壁处为 0，切向应力（σ_θ）在洞壁处增大为初始应力的两倍。重分布应力的范围一般为洞室半径 r 的 5～6 倍（图 10.7）。

另外，地应力因素的影响还表现在选择洞线时，洞线的轴向一定要注意与最大水平主应力方向平行。特别在高地应力地区修建地下工程，一定要认真研究地应力的分布及其对

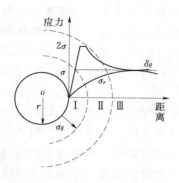

图 10.6　围岩的松动塑和承载围
Ⅰ—松动圈；Ⅱ—承载圈；Ⅲ—原始应力区

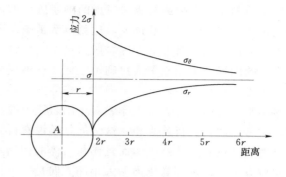

图 10.7　隧洞开挖后洞周应力状态

工程建筑的影响。如南水北调西线引水隧洞等高地应力区的地下工程建设中，地应力对围岩稳定性的影响是一个重要的研究课题。此外，影响地下工程岩体稳定性的因素还有地形、地下工程的施工技术与施工方法等。地形上要求洞室区山体雄厚，地形完整，山体未受沟谷切割，没有滑坡、崩塌等地质现象破坏地形。大量工程实践表明，地下工程施工技术和施工方法是影响岩体稳定性的一个重要方面。良好的施工技术和科学的施工方法将有效地保护围岩稳定，不良的施工技术和不合理的施工方法将严重破坏岩体的稳定性，降低岩体的基本质量。在此，应根据实际地质条件，合理确定施工方案，尽量保护围岩不被扰动。

10.3　围　岩　压　力

10.3.1　概述

在岩体内开挖洞室以后，岩体的原始平衡状态被破坏，发生应力重分布。随着应力的重分布，围岩不断变形并向着洞室逐渐移动。一些强度较低的岩石由于应力达到强度的极限值而可能破坏，产生裂缝或剪切位移，甚至大量塌落，造成所谓的"冒顶"现象，特别是节理、裂隙等软弱结构面发育的岩石更为显著。为了保证围岩的稳定以及地下洞室结构（例如水工隧洞、地下电站等）的安全，常常必须在洞室中进行必要的支护与衬砌。当然，根据实践并不是所有洞室都要支护与衬砌的，有些情况，特别是岩石较好、地质条件简单的情况可不需进行支护与衬砌；而另一些情况必须进行支护与衬砌。因此，在进行地下洞室设计和施工时，工程人员和地质人员必须进行围岩的稳定分析与计算。由于支护与衬砌的目的是防止岩石塌落和变形，所以支护与衬砌上必然要受到岩石的压力，把由于洞室围岩的变形和破坏而作用在支护或衬砌上的压力称为围岩压力，有的称为"地层压力""山岩压力""地压""岩石压力"，都是与围岩压力同一个意义。

由于围岩压力是作用在支护或衬砌上的重要荷载，如果对围岩压力没有正确的估计，就不可能合理地设计支护和衬砌的尺寸。正确确定围岩压力的大小、探求其变化规律和特点，对于地下工程、水工隧洞、采矿、交通隧道、战备工程等现代化建设都具有重大的意义。例如，若设计支护或衬砌时考虑的围岩压力值远远大于实际所产生的数值，则设计出来的支护或衬砌的尺寸必然过大，这就浪费了国家建设极为宝贵的木材、水泥及钢材，也浪费了人力；反之，所考虑的围岩压力过小，所设计的支护或衬砌的尺寸太小，不能负担实际产生的围岩压力，支护或衬砌被压坏，这不仅会使所建造的地下工程不能应用，而且还会造成工伤事故。

多年来，各国岩石力学工作者对于围岩压力的计算进行了一系列的研究，建立了各种理论。尽管如此，到目前为止，这一问题还没有得到圆满地解决。这是因为围岩压力不仅与岩石性质和洞室形状有关，而且还与岩体的初始天然应力状态、衬砌或支护的刚度和施工的快慢有关。确定围岩压力的大小和方向是一个极为复杂的问题。本章所介绍的一些围岩压力的公式和理论都是在一定的简化条件下得来的，是近似的，今后必须通过实践逐步加以完善。

10.3.2　围岩压力的形成

设围岩没有受到其他洞室的影响，并且开挖爆破过程中没有受到破坏，则洞室周围的围岩压力随着时间的发展可以分为以下三个阶段（仅讨论岩石内最大压应力为垂直方向的情况）。

第Ⅰ阶段。由于岩体的变形，在洞室的周界上产生一般的挤压，同时，在两侧的岩石因剪切破坏而形成了楔形岩块，这两个楔形岩块有朝着洞室内部移动的趋向。

第Ⅱ阶段。在侧向楔形体发生某种变形以后，在岩体内形成了一个椭圆形的高压力区，在椭圆曲线与洞室周界线间的岩体发生了松动。

第Ⅲ阶段。洞顶和洞底的松动岩体开始变形，并向着洞内移动，洞顶松动岩石在重力作用下有掉落的趋势，围岩压力逐渐增加。

这是围岩压力的形成机理。可见围岩压力的形成是与洞室开挖后岩体的变形、松动和破坏分不开的。通常将由于岩体变形而对支护或衬砌给予的压力称为变形压力；将岩体破坏和松动对支护或衬砌造成的压力称为松动压力。变形量的大小以及破坏程度的强弱决定围岩压力的大小。在不同性质的岩石中，由于它们的变形和破坏性质不同，所以产生围岩压力的主导因素也就不同，通常可以遇到下列三种情况：

（1）在整体性良好、裂隙节理不发育的坚硬岩石中，洞室围岩的应力一般总是小于岩石的强度。因此，岩石只有弹性变形而无塑性变形，岩石没有破坏和松动。由于弹性变形在开挖过程中就已产生，开挖结束后弹性变形也就完成，洞室不会坍塌。如果在开挖完成后进行支护或衬砌，则这时支护上没有围岩压力。在这种岩石中的洞室支护主要用来防止岩石的风化以及剥落碎块的掉落。

（2）在中等质量的岩石中，洞室围岩的变形较大，不仅有弹性变形，而且还有塑性变形，少量岩石破碎。由于洞室围岩的应力重分布需要一定的时间，所以在进行支护或衬砌以后围岩的变形受到支护或衬砌的约束，于是就产生围岩压力。因此，支护的浇筑时间和结构刚度对围岩压力影响较大。在这类岩石中，围岩压力主要是由较大的变形所引起，岩石的松动坍落甚小，这类岩石中主要是产生“变形压力”。

（3）在破碎和软弱岩石中，由于裂隙纵横切割，岩体强度很低，围岩应力超过岩体强度很多。在这类岩石中，坍落和松动是产生围岩压力的主要因素，而松动压力是主要的围岩压力。当没有支护或衬砌时,岩石的破坏范围可能逐渐扩大发展,故需要立即进行支护或衬砌。支护或衬砌的作用主要是支承坍落岩块的重量,并阻止岩体继续变形、松动和破坏。

10.3.3 影响围岩压力的因素

上面是岩石性质对于围岩压力的影响,为主要因素,下面讨论其他因素对围岩压力的影响。

1. 洞室的形状和大小

洞室的形状对于围岩应力分布会产生影响,同样,洞室的形状对围岩压力的大小也有影响。一般而言,圆形、椭圆形和拱形洞室的应力集中程度较小,破坏也少,岩石比较稳定,围岩压力也就较小。矩形断面的洞室的应力集中程度较大,尤以转角处最大,因而围岩压力比其他形状的围岩压力要大些。

当洞室的形状相同时,围岩应力与洞室的尺寸无关,亦即与洞室的跨度无关。但是一般而言围岩压力与洞室的跨度有关,它可以随着跨度的增加而增大,目前从有些围岩压力公式中就可看出压力与跨度成正比增加。但是根据经验,这种正比关系只对跨度不大的洞室适用;对于跨度很大的洞室,由于往往容易发生局部坍塌和不对称压力,围岩压力与跨度之间不一定成正比关系。根据我国铁路隧道的调查,人为单线隧道与双线隧道的跨度相差为 80%,而围岩压力相差仅为 50% 左右。所以,在有些情况中,对于大跨度洞室,采用围岩压力与跨度成正比的关系,会造成衬砌过厚的浪费现象。

2. 地质构造

地质构造对于围岩的稳定性及围岩压力的大小有重要影响。目前,有关围岩的分类和围岩压力的经验公式大都是建立在这一基础上的。地质构造简单,地层完整,无软弱结构面,围岩就稳定,围岩压力也就小;反之,地质构造复杂,地层不完整,有软弱结构面,围岩就不稳定,围岩压力也就大。在断层破碎带、褶皱破坏带和裂隙发育的地段,围岩压力一般都较大,因为这些地质的洞室开挖过程中常常会有大量的较大范围的崩

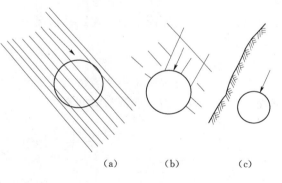

图 10.8 不对称围岩压力的形成
(箭头为围岩压力的方向)

塌,造成较大的松动压力。另外,如果岩层倾斜〔图 10.8(a)〕、节理不对称〔图 10.8(b)〕以及地形倾斜〔图 10.8(c)〕,都能引起不对称的围岩压力(即所谓偏压),所以在估计围岩压力的大小时,应当特别重视地质构造的影响。

3. 支护的型式和刚度

围岩压力有松动压力和变形压力之分。当松动压力作用时,支护的作用就是承受松动岩体或塌落岩体的重量,支护主要起承载作用。当变形压力作用时,它的作用主要是限制围岩的变形,以维持围岩的稳定,也就是支护主要起约束作用。在一般情况下,支护可能同时具有上述两种作用。目前采用的支护可分为两类:一类为外部支护,也称普通支护或

所谓老式支护，这种支护作用在围岩的外部，依靠支护结构的承载能力来承受围岩压力，在与岩石紧密接合或者回填密实的情况下，这种支护也能起到限制围岩变形、维持围岩稳定的作用；另一类是近代发展起来的支护型式，称为内承支护或自承支护，它就是通过化学灌浆或水泥灌浆、锚杆支护、预应力锚杆支护和喷混凝土支护等方式，加固围岩，使围岩处于稳定状态，这种支护的特点是依靠增加围岩的自承作用来稳固洞室，一般可能比较经济。

支护的刚度和支护时间的早晚（即洞室开挖后围岩暴露时间的长短）都对围岩压力有较大的影响。支护的刚度越大，则允许的变形就越小，围岩压力就越大；反之围岩压力越小。洞室开挖后，围岩就产生变形（弹性变形和塑性变形），根据研究，在一定的变形范围内，支护上的围岩压力随着支护以前围岩变形量的增加而减少的。目前，常常采用薄层混凝土支护或具有一定柔性的外部支护，都能够充分利用围岩的自承能力，以达到减少支护上围岩压力的目的。

4. 洞室深度

洞室深度与围岩压力的关系目前仍有各种说法。在有些公式中围岩压力与深度无关，有些公式中围岩压力与深度有关。一般说来，当围岩处于弹性状态时，围岩压力不应当与洞室的埋深有关。但当围岩中出现塑性区时，洞室的埋置深度应当对围岩压力有影响。这是由于埋置深度对围岩的应力分布有影响，同时对初始侧压力系数也有影响，从而对塑性区的形状和大小以及围岩压力的大小均有影响。研究指明，当围岩处于塑性变形状态时，洞室埋置越深，围岩压力也就越大。深洞室的围岩通常处于高压塑性状态，所以它的围岩压力随着深度的增加而增加，在这种情况下宜采用柔性较大的支护，以发挥围岩的自承作用，降低围岩压力。

5. 时间

由于围岩压力主要是由于岩体的变形和破坏造成，而岩体的变形和破坏都有一个时间过程，所以围岩压力一般都与时间有关。

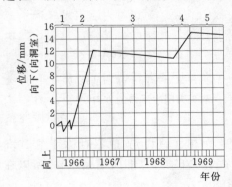

图 10.9　洞室位移与时间关系

图 10.9 所示为奥地利柯普斯（Konc）水电站地下厂房拱顶的岩体位移与时间的关系曲线，该厂房的跨度为 26m。从这根曲线可以看出，在开挖洞室期间（1966—1967 年），围岩压力是迅速增长的，这表现在拱顶的位移急剧增加。然后，在施工和装配期间（1967—1968 年），位移基本上是稳定的，而在洞室开挖以后大约 2 年的时间（1968—1969 年），当水电站的第一台机组运行时，围岩压力又有了某些增加，这表现在拱顶岩石的位移又有某些增加，以后再重新稳定。应当注意，围岩压力随时间而变化的原因，除了变形和破坏有一时间过程之外，岩石的蠕变也是个重要因素，目前在这方面还有待进一步研究。

6. 施工方法

围岩压力的大小与洞室的施工方法和施工速率也有较大关系。施工方法主要是指掘进的方法。在岩体较差的地层中，如采用钻眼爆破，尤其是放大炮，或采用高强度的炸药，都会引起围岩的破碎而增加围岩压力。用凿岩机掘进，光面爆破，减少超挖量，采用合理的施工方法可以降低围岩压力。在易风化的岩层（如泥灰岩、片岩、页岩等）中，需加快施工速度和迅速进行衬砌，以便尽可能地减少这些地层与水的接触，减轻它们的风化过程，避免围岩压力增长。

10.4　洞室围岩稳定性计算

10.4.1　岩柱法

岩柱法适用于计算松散岩体的围岩压力，基本思想是：由于洞室的开挖，洞室顶部的松散岩体将产生很大的沉降甚至塌落，因此考虑从地面到洞室顶部的岩体自重，扣除部分摩擦阻力后，作用在洞室顶部的压力即为围岩压力。

1. 岩柱法的基本假设条件

（1）松散岩体的内聚力 c 为零。

（2）洞室开挖后，上覆岩体向下位移，同时洞室的两侧出现两条与洞室侧壁交 $45° - \varphi/2$ 的破裂面，作用在洞室顶部的围岩压力为岩体自重克服了两侧的摩擦力所剩余的力，其计算简图如图 10.10 所示。

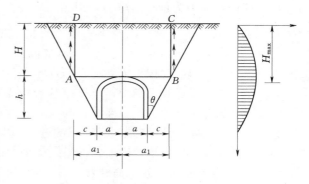

图 10.10　考虑摩擦力的岩柱计算简图

2. 岩柱法围岩压力计算

根据岩柱法计算松散岩体的围岩压力的假设条件，应先确定岩体 $ABCD$ 所产生的摩擦力和岩体的自重。应首先确定摩擦力的大小。在洞室上覆岩体中取一厚度为 $\mathrm{d}l$ 的微元条，其埋深为 l，微元体宽度为 $2a_1$。设作用在微元条两端的力有正应力 $\mathrm{d}\sigma_n$ 和摩擦力 $\mathrm{d}T$。由莫尔-库仑强度理论和摩擦原理，$\mathrm{d}\sigma_n$ 和 $\mathrm{d}T$ 为

$$\left. \begin{array}{l} \mathrm{d}\sigma_n = rl\tan^2\left(45° - \dfrac{\varphi}{2}\right) \\ \mathrm{d}T = \mathrm{d}\sigma_n \mathrm{d}l\tan\varphi \end{array} \right\}$$

从地面到洞室顶部岩体中的总的摩擦力为

$$F = 2\int_0^H \mathrm{d}T = 2\int_0^H \mathrm{d}\sigma_n \tan\varphi \mathrm{d}l = 2\int_0^H rl\tan^2\left(45° - \dfrac{\varphi}{2}\right)\tan\mathrm{d}l$$

$$= \gamma H^2 \tan^2\left(45° - \dfrac{\varphi}{2}\right)\tan\varphi$$

从地面到洞室顶部岩体的自重为

$$Q = 2a_1\gamma H$$

其中，a_1 由图 10.10 中的几何关系可得

$$a_1 = a + h\tan\left(45° - \frac{\varphi}{2}\right)$$

式中　　H——洞室的埋深。

根据其假设条件，作用在洞室顶部的围岩压力为

$$q = \frac{Q-F}{2a_1} = \gamma H\left(1 - \frac{HK}{2a_1}\right) \tag{10.1}$$

其中

$$K = \tan^2\left(45° - \frac{\varphi}{2}\right)\tan\varphi$$

作用在洞室侧向的围岩岩压力可根据公式 $\sin\varphi = \dfrac{\sigma_{1_3} - \sigma_3}{\sigma_1 + \sigma_3 + 2c\cot\varphi}$ 求得。由于岩柱法中假设松散岩体的 $c = 0$，故 $\sigma_c = \dfrac{2c\cos\varphi}{1 - \sin\varphi} = 0$。又因为作用在洞室顶部的围岩压力为最大主应力，而侧向围岩压力为最小主应力，根据两者的关系，洞顶（e_1）和洞底（e_2）的侧向围岩压力为

$$e_1 = q\tan^2\left(45° - \frac{\varphi}{2}\right)$$

$$e_2 = (q + \gamma H_t)\tan^2\left(45 - \frac{\varphi_c}{2}\right)$$

洞室的高度为

$$e = \frac{e_1 + e_2}{2} \tag{10.2}$$

3. 用岩柱法分析围岩压力的特征

用岩柱法计算围岩压力，概念明确，计算方便。但经分析发现，该围岩压力的计算公式具有一定的限制条件。

10.4.2　太沙基理论

由于岩体一般总是有一定的裂隙节理，又由于洞室开挖施工的影响，其围岩不可能是一个非常完整的整体，而太沙基理论中假定岩石为散粒体，并具有一定的凝聚力，所以用这一理论计算松动山岩压力有时也可以得到较好的效果。

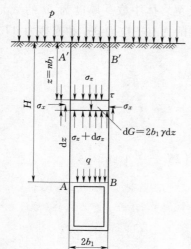

图 10.11　山岩压力计算图解

设洞室侧面的岩石比较稳定，没有形成 $45° - \dfrac{\varphi}{2}$ 的破裂面。洞室开挖后，其上方的岩体有趋向下沉，形成垂直滑动面 AA' 和 BB'，如图 10.11 所示。这两个滑动面上的抗剪强度为

$$\tau_f = c + \sigma\tan\varphi$$

岩石的块体密度为 γ，地面上作用着强度为 p 的均布荷载。在地表以下任何深度处的垂直应力为 σ_z，而相应的水平应力为

$$\sigma_x = K_0\sigma_z \tag{10.3}$$

式中　　K_0——岩石的侧压力系数。

在表面以下 z 深度处，在 $AA'BB'$ 岩柱中取厚度为 $\mathrm{d}z$ 的薄层进行分析。薄层的重量等 $2b_1\gamma\mathrm{d}z$（以垂直图形平面的单位长度计）。在这薄层上作用的力如图 10.11 所示。作用在薄层上的垂直力之和等于零。根据这个条件，可以得到

$$2b_1\gamma\mathrm{d}z = 2b_1(\sigma_z + \mathrm{d}\sigma_z) - 2b_1\sigma_z + 2c\mathrm{d}z + 2K_0\sigma_z\mathrm{d}z\tan\varphi$$

经过整理后，得

$$\frac{\mathrm{d}\sigma_z}{\mathrm{d}z} = \gamma - \frac{c}{b_1} - K_0\sigma_z\frac{\tan\varphi}{b_1} \tag{10.4}$$

解式（10.4），并考虑到边界条件（即当 $z=0$ 时，$\sigma_z = p$），最后得

$$\sigma_z = \frac{b_1\left(\gamma - \dfrac{c}{b_1}\right)}{K_0\tan\varphi}(1 - \mathrm{e}^{-K_0\tan\varphi\frac{z}{b_1}}) + p\mathrm{e}^{-K_0\tan\varphi\frac{z}{b_1}} \tag{10.5}$$

令式（10.5）中的 $z=H$，即得到洞室顶面的垂直山岩压力 q 为

$$q = \frac{b_1 - c}{K_0\tan\varphi}(1 - \mathrm{e}^{-K_0\tan\varphi\frac{H}{b_1}}) + p\mathrm{e}^{-K_0\tan\varphi\frac{H}{b_1}} \tag{10.6}$$

式（10.6）对深埋洞室和浅埋洞室都适用。当洞室为深埋时，可令 $H\to\infty$，则

$$q = \frac{b_1\gamma - c}{K_0\tan\varphi} \tag{10.7}$$

当 $c=0$ 时，有

$$q = \frac{b_1\gamma}{K_0\tan\varphi}$$

对于洞室侧面岩石不稳定的情况也可用类似方法来求山岩压力。这时，洞室侧面从底面起就产生了一个与铅垂线成 $45° - \dfrac{\varphi}{2}$ 角的滑裂面，如图 10.12 所示，侧墙受到水平侧向压力的作用。垂直压力计算公式的推导与上述过程相同，只要将以上各式中的 b_1 以 b_2 代替即可。

$$b_2 = b_1 + h_0\tan\left(45° - \frac{\varphi}{2}\right)$$

$$q = \frac{b_2\gamma - c}{K_0\tan\varphi}(1 - \mathrm{e}^{-K_0\tan\varphi\frac{H}{b_1}}) + p\mathrm{e}^{-K_0\tan\varphi\frac{H}{b_1}} \tag{10.8}$$

当 $H\to\infty$ 时，则

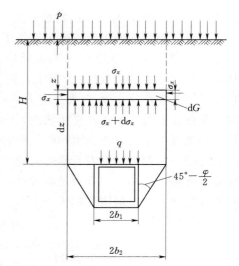

图 10.12　侧面岩石不稳定时的围岩压力

$$q = \frac{b_2\gamma - c}{K_0\tan\varphi} \tag{10.9}$$

当 $c=0$ 时，有

$$q = \frac{b_2\gamma}{K_0\tan\varphi} \tag{10.10}$$

太沙基假定岩体为"散粒体"，对岩石作了比较简单的假定，没有对洞室围岩进行较严密的应力和强度分析，计算一部分岩石在自重作用下对洞室引起的山岩压力，这些压力实际上都是松动压力。

10.4.3　弹塑性理论

多年来，许多岩石力学工作者以弹塑性理论为基础研究了围岩的应力和稳定情况以及围岩压力。从理论上讲，弹塑性理论比前面的理论要严密些，但是弹塑性理论的数学运算较复杂，公式也较繁。此外，在进行公式推导时，也必须附加一些假设，否则也不能得出所需求的解答。为了简化计算和分析，目前总是对圆形洞室进行分析，因为圆形洞室在特定的条件下是应力轴对称的，轴对称问题在数学上容易解决。当遇到矩形或直墙拱顶、马蹄形等洞室时，可将它们看作相当的圆形进行近似计算。下面在叙述弹塑性理论上的基础上分别介绍芬纳（Fenner）公式。

1. 基本概念

当岩体的静止侧压力系数 $K_0 = 1$ 时（即初始应力状态为静水压力式的），洞室边界上的应力分布为

$$\sigma_r = 0$$

$$\sigma_\theta = 2p_0$$

$$\tau_{r\theta} = 0$$

这里 $p_0 = p_v = p_h$，是岩体的初始应力。

可见，洞室围岩中起着决定性作用的是切向应力 σ_θ（这里 σ_θ 的应力集中系数为 2，如图 10.13 中的 σ_θ 虚曲线）。σ_θ 与初始应力 p_0 成比例地增大，而初始应力又随着深度 z 成比例地增大。当洞室很深，z 很大，则 $p_0 = \gamma z$ 也就很大，σ_θ 也随之增大，而 σ_r 变化不大，在洞壁上为零。这里 σ_θ 为大主应力，σ_r 为小主应力。当应力差 $\sigma_\theta - \sigma_r$ 达到某一极限值 σ_0 时，洞壁岩石就进入塑性平衡状态，产生塑性变形。洞室周边破坏后，该处围岩的应力降低，加之新开裂处岩体在水和空气影响下加速风化，岩体向洞内产生塑性松胀。这种塑性松胀使原来由洞边附近岩石承受的应力转移一部分给邻近的岩体，因而邻近的岩体就会产生塑性变形。这样，当应力足够大时，塑性变形的范围是向围岩深部逐渐扩展的。由于这种塑性变形在洞室周围形成了一个圈，这个圈一般称为塑性松动圈。在这个圈内，岩石的变形模量降低，σ_θ 和 σ_r 逐渐调整大小。由于塑性的影响，洞壁上的 σ_θ 减少很多。理论计算证明，σ_θ 沿着深度的变化由图 10.13 中的虚线变为实线。在靠近洞壁处，σ_θ 大大减小了，而在岩体深处出现了一个应力增高区。在应力增高区以外，岩石仍处于弹性状态。总的说来，在洞室四周形成了一个半径为 R 的塑性松动区以及松动区以外的天然应力区Ⅲ。而在塑性松动区内又有应力降低区Ⅰ和应力增高区Ⅱ，如图 10.13 所示。

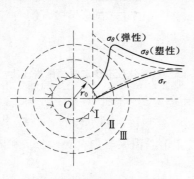

图 10.13　围岩内应力分布

洞室开挖后，随着塑性松动圈的扩展，洞壁向洞内

的位移也不断增大。当位移过大，岩体松动而失去自承能力时，必然对支护产生"挤压作用"，支护上压力也就增大。挤压作用的严重性同初始应力与单轴抗压强度之比以及岩石的耐久性有关。根据经验，随着洞壁位移的增大通常可以发生两种情况，如图 10.14 所示：①当围岩逐渐破坏时，支护能够支承逐渐增加的荷载，洞壁位移渐趋稳定；②由于支护设置太迟或松动岩石的荷载过大洞壁位移在某一时间后

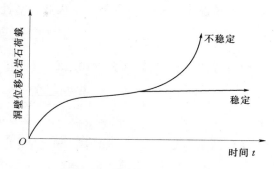

图 10.14 洞壁位移随时间变化关系

加速增长，洞室破坏。为了防止后一种情况产生，必须对洞壁位移进行监测，随时绘出位移与时间的关系，以便采取必要措施。

2. 芬纳公式

（1）变形压力公式。如图 10.15 所示，设圆形洞室的半径为 r_0，在 $r=R$ 的可变范围内出现塑性区。在塑性区内割取一个单元体 ABCD，这个单元体的径向平面互成 $d\theta$ 角，两个圆柱面相距 dr。由于轴对称，塑性区内的应力只是 r 的函数，而与 θ 无关。考虑到应力随 r 的变化，如果 AB 面上的径向应力是 σ_r，那么 DC 面上的应力应当是 $\sigma_r+d\sigma_r$。AD 和 BC 面上的切向应力均为 σ_θ。

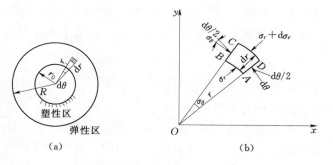

图 10.15 圆形洞室围岩内的微分单元

根据平衡条件，沿着单元体径向轴上的所有力之和为零，即 $\sum F_r=0$，得到下列微分方程式

$$(\sigma_\theta-\sigma_r)dr=rd\sigma_r \tag{10.11}$$

式（10.11）这就是塑性区域内的平衡微分方程式。塑性区内的应力必须满足这个方程式，此外还必须满足下列的塑性平衡条件

$$\frac{\sigma_3+c\cot\varphi}{\sigma_1+c\cot\varphi}=\frac{1-\sin\varphi}{1+\sin\varphi}=\frac{1}{N_\varphi} \tag{10.12}$$

式中　σ_1、σ_3——大、小主应力；

　　　　c——凝聚力；

　　　　φ——内摩擦角；

　　　　N_φ——塑性系数。

在本情况中，$\sigma_1 = \sigma_\theta$，$\sigma_3 = \sigma_r$，因此，塑性平衡条件为

$$\frac{\sigma_r + c\cot\varphi}{\sigma_\theta + c\cot\varphi} = \frac{1}{N_\varphi} \tag{10.13}$$

将方程式（10.11）和式（10.13）联立得到

$$\frac{\mathrm{d}(\sigma_r + c\cot\varphi)}{\sigma_r + c\cot\varphi} = \frac{\mathrm{d}r}{r}(N_\varphi - 1) \tag{10.14}$$

解微分方程式（10.14），并考虑到：当 $r = R$ 时，即在塑性区与弹性区的交界面上，满足弹性条件的应力是

$$(\sigma_r)_{r=R} = p_0\left(1 - \frac{r_0^2}{R^2}\right)$$

解微分方程式（10.14），得到

$$\sigma_r = -c\cot\varphi + A\left(\frac{r}{r_0}\right)^{N_\varphi - 1} \tag{10.15}$$

其中

$$A = [c\cot\varphi + p_0(1 - \sin\varphi)]\left(\frac{r_0}{R}\right)^{N_\varphi - 1}$$

如果岩石的 c、φ、p_0 以及洞室的 r_0 为已知，R 已经测定或者指定，则利用式（10.15）可以求得 R 范围内任一点的径向应力 σ_r，将 σ_r 的值代入式（10.13），即可求出 σ_θ，也就是说可以求出塑性区内的应力。但我们的目的不仅于此，而更需要的是决定洞室上的山岩压力。

当式（10.15）中的 $r = r_0$ 时，求得的 σ_r 即为维持洞室岩石在以半径为 R 的范围内达到塑性平衡而所需要施加在洞壁上的径向压力的大小。令这个压力为 p_i，得到

$$p_i = -c\cot\varphi + [c\cot\varphi + p_0(1 - \sin\varphi)]\left(\frac{r_0}{R}\right)^{N_\varphi - 1} \tag{10.16}$$

洞室开挖后，围岩应力重分布而逐渐进入塑性平衡状态，塑性区不断地扩大，洞室周界的位移量也随着塑性圈的扩大而增长。设置衬砌、支护、支撑以及灌浆的目的就是要给予洞室围岩一个反力，阻止围岩塑性圈的扩大和位移量的增长，以保证岩体在某种塑性范围内的稳定。如果及时进行衬砌支护，则衬砌支护与围岩要产生共同变形，这个变形量也决定了衬砌支护与围岩之间的相互压力。这个压力对于围岩来说是衬砌、支护对岩体的反力（或洞室周界上的径向应力，它改变了洞周径向应力为零的状态）；对于衬砌支护来说，这个压力就是岩体对支护、衬砌的山岩压力，或变形压力。因此，式（10.16）可以用来计算山岩压力。这个公式称为芬纳公式，又称塑性应力平衡公式。

从式（10.16）中可以指出下列各点：

1）当岩石没有凝聚力时，即 $c = 0$ 时，则不论 R 多大，p_i 总是大于零，不可能等于零，这就是说衬砌必须给岩体以足够的反力，才能保证岩体在某种 R 下的塑性平衡。一般岩体经爆破松动后可以假定 $c = 0$，所以用式（10.16）计算时可以不考虑 c。

2）当围岩的凝聚力较大，即 $c > 0$ 时，（岩质良好，没有或很少爆破松动），则随着塑性圈半径 R 的扩大，要求的 p_i 就减少。在某一 R 下，$p_i = 0$。从理论上看这时可以不要求支护的反力而岩体达到平衡（但有时由于位移过大，岩体移动过多，实际上还是要支护的）。

3）当洞室埋深、半径 r_0、岩石性质指标 c、φ 以及 r 为一定时，则支护对围岩的反力 p_i 与塑性圈半径 R 的大小有关，p_i 越大，R 就越小。

4）如果 c 值较小，而且衬砌作用在洞室上的压力 p_i 也较小，则塑性圈 R 会扩大，根据实测，R 增大的速度可达每昼夜 $0.5\sim5\mathrm{cm}$。

5）因为支护结构的刚度对于抵抗围岩的变形有很大影响，所以刚度不同的结构可以表现出不同的围岩压力，刚度大，p_i 就大，反之就小。例如，喷射薄层混凝土的支护上的压力比浇筑和预制的混凝土衬砌上的压力为小。当采用刚度小的支护结构时，开始时，由于变形较大，反力 p_i 较小，不能够阻止塑性圈的扩大，所以塑性圈半径 R 继续增大。但是，随着 R 的增大，而要求维持塑性平衡的 p_i 值就减小，逐渐达到应力平衡。实践证明，这种允许塑性圈有一定发展，既让岩体变形但又不让它充分变形的做法是能够达到经济和安全目的的，如果支护及时就能够充分利用围岩的自承能力。

（2）塑性圈半径公式。从式（10.16）中可以写出塑性圈半径 R 的下列公式

$$R=r_0\left[\frac{p_0(1-\sin\varphi)+c\cot\varphi}{p_i+c\cot\varphi}\right]^{\frac{1-\sin\varphi}{2\sin\varphi}} \tag{10.17}$$

下面来推求塑性圈的最大半径 R_0。因为从式（10.17）可知，塑性圈半 R 随着 p_i 的减小而增长，所以在式（10.16）中令 $p_i=0$，就可求得洞室围岩塑性圈的最大半径 R_0。

在式（10.16）中，令 $p_i=0$，并将其中的 R 改为 R_0，解得

$$\frac{R_0}{r_0}=\left[1+\frac{p_0}{c}(1-\sin\varphi)\tan\varphi\right]^{\frac{1-\sin\varphi}{2\sin\varphi}}$$

或者 $R_0=r_0\left[1+\dfrac{p_0}{c}(1-\sin\varphi)\tan\varphi\right]^{\frac{1-\sin\varphi}{2\sin\varphi}}$

$$\tag{10.18}$$

这就是求塑性圈最大半径的芬纳公式。为了计算方便起见，在图 10.16 上绘制式（10.18）的图表，可以查用。

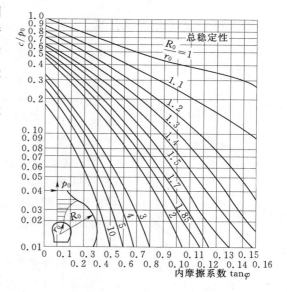

图 10.16　求塑性圈最大半径曲线

芬纳公式是推导较早且目前用得较广的公式。推导该公式有一不严格的地方就是在推导过程中曾一度忽略了凝聚力 c 的影响，如果考虑 c 的影响，则通过类似的推导，可以求得修正的芬纳公式为

$$p_i=-c\cot\varphi+\left[(c\cot\varphi+p_0)(1-\sin\varphi)\right]\left(\frac{r_0}{R}\right)^{N_\varphi-1} \tag{10.19}$$

此外，其塑性圈的最大半径 R_0 的公式修正为

$$R_0=r_0\left[\frac{(p_0+c\cot\varphi)(1-\sin\varphi)}{c\cot\varphi}\right]^{\frac{1-\sin\varphi}{2\sin\varphi}} \tag{10.20}$$

最后指出，在用芬纳公式或修正的芬纳公式计算时，必须知道 R 的大小，R 值需通

过实测或假定而得。因此，具体应用这些公式时尚有一定的问题。可利用图 10.16 求塑性圈最大半径曲线。

【例 10.1】 在中等坚硬的石灰岩中开挖圆形洞室。已知 $r_0 = 3\text{m}$，岩石块体密度 $\gamma = 27\text{kN/m}^3$，隧洞覆盖深度为 100m，岩石的 $c = 0.3\text{MPa}$，$\varphi = 30°$，若允许塑性松动圈的厚度为 2m。试求支护对围岩的反力 p_i。

解：

$$p_i = \gamma H = (27 \times 100)\text{MPa} = 2.7\text{MPa}$$

$$\frac{r_0}{R} = \frac{3\text{m}}{(3+2)\text{m}} = 0.6$$

$$\sin\varphi = \sin30° = 0.5$$

$$\cot\varphi = \cot30° = 1.73$$

$$c\cot\varphi = (0.3 \times 1.73)\text{MPa} = 0.52\text{MPa}$$

(1) 按芬纳公式计算。将上列数据代入式 (10.16)，得

$$p_i = -c\cot\varphi + \left[c\cot\varphi + p_0(1-\sin\varphi)\right]\left(\frac{r_0}{R}\right)^{N_\varphi - 1}$$

$$= \{-0.52 + [0.52 + 2.7 \times (1-0.5)] \times 0.62\}\text{MPa} = 0.155\text{MPa}$$

(2) 按修正的芬纳公式计算。

$$p_i = -c\cot\varphi + \left[(c\cot\varphi + p_0)(1-\sin\varphi)\right]\left(\frac{r_0}{R}\right)^{N_\varphi - 1}$$

$$= \{-0.52 + [(0.52 + 2.7) \times (1-0.5)] \times 0.62\}\text{MPa} = 0.06\text{MPa}$$

由此看出，用两种公式计算的结果出入较大。这特别是当 c 值较大的情况中尤为显著。

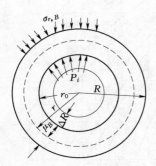

图 10.17　洞壁径向
位移示意图

(3) 塑性位移公式。如图 10.17 所示，设洞壁支护反力为 p_i，塑性圈的半径为 R，洞的半径为 r_0，塑性圈的外边界（即与弹性区交界面）的径向位移为 u_B，内边界的径向位移为 ΔR（即洞壁向洞内的位移），变形后的塑性圈用虚线表示。我们的目的是求洞壁位移 ΔR，但为了求 ΔR，首先需知道外边界的位移情况。

在弹塑性交界面上，其应力 $\sigma_{r,B}$ 和 $\sigma_{\theta,B}$ 既满足弹性条件，又满足塑性条件，当满足弹性条件时，有

$$\sigma_{r,B} = p_0\left(1 - \frac{r_0^2}{R^2}\right) \tag{10.21}$$

$$\sigma_{\theta,B} = p_0\left(1 + \frac{r_0^2}{R^2}\right) \tag{10.22}$$

将式 (10.21) 和式 (10.22) 相加，得到

$$\sigma_{r,B} + \sigma_{\theta,B} = 2p_0 \tag{10.23}$$

当满足塑性条件时，即满足式 (10.12)，即

$$\frac{\sigma_{r,B} + c\cot\varphi}{\sigma_{\theta,B} + c\cot\varphi} = \frac{1 - \sin\varphi}{1 + \sin\varphi}$$

由式 (10.23) 和式 (10.24) 消去 $\sigma_{\theta,B}$，可得弹塑性交界处 $(r=R)$ 的径向应力为

$$\sigma_{r,B} = -c\cot\varphi + (p_0 + c\cot\varphi)(1 - \sin\varphi) \tag{10.24}$$

交界面上的位移应当是连续的，塑性圈的外边界也就是弹性区的内边界，所以这交界面的径向位移 u_B 可用求弹性区内边界径向位移的办法求出，这个位移在弹性力学厚壁圆筒的位移解答中已经导得。现采用图 10.17 的符号，这个弹塑性交界面的位移为

$$u_B = \frac{(1+\mu)R}{E}(p_0 - \sigma_{r,B}) \tag{10.25}$$

式中　E——岩体弹性模量；

　　　μ——岩体的泊松比；

　　　R——塑性圈的半径。

将式（10.24）的 $\sigma_{r,B}$ 代入式（10.25），得到

$$u_B = \frac{1+\mu}{E}R\sin\varphi(p_0 + c\cot\varphi) \tag{10.26}$$

思 考 题 与 习 题

1. 思考题

（1）简述地下洞室开挖引起的围岩应力重分布及其规律。

（2）地下洞室围岩的变形破坏的类型有哪些？

（3）哪些是影响地下工程岩体稳定性的因素？各有什么作用？

（4）什么是山岩压力？影响因素是什么？

（5）洞室围岩稳定性分析有哪些？各自的使用范围是什么？

2. 习题

（1）在地下 50m 深度处开挖一地下洞室，其断面尺寸为 5m×5m。岩石性质指标为：凝聚力 $c = 200\text{kPa}$，内摩擦角 $\varphi = 33°$，岩体重度 $\gamma = 25\text{kN/m}^3$，侧压力系数 $K_0 = 0.7$。已知侧壁岩石不稳，试用太沙基公式计算洞顶垂直山岩压力及侧墙的总的侧向山岩压力。

（2）某圆形隧洞直径 8m，围岩裂隙很发育，且裂隙中有泥质填充。隧洞埋深为 120m，围岩的力学指标为：$c = 400\text{kPa}$，$\varphi = 40°$，考虑到隧洞衬砌周围的回填不够密实，凝聚力和内摩擦角均有相应的降低。试求：

1）塑性松动圈的厚度（取 $c_0 = 0.25c$）。

2）松动压力 P_a。

（3）有压隧洞的最大内水压力 $p = 2.8\text{MPa}$，隧洞（内）半径为 2.3m，用厚度为 0.4m 的混凝土衬砌。已知混凝土的弹性模量 $E_1 = 1.8×10^4\text{MPa}$，泊松比 $\mu_1 = 0.333$；岩石的弹性模量 $E_2 = 1.1×10^4\text{MPa}$，泊松比 $\mu_2 = 0.367$。试求：

1）离中心 2.5m 处的衬砌内的应力。

2）离中心 3.5m 处的围岩附加应力。

第 11 章　岩体边坡稳定性分析

11.1　边坡的变形与破坏类型

11.1.1　概述

边坡包括自然边坡和人工边坡。边坡是岩石表面的天然地质和工程地质的作用范围内具有露天侧向临空面的地质体，它们是广泛分布于地表的一种地貌形态。边坡是人类工程活动最普遍也是极为重要的地质环境，与人类的各种活动密切相关。在人类发展演化过程中，无时不与它相互冲突、相互协调，进而达到相互共存。特别是近几十年来，人们已充分认识到，边坡作为一种人类不可回避的地质环境，总是伴随着人类的工程活动。一方面，人类力图对边坡进行改造、加固，使之服务于人类；另一方面，边坡在受到人类的工程活动及外界环境影响时，坡体发生破坏，给人类的生活安全及建设带来灾害。为此，100多年来，人们对边坡变形过程、失稳形式、失稳机制、稳定性评价及滑坡预测预报等进行了广泛而深入的研究，借助数学、力学及计算机科学的理论与方法，试图对边坡的演化及滑坡的预测预报进行研究，并应用于人类工程活动的实践中去。经过国内外无数工程地质工作者的努力，已形成了边坡工程的一套理论体系及工作方法，为人类工程建设活动奠定了理论及实践基础。

随着社会的进步及经济的发展，越来越多的工程活动涉及边坡工程问题，通过长期的工程实践，工程地质工作者已对边坡工程形成了比较完善的理论体系，并通过理论对人类工程活动进行有效的指导。近年来，随着环境保护意识的增加及国际减轻自然灾害工作的开展，人类已认识到：边坡的产生不仅仅是其本身的历史发展，而是与人类活动密切相关；人类在进行生产建设的同时，必须顾及边坡的环境效应，并且把人类的发展置于环境之中，因而相继开展了工程活动与地质环境相互作用的研究领域，在这些领域中，边坡作为地质工程的分支之一，一直是人们研究的重点课题之一。

在水电、交通、采矿等诸多的领域，边坡工程都是整体工程不可分割的部分，为保证工程运行安全及节约经费，广大学者对边坡的演化规律、边坡稳定性及滑坡预测预报等进行了广泛研究。然而，随着人类工程活动规模的扩大及经济建设的急剧发展，边坡工程中普遍出现了高陡边坡稳定性及大型灾害性滑坡预测问题。在我国，目前露天采矿的人工边坡已高达 $300\sim500m$，而水电工程中遇到的天然边坡高度已达 $500\sim1000m$，其中涉及的工程地质问题极为复杂，特别是在西南山区，边坡的变形、破坏极为普遍，滑坡灾害已成为一种常见的危害人民生命财产安全及工程正常运营的地质灾害。

因此，广大工程地质和岩石力学工作者对此问题进行了长期不懈的探索研究，取得了很大的进展。从初期的工程地质类比法、历史成因分析法等定性研究发展到极限平衡法、数值分析法等定量分析法，进而发展到系统分析法、可靠度方法、灰色系统方法等不确定性方法，同时辅以物理模拟方法，并且诞生了工程地质力学理论、岩（土）体结构控制论等。这些无疑为边坡工程及滑坡预报研究奠定了坚实的基础，为人类工程建设做出了重大贡献。

在工程中，常要遇到得岩坡稳定的问题，例如，在大坝施工过程中，坝肩开挖破坏了自然坡脚，使得岩体内部应力中心分布常常发生岩坡的不稳定现象。又如，在引水隧道的进出口部位的边坡、溢洪道开挖的边坡、渠道的边坡以及公路、铁路、采矿工程都会遇到岩坡稳定的问题。如果岩坡由于受力过大或强度过低，则它可能处于不稳定状态，一部分岩体向下坍滑，这种现象称为滑坡。滑坡会造成危害很大，因此在施工前，必须做好稳定分析工作。

岩坡不同于一般土质边坡，其特点是岩体结构复杂，断层、节理、裂隙相互切割，块体极不规则，因此岩坡稳定有其独特的性质。它同岩体的结构、块体密度和强度、边坡坡度、高度、岩坡表面和顶部所受荷载、边坡的渗水性能、地下水位的高低等有关。

岩体内的结构面，尤其是软弱结构面的存在，常常是岩坡不稳定的主要因素。大部分岩坡在丧失稳定性时的滑动面可能有三种：一种是沿着岩体软弱岩层滑动；另一种是岩体中的结构面滑动；此外，当这两种软弱结构面不存在时，也可能在岩体中滑动，但主要的是前面两种情况较多。在进行岩坡分析时，应当特别注意结构面和软弱岩层的影响。

软弱岩层主要是黏土页岩、凝灰岩、泥灰岩、云母片岩。滑石片岩以及含有岩盐或石膏成分的岩层。这类岩层遇水浸泡后易软化，强度大大地降低，形成软弱岩层。在坚硬的岩层中（如石英岩、砂岩等）应查明有无软弱夹层存在。

结构面包括沉积作用的层面，假整合面、不整合面，火成岩侵入结构面、冷缩结构面、变质作用的片理、构造作用的断裂结构面等。岩质边坡稳定分析时，应当研究岩体中应力场和各种结构面的组合关系。岩坡的滑动就是在应力作用下岩体破坏了平衡而沿着某种面（很可能是结构面）产生的。岩体的应力是由岩体重量，渗透压力，地质构造应力以及外界因素如地震惯性力、风力、温度应力等所形成的边坡剪力，这种剪应力超过结构面的抗剪强度就促使岩体沿着结构面滑动，有时沿某一结构面滑动，有时沿着多种结构面所组合的滑动面滑动，通常以后者为多数。

结构面中如夹有黏土或其他泥质充填物，则就成为软弱结构面。地质构造作用形成的断裂和节理在地壳表层是最多的，这种结构面往往都夹有黏土或泥质充填物，遇水浸泡后，结构面中的软弱充填物就容易软化，强度大大降低，促使岩坡沿着它发生滑动。因此，岩坡分析中，对结构面，特别是软弱结构面的类型、性质、组合形式、分布特征以及由各种软弱面切割后的块体等进行仔细分析十分重要。

11.1.2 岩坡的破坏类型

岩坡的破坏类型从形态上来看可分为岩崩和岩滑两种。

1. 岩崩

岩崩一般发生在边坡过陡的岩坡中，这时大块的岩体与岩坡分离而向前倾倒，如图11.1（a）所示，或者坡顶岩体因某种原因脱落而在坡脚下堆积，如图 11.1（b）和图11.1（c）所示，它经常产生于坡顶裂隙发育的地方。岩崩是由于风化等原因减弱了节理面的凝聚力，或由于雨水进入裂隙产生水压力所致；也可能是气温变化、冻融松动岩石的结果；其他如植物根造成膨胀压力、地震、雷击等都可造成岩崩现象。

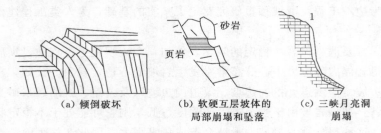

图 11.1　岩崩的主要类型

2. 岩滑

岩滑是指一部分岩体沿着岩体较深处某种面的滑动。岩滑可分为平面滑动、楔形滑动以及旋转滑动。

平面滑动是一部分岩体在重力作用下沿着某一软弱面（层面、断层、裂隙）的滑动，如图 11.2（a）所示，滑动面的倾角必大于该平面的内摩擦角。平面滑动不仅滑体克服了底部的阻力，而且也克服了两侧的阻力。在软岩中（例如页岩），如底部倾角远陡于内摩擦角，则岩石本身的破坏即可解除侧边约束，从而产生平面滑动。而在硬岩中，如果不连续面横切坡顶，边坡上岩石两侧分离，则也能发生平面滑动。

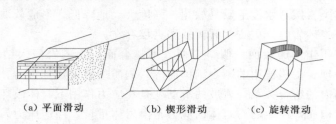

图 11.2　岩滑的类型

楔形滑动是岩体沿两组（或两组以上）的软弱面滑动的现象，如图 11.2（b）所示。在挖方工程中，如果两个不连续面的交线出露，则楔形岩体失去下部支撑作用而滑动。法国马尔帕塞坝的崩溃（1959 年）就是岩基楔形滑动的结果。

旋转滑动的滑动面通常呈弧形状，如图 11.2（c）所示。这种滑动一般产生于非成层的均质岩体中。

岩坡的滑动过程一般可分为以下三个阶段：

第一阶段：是蠕动变形阶段。这一阶段中坡面和坡顶出现拉张裂缝并逐渐加长和加宽，滑坡前缘有时出现挤出现象，地下水位发生变化，有时会发出响声。

第二阶段：是滑动破坏阶段。此时滑坡后缘迅速下陷，岩体以极大的速度向下滑动，这一阶段往往造成极大的危害。

第三阶段：是逐渐稳定阶段。这一阶段中，疏松的滑体逐渐压密，滑体上的草木逐渐生长，地下水渗出由浑变清。

在进行岩坡稳定性分析时，首先应当查明岩坡可能的滑动类型，然后对不同类型采用相应的分析方法。严格而言，岩坡滑动大多属空间滑动类型，然而对只有一个平面构成的滑裂面或者滑裂面由多个平面组成而这些面的走向又大致平行者，且沿着走向长度大于坡高时，则也可按平面滑动进行分析，其结果偏于安全。在平面分析中，常常对滑动面进行稳定验算。

经验证明，许多滑坡的发生都与岩体内的渗水作用有关，这是由于岩体内渗水后岩石强度恶化和应力增加的缘故。因此，做好岩坡的排水工作是防止滑坡的手段之一。

图 11.3 所示为坎德施泰格（Kandersteg）隧洞由于渗水作用岩坡山崩而失事的例子。隧洞原来设计为无压隧洞，但后来却成为有压隧洞。中等程度的水压力使衬砌造成裂缝。隧洞中的水从裂缝中渗出，流过透水层最后聚集在不透水岩层的顶部（图 11.3）。在山坡底部流出一股泉水，渗水使岩石性质恶化，山坡变为不稳定而造成山体崩滑，使附近居民的生命财产受到很大的损失。这次失事，主要是衬砌部分受力过高而地质条件又不好而引起的。岩石中的渗水是这次事故的外因，岩石强度不够是内因，外因通过内因而起作用，渗水使岩石强度降低，造成了这次事故。这是一个典型的例子，可以说明许多类似失事的原因。

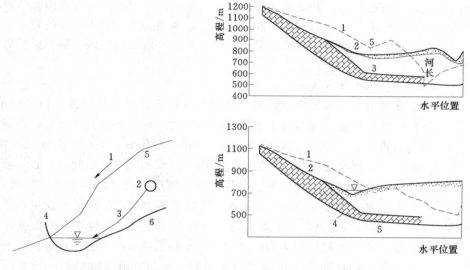

图 11.3　坎德施泰格隧洞
1—山崩；2—压力隧洞；3—渗水；4—泉水；
5—透水岩石；6—不透水岩石

图 11.4　瓦依昂滑坡断面图
1—滑前地面；2—滑后地面；3—滑面；
4—断层；5—洼地

意大利瓦依昂（Vajont）水库岩坡滑动而造成的事故闻名全世界。水库的岸坡由分层的石灰岩组成，水库蓄水后在 1960 年 10 月就发现上坡附近有主要裂隙，同时直接在沿河的陡坡上曾经发生过一次较小的滑坡，从该时起，这整个区域都处于运动中，运动的速度为每天若干个 $0.1 \sim 10$mm 以上。1963 年 10 月 9 日夜晚，岸坡发生骤然的崩坍，在 1min 多的时间内大约有 2.5 亿 m³ 的岩石崩入水库，顿时造成高达 $150 \sim 250$m 的水浪，洪水漫过 270m 高的拱坝，致使下游的郎加朗市镇遭到了毁灭性的破坏，2400 多人死亡。

图 11.4 所示为瓦依昂山坡崩坍的 2 个断面图。由此看来，岩坡崩坍所造成的事故是

危害极大的，必须严加防止。因此设计之前应当加强工程地质的勘测工作，并在设计时做好岩坡稳定分析工作。

11.1.3　影响边坡稳定性的因素

影响边坡稳定性的因素主要有内在因素和外部因素两方面。内在因素包括组成边坡的地貌特征、岩土体的性质、地质构造、岩土体结构、岩体初始应力等。外部因素包括水的作用、地震、岩体风化程度、工程荷载条件及人为因素。内在因素对边坡的稳定性起控制作用，外部因素起诱发破坏作用。

1. 岩土性质和类型

岩土性质对边坡的稳定及其边坡的坡高和坡角起重要的控制作用。坚硬完整的块状或厚层状岩石，如花岗岩、石灰岩、砾岩等可以形成数百米的陡坡，如长江三峡峡谷。而在淤泥或淤泥质软土地段，由于淤泥的塑性流动，几乎难以开挖渠道，边坡随挖随塌，难以成型。黄土边坡在干旱时，可以直立陡峻，但一经水浸，土的强度大减，变形急剧，滑动速度快，规模和动能巨大，破坏力强且有崩塌性。松散地层边坡的坡度较缓。

不同的岩层组成的边坡，其变形破坏也有所不同，在黄土地区，边坡的变形破坏形式以滑坡为主；在花岗岩、厚层石灰岩、砂岩地区，以崩塌为主；在片岩、板岩、千枚岩地区，往往产生表层挠曲和倾倒等蠕动变形；在碎屑岩及松散土层地区，则产生碎屑流或泥石流等。

2. 地质构造和岩体结构的影响

在区域构造比较复杂、褶皱比较强烈、新构造运动比较活动的地区，边坡稳定性差。断层带岩石破碎，风化严重，又是地下水最丰富和活动的地区极易发生滑坡。岩层或结构的产状对边坡稳定也有很大影响，水平岩层的边坡稳定性较好，但存在陡倾的节理裂隙，则易形成崩塌和剥落。同向缓倾的岩质边坡（结构面倾向和边坡坡面倾向一致，倾角小于坡角）的稳定性比反向倾斜的差，这种情况最易产生顺层滑坡。结构面或岩层倾角越陡，稳定性越差。如岩层倾角小于 $10°\sim15°$ 的边坡，除沿软弱夹层可能产生塑性流动外，一般是稳定的；大于 $25°$ 的边坡，通常是不稳定的；倾角在 $15°\sim25°$ 的边坡，则根据层面的抗剪强度等因素而定。同向陡倾层状结构的边坡，一般稳定性较好，但由薄层或软硬岩互层的岩石组成，则可能因蠕变而产生挠曲弯折或倾倒。反向倾斜层状结构的边坡通常较稳定，但垂直层面或片理面的走向节理发育且顺山坡倾斜，则易产生切层滑坡。

3. 水的作用

地表水和地下水是影响边坡稳定性的重要因素。不少滑坡的典型实例都与水的作用有关或者水是滑坡的触发因素，处于水下的透水边坡将承受水的浮托力的作用，而不透水的边坡将承受静水压力；充水的张开裂隙将承受裂隙水静水压力的作用；地下水的渗流将对边坡岩土体产生动水压力。水对边坡岩体还产生软化或泥化作用，使岩土体的抗剪强度大为降低；地表水的冲刷、地下水的溶蚀和潜蚀也直接对边坡产生破坏作用。不同结构类型的边坡，有其自身特有的水动力模型。

（1）静水压力。作用于边坡的静水压力主要包括两种情况：①当边坡被水库淹没时库水对边坡坡面所产生的静水压力；②当裂隙岩石边坡的张裂隙充水时裂隙中的水压力。

1）边坡坡面上的静水压力。当边坡被水淹没，而边坡的表部相对不透水时，坡面上将受一定的静水压力，静水压力的方向与坡面正交。当边坡的滑动面（软弱结构面）的倾角 θ 小于坡角 α 时，则坡面静水压力传到滑动面上的切向分量为抗滑力，对边坡稳定有利。当 $\theta>\alpha$ 时，则切向分量为下滑力，则不利于边坡的稳定。

2）边坡裂隙静水压力。有张裂发育的岩石边坡以及长期干旱的裂隙黏土边坡，如果因降雨或地下水活动使裂隙充水，则裂隙面将承受静水压力（图 11.5）。静水压力的作用方向与裂隙面相垂直，其大小与裂隙水水头有关。对部分充水的高角度裂隙，裂隙静水压力 P_w（取单宽坡体）为

$$P_w=\frac{1}{2}HL\gamma_w \tag{11.1}$$

式中　H——裂隙水的水头；

L——裂隙充水的长度；

γ_w——水的重度。

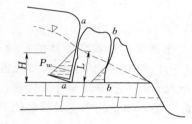

图 11.5　裂隙静水压力

a、b—裂面

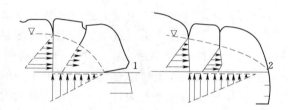

图 11.6　裂隙静水压力分布的不同情况

1—出口节理敞开；2—出口节理闭合

由于裂隙水活动的不规律性，岩体中的地下水位通常不是圆滑的曲线。在相邻裂隙的地下水位不同时，地下水位高的裂隙较地下水位低的裂隙承受较大的静水压力，这种静水压力的差别有时是使边坡失稳的原因之一。

由于地下水出口节理裂隙敞开情况不同，也影响裂隙水压力的大小，因而影响边坡的稳定。如图 11.6 所示，出口节理张开，地下水位低，裂隙水压力小；出口节理闭合，透水性差，则地下水位高，裂隙水压力大。如作用在岩块底部滑动面上的静水压力，有时可使覆岩块隆胀（静水压力等于上覆岩块重），而使边坡稳定严重恶化。

（2）浮托力。处于水下的透水边坡承受浮托力的作用，使坡体的有效重量减轻，这对边坡的稳定不利。不少水库周围松散堆积层边坡，在水库蓄水时发生变形，浮托力的影响是原因之一。对处于极限稳定状态，依靠坡脚岩体重量保持暂时稳定的边坡，坡脚被水淹没后，浮托力对边坡稳定的影响就更加显著。

（3）动水压力。动水压力是地下水在流动过程中所施加于岩土体颗粒上的力。它是一种体积力，其数值为

$$D=V\gamma_w I \tag{11.2}$$

式中　V——流动水体体积；

γ_w——水的重度；

I——水力梯度。

动水压力的方向和水流方向平行，在近似计算中，多假定与地下水面或滑动面平行，如果动水压力方向和滑体滑动方向不一致，则应分解为垂直和平行于滑动面的两个分量参与稳定计算。在边坡稳定的实际计算中，由于渗流方向不是定值，且水力梯度不易精确确定，一般则作简化假定，以采用不同的滑体块体密度将动水压力的影响计入。即对在地下水位以下静水位以上有渗流活动的滑体，计算下滑力时，采用饱和块体密度；计算抗滑力时，采用浮块体密度。

4. 工程荷载

在水利水电工程中，工程荷载的作用影响边坡的稳定性。例如，压力隧洞内水压力传递给边坡的裂隙水压力、拱坝坝肩承受的拱端推力、边坡坡顶附近修建大型水工建筑物引起的坡顶超载、库水对库岸的浪击淘刷力等为加固边坡所施加的力，如预应力锚杆时所加的预应力等都影响边坡的稳定性。由于工程的运行也可能间接地影响边坡的稳定，例如由引水隧洞运行中的水锤作用，使隧洞围岩承受超静水荷载引起出口边坡开裂变形等。

5. 地震作用

地震对边坡稳定性的影响表现为累积和触发（诱发）等两方面效应。

（1）累积效应。边坡中由地震引起的附加力 S 的大小通常以边坡变形体的重量 W 与地震振动系数 k 之积表示（$S=kW$）。在一般边坡稳定性计算中，将地震附加力考虑为水平指向坡外的力。但实际上应以垂直于水平地震力的合力的最不利方向为计算依据。总位移量的大小不仅与震动强度有关，也与经历的震动次数有关，频繁的小震对斜坡的累进性破坏起着十分重要的作用，其累积效果使影响范围内岩体结构松动，结构面强度降低。

（2）触发（诱发）效应。触发效应可有多种表现形式。在强震区，地震触发的崩塌、滑坡往往与断裂活动相联系。

高陡的陡倾层状边坡，震动可促进陡倾结构面（裂缝）的扩展，并引起陡立岩层的晃动。它不仅可引发裂缝中的空隙水压力（尤其是在暴雨期）激增而导致破坏，也可因晃动造成岩层根部岩体破碎而失稳。

碎裂状或碎块状边坡，强烈的震动（包括人工爆破）甚至可使之整体溃散，发展为滑塌式滑坡。结构疏松的饱和砂土受震液化或敏感黏土受震变形，也可导致上覆土体产生滑坡。海底斜坡失稳，不少也与地震造成饱水固结土体的液化有关，这也是为什么在十分平缓的海底斜坡中会产生滑坡的重要原因之一。

我国岩质边坡工程实践中，为量化评价爆破的影响，根据经验采取降低计算结构面的抗剪强度的方法实施，f 值降低 $15\%\sim30\%$，c 值降低 $20\%\sim40\%$。理论计算，降低的低值和高值分别相当于地震烈度Ⅷ度和Ⅸ度时造成的影响。

11.2　边坡稳定分析与评价

随着人类工程活动向更深层次发展，在经济建设过程中，遇到了大量的边坡工程，且规模越来越大，其重要程度也越来越高，有时会影响人类工程活动，并且人们更注重由于边坡失稳造成的地质灾害，故边坡稳定性研究一直是重中之重。边坡稳定性分析与评价的目的是：①对与工程有关的天然边坡稳定性作出定性和定量评价；②为合理地设计人工边坡和边坡变形破坏的防治措施提供依据。边坡稳定性分析评价的方法主要有地质分析法（历史成因分析法）、力学计算法、工程地质类比法、过程机制分析法以及根据边坡已有的变形迹象理论阐明其形成演变机制。分析中要特别注意变形模式的转化标志，它往往是失稳的前兆。边坡稳定性分析方法很多，简要归纳如下。

11.2.1　边坡稳定性分析方法简介

1. 定性分析方法

定性分析方法主要是分析影响边坡稳定性的主要因素、失稳的力学机制、变形破坏的可能方式及工程的综合功能等，对边坡的成因及演化历史进行分析，以此评价边坡稳定状况及其可能发展趋势。该方法的优点是综合考虑影响边坡稳定性的因素，快速地对边坡的稳定性做出评价和预测。常用的方法有以下几种：

（1）地质分析法（历史成因分析法）。该方法根据边坡的地形地貌形态、地质条件和边坡变形破坏的基本规律，追溯边坡演变的全过程，预测边坡稳定性发展的总趋势及其破坏方式，从而对边坡的稳定性做出评价，对已发生过滑坡的边坡，则判断其能否复活或转化。

（2）工程地质类比法。其实质是把已有的自然边坡或人工边坡的研究设计经验应用到条件相似的新边坡的研究和人工边坡的研究设计中去。需要对已有边坡进行详细的调查研究，全面分析工程地质因素的相似性和差异性，分析影响边坡变形发展的主导因素的相似性和差异性，同时，还应考虑工程的类别、等级及其对边坡的特定要求等。它虽然是一种经验方法，但在边坡设计中，特别是在中小型工程的设计中是很通用的方法。

（3）图解法。图解法可以分为以下两类：

1）用一定的曲线和诺模图来表征边坡有关参数之间的定量关系，由此求出边坡稳定性系数，或已知稳定系数及其他参数（φ、c、γ 分别为结构面倾角、坡角、坡高），仅一个未知的情况下，求出稳定坡角或极限坡高。这是力学计算的简化。

2）利用图解求边坡变形破坏的边界条件，分析软弱结构面的组合关系，分析滑体的形态、滑动方向，评价边坡的稳定程度，为力学计算创造条件。常用的为赤平极射投影分析法及实体比例投影法。

（4）边坡稳定专家系统。工程地质领域最早研制出的专家系统是用于地质勘察的专家系统 Propecter，由斯坦福大学于 20 世纪 70 年代中期完成的。另外，MIT 在 80 年代中期研制的测井资料咨询的专家系统也得到成功的应用。在国内，许多单位正在进行研制，并取得了很多的成果。专家系统使得一般工程技术人员在解决工程地质问题时能像有经验的专家给出比较正确的判断并做出结论，因此，专家系统的应用为工程地质的发展提供了一条新思路。

2. 定量评价方法

定量评价方法实质是一种半定量的方法，虽然评价结果表现为确定的数值，但最终判定仍依赖人为的判断。目前，所有定量的计算方法都是基于定性方向之上的。

（1）极限平衡法。该方法在工程中应用最为广泛，这个方法以莫尔-库仑抗剪强度理论为基础，将滑坡体划分为若干条块，建立作用在这些条块上的力的平衡方程式，求解安全系数。这个方法没有像传统的弹、塑性力学那样引入应力-应变关系来求解本质上为不静定的问题，而是直接对某些多余未知量作假定，使得方程式的数量和未知数的数量相等，因而使问题变得静定可解。根据边坡破坏的边界条件，应用力学分析的方法，对可能发生的滑动面在各种荷载作用下进行理论计算和抗滑强度的力学分析。通过反复计算和分析比较，对可能的滑动面给出稳定性系数。刚体极限平衡分析方法很多，在处理上，各种条分法还在以下几个方面引入简化条件：

1）对滑裂面的形状作出假定，如假定滑裂面形状为折线、圆弧、对数螺旋线等。

2）放松静力平衡要求，求解过程中仅满足部分力和力矩的平衡要求。

3）对多余未知数的数值和分布形状做假定。

该方法比较直观、简单，对大多数边坡的评价结果比较令人满意。该方法的关键在于对滑体的范围和滑面的形态进行分析，正确选用滑面计算参数，正确地分析滑体的各种荷载。基于该原理的方法很多，如条分法、圆弧法、Bishop 法、Janbu 法、不平衡传递系数法等。

目前，刚体极限平衡方法已经从二维发展到三维。有关边坡稳定三维极限平衡方法，已有众多文献介绍这方面的研究成果。

（2）数值分析方法。该方法主要是利用某种方法求出边坡的应力分布和变形情况，研究岩体中应力和应变的变化过程，求得各点上的局部稳定系数，由此判断边坡的稳定性。主要有以下几种：

1）有限单元法（FEM）。该方法是目前应用最广泛的数值分析方法。其解题步骤已经系统化，并形成了很多通用的计算机程序。其优点是部分地考虑了边坡岩体的非均质、不连续介质特征，考虑了岩体的应力应变特征，因而可以避免将坡体视为刚体、过于简化边界条件的缺点，能够接近实际地从应力应变分析边坡的变形破坏机制，对了解边坡的应力分布及应变位移变化很有利。其不足之处是：数据准备工作量大、原始数据易出错，不能保证整个区域内某些物理量的连续性；对解决无限性问题、应力集中问题等其精度比较差。

2）边界单元法（BEM）。该方法只需对已知区的边界极限离散化，因此具有输入数据少的特点。由于对边界极限离散，离散化的误差仅来源于边界，区域内的有关物理量是用精确的解析公式计算的，故边界元法的计算精度较高，在处理无限域方面有明显的优势。其不足之处为：一般边界元法得到的线性方程组的关系矩阵是不对称矩阵，不便应用有限元中成熟的对稀疏对称矩阵的系列解法。另外，边界元法在处理材料的非线性和严重不均匀的边坡问题方面，远不如有限元法。

3）离散元法（DEM）。该方法是由 Cundall（1971）首先提出的。该方法利用中心差分法解析动态松弛求解，为一种显式解法，不需要求解大型矩阵，计算比较简便，其基本特征在于允许各个离散块体发生平动、转动，甚至分离，弥补了有限元法或边界元法的介质连续和小变形的限制。因此，该方法特别适合块裂介质的大变形及破坏问题的分析。其缺点是：计算时步长需要很小，阻尼系数难以确定等。离散单元法可以直观地反映岩体变化的应力场、位移场及速度场等各个参量的变化，可以模拟边坡失稳的全过程。

4）块体理论（BT）。块体理论是由 Goodlman 和 Shi（1985）提出的，该方法利用拓扑学和群论评价三维不连续岩体稳定性，其建立在构造地质和简单的力学平衡计算的基础上。利用块体理论能够分析节理系统和其他岩体不连续系统，找出沿规定临空面岩体的临界块体。块体理论为三维分析方法，随着关键块体类型的确定，能找出具有潜在危险的关键块体在临空面的位置及其分布。块体理论不提供大变形下的解答，能较好地应用于选择边坡开挖的方向和形状。

11.2.2 圆弧法岩坡稳定分析

对于均质的以及没有断裂面的岩坡，在一定条件下可看作平面问题，用圆弧法进行稳定分析。圆弧法是最简单的分析方法之一。在用圆弧法进行分析时，首先假定滑动面为一圆弧（图 11.7），把滑动岩体看作为刚体，求滑动面上的滑动力及抗滑力，再求这两个力对滑动圆心的力矩。滑动力矩 M_S 和抗滑力矩 M_R 之比即为该岩坡的稳定安全系数 F_s，即

$$F_s = \frac{抗滑力矩}{滑动力矩} = \frac{M_R}{M_S} \tag{11.3}$$

如果 $F_s > 1$，则沿着这个计算滑动面是稳定的；如果 $F_s < 1$，则是不稳定的；如果 $F_s = 1$，则说明这个计算滑动面处于极限平衡状态。

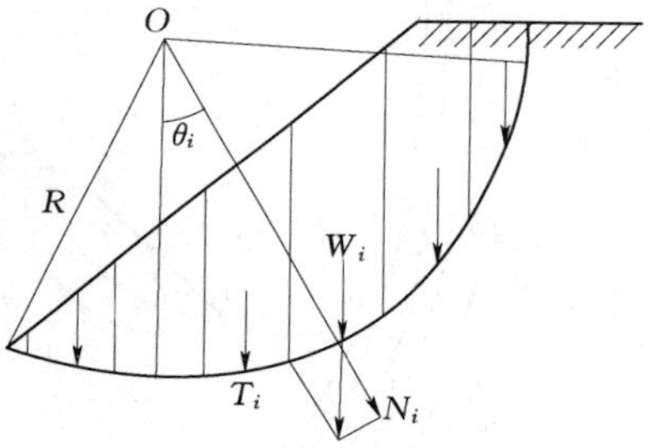

由于假定计算滑动面上的各点覆盖岩石重量各不相同，因此，由岩石重量引起在滑动面上各点的法向压力也不同。抗滑力中的摩擦力与法向应力的大小有关，所以应当计算出假定滑动面上各点的法向应力。为此，可以把滑弧内的岩石分条，用所谓条分法进行分析。

如图 11.7 所示，把滑体分为 n 条，其中第 i 条传给滑动面上的重量为 W_i，它可以分解为两个力：一个是垂直于圆弧的法向力 N_i；另一个是切于圆弧的切向力 T_i，由图 11.7 可知

$$N_i = W_i \cos\theta_i$$
$$T_i = W_i \sin\theta_i$$

图 11.7　圆弧法分析示意图

N_i 通过圆心，其本身对岩坡滑动不起作用。但是 N_i 可使岩条滑动面上产生摩擦力 $N_i \tan\varphi_i$（φ_i 为该弧所在的岩体的内摩擦角），其作用方向与岩体滑动方向相反，故对岩坡起着抗滑作用。此外，滑动面上的黏聚力 c 也是抗滑作用的，所以第 i 条岩条滑弧上的抗滑力为

$$c_i l_i + N_i \tan\varphi_i$$

因此第 i 条产生的抗滑力矩为

$$(M_R)_i = (c_i l_i + N_i \tan\varphi_i) R$$

式中　c_i——第 i 条滑弧所在岩层的黏聚力；

　　　φ_i——第 i 条滑弧所在岩层的内摩擦角；

　　　l_i——第 i 条岩条的滑弧长度。

同样，对每一岩条进行类似分析，可以得到总的抗滑力矩为

$$M_R = \left(\sum_{i=1}^{n} c_i l_i + \sum_{i=1}^{n} N_i \tan\varphi_i \right) R \tag{11.4}$$

式中　n——分条数目。

而滑动面上总的滑动力矩为

$$M_S = \sum_{i=1}^{n} T_i R \tag{11.5}$$

将式（11.4）及式（11.5）代入安全系数公式（11.3），得到假定滑动面上的全系数为

$$F_s = \frac{\sum_{i=1}^{n} c_i l_i + \sum_{i=1}^{n} N_i \tan\varphi_i}{\sum_{i=1}^{n} T_i} \tag{11.6}$$

由于圆心和滑动面是任意假定的，因此要假定多个圆心和相应的滑动面作类似的分析，进行试算，从中找到最小的安全系数，即为真正的安全系数，其对应的圆心和滑动面即为最危险的圆心和滑动面。

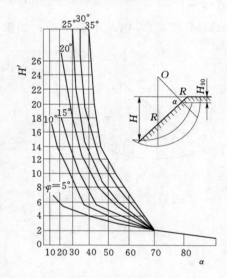

图 11.8　不同条件下均质岩坡坡高与坡角关系曲线

根据用圆弧法的大量计算结果，有学者绘制了如图 11.8 所示的曲线，该曲线表示当一定的任何物理力学性质时坡高与坡角的关系。在图 11.8 上，横轴表示坡角 α，纵轴表示坡高系数 H'，H_{90} 表示均质垂直岩坡的极限高度，亦即坡顶张裂缝的最大深度，计算式为

$$H_{90} = \frac{2c}{\gamma} \tan\left(45° + \frac{\varphi}{2}\right) \tag{11.7}$$

利用这些曲线可以很快地确定坡高或坡角，其计算步骤如下：

（1）根据岩体的性质指标（c、φ、γ），按式（11.7）确定 H_{90}。

（2）如果已知坡角，需要求坡高，则在横轴上找到已知坡角值的那点，自该点向上作一垂直线，相交于对应已知内摩擦角 φ 的曲线，得一交点，然后从这一点作一水平线交于纵轴，求得 H'，将 H' 乘以 H_{90}，即得所要求的坡高 H 为

$$H = H' H_{90} \tag{11.8}$$

（3）如果已知坡高 H，需要确定坡角，则首先确定 H' 为

$$H' = \frac{H}{H_{90}}$$

根据这个 H'，从纵轴上找到相应点，通过该点作一水平线相交于对应已知 φ 的曲线，得一交点，然后从该交点作向下的垂直线交予横轴，求得坡角。

【例 11.1】 已知均质岩坡的 $\varphi = 26°$，$c = 400\text{kPa}$，$\gamma = 25\text{kN/m}^3$。试求当岩坡高度为 300m 时，坡角应当采用的角度。

解：

（1）根据已知的岩石指标计算 H_{90}。

$$H_{90} = \left[\frac{2 \times 400}{25} \cot(45° - 13°) \right] m = 51.2 m$$

（2）计算 H'。

$$H' = \frac{H}{H_{90}} = \frac{300}{51.2} = 5.9$$

（3）按照图 11.8 所示曲线，根据 $\varphi = 26°$ 以及 $H' = 5.9$，求得 $\alpha = 46°30'$。

11.3 边坡的处理措施

11.3.1 边坡的防治措施

1. 防治原则

边坡的治理应根据工程措施的技术可能性和必要性、工程措施的经济合理性、工程措施的社会环境特征与效应，并考虑工程的重要性及社会效应来制定具体的整治方案。防治原则应以防为主，及时治理。

2. 防治措施

边坡常用的防治措施可归纳如下：

（1）消除和减轻地表水和地下水的危害。

1）防止地表水入浸滑坡体。可采取填塞裂缝和消除地表积水洼地，用排水天沟截水或在滑坡体上设置不透水的排水明沟或暗沟，以及种植蒸腾量大的树木等措施。

2）对地下水丰富的滑坡体可在滑体周界 5m 以外设截水沟和排水隧洞，或在滑体内设支撑盲沟和排水孔、排水廊道等。

（2）改变边坡岩土体的力学强度。提高边坡的抗滑力，减小滑动力以改善边坡岩土体的力学强度。常用以下措施：

1）削坡及减重反压。对滑坡主滑段可采取开挖卸荷、降低坡高或在坡脚抗滑地段加荷反压等措施，这样有利于增加边坡的稳定性，但削坡一定要注意有利于降低边坡有效高度并保护抗力体。

2）边坡加固。边坡加固的方法主要有修建支挡建筑物（如抗滑片石垛、抗滑桩、抗滑挡墙等）、护面、锚固及灌浆处理等。支护结构由于对山体的破坏较小，而且能有效地改善滑体的力学平衡条件，故为目前用来加固滑坡的有效措施之一。

上述边坡变形破坏的防治措施，应根据边坡变形破坏的类型、程度及其主要影响因素等，有针对性地选择使用。实践证明，多种方法联合使用，处理效果更好，如常用的锚固与支挡联合，喷混凝土护面与锚固联合使用等。

11.3.2 边坡处理的一般方法

对于潜在的大规模岩石滑坡，应当加强观察，确定它们的特性和估计它们的危险。潜在的岩石滑坡，一方面，可用仪器来监视；另一方面，可通过边坡的表面现象来判断分析，例如，树木斜生，孤立的岩石开始滚动或滑动，坡脚局部失稳等都是可能发生滑坡的预兆。

1. 用混凝土填塞岩石断裂部分

岩体内的断裂面往往就是潜在的滑动面。用混凝土填塞断裂部分就消除了滑动的可能。在填塞混凝土以前，应当将断裂部分的泥质冲洗干净，这样，混凝土与岩石可以良好地结合。有时还应当将断裂部分加宽，再进行填塞。这样既清除了断裂面表面部分的风化岩石或软弱岩石，又使灌注工作容易进行。

2. 锚栓或预应力锚索加固

在不安全岩石边坡的工程地质测绘中，经常发现岩体的深部岩石较坚固，不受风化的影响，足以支持不稳定的和某种危险状况的表层岩石。在这种情况下采用锚栓或预应力锚索进行岩石锚固，很为有利。

一般采用抗拉强度很高的钢杆来锚固岩石。钢质构件既可以是剪切螺栓的形式，垂直作用于潜在剪切面，也可以用作预拉锚栓加固不稳定岩石。过去锚栓的防锈存在严重的问题，但是目前已经取得了重大的进展。

3. 用混凝土挡墙或支墩加固

在山区修建大坝、水电站、铁路和公路而进行开挖时，天然或人工的边坡经常需要防护，以免岩石坍滑。在很多情况下，不能用额外的开挖放缓边坡来防止岩石的滑动，而应当采用混凝土挡墙或支墩，这样可能比较经济。

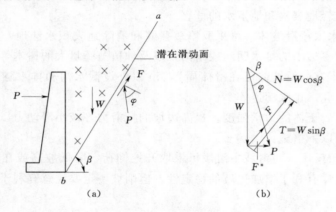

图 11.9　混凝土挡墙加固边坡

如图 11.9（a）所示，岩坡内有潜在滑动面 ab，采用混凝土挡墙加固。ab 面以上的岩体重 W，潜在滑动方向有分力（剪切力）$T = W\sin\beta$，垂直于潜在滑动面的分力 $N = W\cos\beta$，抵抗滑动的摩擦力 $F = W\cos\beta\tan\varphi$。显然这里的摩擦力 F 比剪切力 T 小，不能抵抗滑动，如果没有挡墙的反作用力 P，岩体就不能稳定 [图 11.9（b）]。由于 P 在滑动方向造成分力 F^*，岩体才能静力平衡，即 $F + F^* = T$。应当指出，从挡墙来的反作用力只有当岩体开始滑动时才成为一个有效的力。

4. 挡墙与锚栓相结合的加固

在大多数情况下采用挡墙与锚栓相结合的办法来加固岩坡。锚杆可以是预应力的，也可以不是预应力的。利用锚固挡墙，特别是在建筑物较长时，由于减少开挖量和减小墙的断面所节约的石方量和混凝土量相当可观，如果使用预制混凝土构件，则可能更加经济。

思 考 题 与 习 题

1. 思考题

（1）边坡的破坏类型有哪些？各由什么原因造成？

（2）边坡稳定性分析方法有哪些？

（3）影响边坡稳定性的因素有哪些？哪些是主要因素？

（4）边坡的处理措施有哪些？处理原则是什么？

2. 习题

（1）已知均质岩坡的 $\varphi = 30°$，$c = 300\text{kPa}$，$\gamma = 25\text{kN/m}^3$。试求当岩坡高度为 200m 时，坡角应当采用的角度。

（2）上题中如果已知坡角为 50°，试求极限的坡高。

（3）设岩坡的坡高 50m，坡角 $\alpha = 55°$，坡内有一结构面穿过，其倾角 $\beta = 35°$。在边坡坡顶面线 10m 处有一条张裂隙，其深度为 $Z = 18\text{m}$。岩石性质指标为 $\gamma = 26\text{kN/m}^3$，$c_i = 60\text{kPa}$，$\varphi_i = 30°$。试求水深 Z_w 对边坡安全系数 F_s 的影响。

参 考 文 献

［1］ Tan Tjong - Kie. Future Development and Direction in Rock Mechanics ［R］. Special Report on 5th Congress ISRM，Melbourne，Australia，1983.

［2］ Tan Tjong - Kie，Kang Wen - Fa. Locked in Stresses，Creep and Dilatancy of Rock and Constitutive Equations ［J］. Rock Mechanics，1980，13：5 - 22.

［3］ L. Müller - Salzburg，Der Felsbau. Ferdinand EnkeVerlag ［M］. Stuttgart，1978.

［4］ 蔡美峰. 岩石力学与工程 ［M］. 北京：科学出版社，2013.

［5］ 赵文. 岩石力学 ［M］. 长沙：中南大学出版社，2010.

［6］ 张永兴. 岩石力学 ［M］. 北京：中国建筑工业出版社，2008.

［7］ 刘元雪，陈绍杰，付志强. 岩石力学试验教程 ［M］. 北京：化学工业出版社，2011.

［8］ 贾喜荣. 岩石力学 ［M］. 北京：中国矿业大学出版社，2011.

［9］ 张克恭，刘松玉. 土力学 ［M］. 北京：中国建筑工业出版社，2010.

［10］ 陈希哲，叶菁. 土力学地基基础 ［M］. 北京：清华大学出版社，2013.